高原制供氧技术及应用

孟芳兵　陈远富　王世锋　李　勇　编著

科学出版社

北　京

内 容 简 介

本书是高原制氧与供氧工程方面的专业指导书籍。全面介绍了几种高原制氧技术的基本原理、工艺流程及发展现状，介绍了集中与弥散供氧模型、工艺流程与智能控制技术与应用，同时介绍了西藏制供氧产业和供氧工程规划，收录了制供氧相关标准和规范。

本书适合气体分离、制氧技术、供氧技术、控制终端、医院供氧等领域的教师、本科生、研究生、科研人员、制供氧工程技术和决策人员阅读。

图书在版编目（CIP）数据

高原制供氧技术及应用/孟芳兵等编著. —北京：科学出版社，2022.5
ISBN 978-7-03-071020-8

Ⅰ. ①高…　Ⅱ. ①孟…　Ⅲ. ①高原-氧气-制造　Ⅳ. ①TQ116.14

中国版本图书馆 CIP 数据核字（2021）第 260800 号

责任编辑：孙伯元 / 责任校对：崔向琳
责任印制：吴兆东 / 封面设计：蓝正设计

科 学 出 版 社 出版
北京东黄城根北街 16 号
邮政编码：100717
http://www.sciencep.com
北京厚诚则铭印刷科技有限公司 印刷
科学出版社发行　各地新华书店经销

*

2022 年 5 月第 一 版　开本：720×1000　B5
2023 年 8 月第二次印刷　印张：14 1/2
字数：290 000

定价：108.00 元
（如有印装质量问题，我社负责调换）

编著者简介

孟芳兵，博士、研究员、硕士生导师，现任西藏大学副校长、武汉理工大学副校长，兼任西藏自治区哲学社会科学界联合会副主席。2019 年作为中组部、教育部第九批援藏干部入藏工作，2020 年倡议成立了西藏大学供氧研究院并任首任院长。主持、参与省部级等科研项目 20 余项，曾获湖北省高等学校教学成果奖一等奖等奖励，发表学术论文 20 余篇，申请专利 5 项，撰写专著 8 部。

陈远富，电子科技大学/西藏大学教授、博士生导师，中组部、教育部第九批援藏学术带头人。2020 年倡议成立了西藏大学供氧研究院并任常务副院长兼首席专家，任高原制供氧专业学组主任委员。已发表 SCI 论文 200 余篇，申请中国发明专利 20 余项，撰写专著 2 部。荣获教育部新世纪优秀人才称号，中国电子教育学会优秀博士学位论文优秀指导教师奖，四川省自然科学奖二等奖（排名第一）。

王世锋，西藏大学教授、博士生导师，国家第十五批"海外高层次人才计划"入选者，西藏自治区工业绿色发展特聘专家、中国医用气体装备及工程协会常务委员、中国微米纳米技术学会理事、IEEE 会员。在高原制供氧技术、光电子纳米材料及器件、新能源应用与碳中和等领域已发表高水平学术论文 50 多篇，授权发明专利 4 项。2017 年分别获得纽伦堡国际发明展金奖、日内瓦国际发明展银奖。

前　　言

　　青藏高原海拔高、气压低，其严重缺氧、高寒干燥的严酷自然环境严重威胁人民群众和边防官兵的身心健康。在党中央和全国的关怀、支持下，西藏自治区近几年大力推进供氧工程建设，已分批次在拉萨、那曲、阿里、日喀则等地试点进行了供氧工程建设，取得了初步成效，"十四五"期间将以更大力度推进供氧工程建设。近年来，中央军委也在加快推进部队高原供氧保障体系建设。高原大规模、低成本制供氧技术创新和产业发展，不仅对西藏经济社会发展、人民健康具有重要意义，而且对治边稳藏、国防安全具有重大战略意义。

　　目前，在西藏自治区的供氧，广泛使用深冷空气分离(简称"空分")法制取液氧技术、变压吸附制氧技术、膜分离制氧技术等。各种制氧技术原理不同，核心材料和关键技术也不同，它们适用的环境和条件也各不相同。虽然目前平原制供氧技术及设备已非常成熟，但高原特殊的地理环境、气候环境及较低的气压等，使得制供氧材料、元器件及设备会出现"高原反应"，导致制供氧设备的效率及寿命大大降低甚至失效。

　　针对高原不同海拔高度、不同供氧环境和需氧规模，应选用哪种制氧技术以实现大规模、低成本制氧，是一个高度专业的问题。需要厘清各种制氧技术原理、优缺点、适用环境及条件、所需核心材料和关键技术，以及怎样优化设计和配置才能实现低成本大规模制氧。这是本书第 1 部分(第 1 章~第 5 章)重点关注的问题。

　　在高原上，制氧成本相对较高。高效、节约地实现相对舒适的弥散供氧需要解决两个关键技术：如何通过对室内氧气流体场模型的构建及实验验证，提出限域或定域供氧模型，以实现高效、节氧型弥散供氧；如何通过对供氧系统的有效控制，实现集中与弥散供氧的高效、智能化控制。这是本书第 2 部分(第 6 章和第 7 章)重点关注的问题。

　　目前，西藏制供氧行业存在企业良莠不齐，市场发展急需规范，政府在产业规划、相关政策制定方面缺乏专业机构和人才等问题。西藏高原制供氧技术参照的是医用制氧技术和国家标准，尚缺乏大规模制供氧企业和地方标准。怎样科学规划供氧工程建设，怎样积极引导制供氧高新技术产业发展，怎样让高原人民真正"共享"供氧工程带来的高品质幸福生活，怎样有力保障部队供氧系统真正提升高原官兵的战斗力，都是本书第 3 部分(第 8 章)重点关注的问题。

　　本书针对适合高原的几种主要制氧技术，介绍其基本原理、工艺流程、核心材料和关键设备；全面系统地介绍高原弥散式供氧的理论模型、工艺流程及未来建筑供氧一体化设计方法；全面介绍集中与弥散式供氧的智能化控制终端的设计和制造方法、工艺流程；专门对西藏制供氧产业政策和发展规划进行研究并提出对策。

　　本书由孟芳兵研究员组织西藏大学供氧研究院的专家编著，孟芳兵、陈远富负责本书总体框架结构设计与全书统稿。第1章由陈远富、孟芳兵撰写，第2章由吴琪撰写，第3章由李勇撰写，第4章由王世锋撰写，第5章由赵懂叶撰写，第6章由马德芹、李莉斯、孔书祥撰写，第7章由李维波撰写，第8章由鲁万波、陈远富、孟芳兵撰写。本书附录由施焕军编写。

　　本书在高原制氧技术、供氧技术和供氧产业及供氧工程规划等方面，具有(技术)学术价值、工程指导意义，而且对高原制供氧产业发展及供氧工程规划具有决策咨询价值。限于作者水平，书中不足之处在所难免，恳请读者批评指正。

目　　录

第1章 高原制供氧基础知识、基本原理及意义

制供氧系统在海拔高、气压低、昼夜温差大、高寒干燥等高原特殊地理气候环境下，面临诸多挑战。针对高原不同供氧需求，选择合适的制供氧技术方案，选用适合高海拔的制供氧原材料、元器件与设备，就显得非常重要。

1.1 高原缺氧环境、缺氧反应及氧气补充

在氧气充足的平原地区，健康的人群只需要通过呼吸，就可以获取足够的氧气，满足身体需要。与平原地区相比，高原地区的空气稀薄、气压较低，海拔每增加1000m，大气压降低约11.5%，空气密度减小9%。随着海拔高度的增加，空气密度不断减小，环境中氧气含量也相应地减少。因此，在高海拔地区生活的人一直处于缺氧环境中。虽然这种缺氧环境不会危及到人的生命，但却会影响人体的生理机能。长期居住在高原的居民已对高原缺氧环境有一定的耐受性。然而，生活在低海拔地区的人初入高原，可能会产生不同程度的缺氧反应，出现恶心、头痛和注意力下降等高原反应[1]。补充氧气是减轻高原缺氧环境对居住者损害的最有效措施，也是预防和治疗急慢性高原病的重要手段。在高原需要补充的氧气，可通过深冷空分法、变压吸附法、膜分离法、电解水法或化学试剂法等制取。

1.2 高原制氧技术分类及原理

1. 深冷空分法

深冷空分法制氧，以空气为原料，首先将空气进行深度冷却，使其液化，依据空气中氧、氮等组分沸点不同，通过连续几次部分蒸发和冷凝，将氧、氮等组分逐步分离，从而获得高纯度液氧[2]。深冷空分法制氧已有一百多年的历史，技术非常成熟。深冷空分法可用于大规模制取99.9%以上的高纯氧，目前单套设备生产能力已超过100000m³/h。深冷空分制氧系统由空气压缩机、空气冷却设备、分馏塔和换热器等组成，设备投资大，占地面积广。

2. 变压吸附法

变压吸附法制氧，是利用分子筛材料对氮气和氧气的选择性吸附特性，通过压力升/降变化实现对氮分子的吸附/脱附，从而获得富氧空气[3]。变压吸附技术在20世纪60年代出现，随着沸石分子筛技术的不断发展，变压吸附技术逐步开始应用于制氧领域。变压吸附法制氧，根据压力变化主要分为变压吸附(pressure swing adsorption，PSA)和真空变压吸附(vacuum pressure swing absorption，VPSA)两大类，前者是加压吸附、常压解吸附，后者是低压吸附、真空解吸附。目前，变压吸附制氧技术已非常成熟。近十年来，随着分子筛材料性能的不断提高以及高效的气体分离系统的出现，变压吸附制氧技术开始应用于高原地区。变压吸附技术制氧具有能耗低、设备投资少、使用方便，以及可以连续产氧等优点。

3. 膜分离法

膜分离(membrane separation，MS)法制氧，是以空气为原料，在一定压力下，利用氮和氧等不同性质的气体通过膜时具有不同的渗透率来分离氧气和氮气。20世纪80年代中期，德国Generon公司率先提出膜分离法[4]。目前，膜分离制氧已广泛应用于钢铁熔炼、富氧空调、水产养殖等需氧领域。传统膜分离法制取的氧气浓度一般小于40%，限制了其应用范围。近年来开发的陶瓷膜在高温下可制备近100%的高纯氧气。膜分离法制氧具有体积小、重量轻、可靠性高等优点，但高性能膜材料及膜组件多需要进口，导致膜分离设备价格昂贵。

4. 电解水法

电解水法制氧，是指在电解质溶液中插入两根电极，当两电极间通电时，水分子在电极上发生电化学反应，分解成氢气和氧气[5]。电解水制氧的优点是氧气纯度高，可以达到99.9%，生产规模可大可小，生产过程无污染，主要应用在食品工业、医药工业、医疗行业、焊接行业等，也可为潜艇、空间站等供氧，还可与燃料电池组合使用。电解水制氧最大的缺点是耗能太大，电解槽部分的直流电消耗了总电量的90%以上，并且，电解水制氧存在燃爆危险。电解水制氧在太阳能、水资源丰富的青藏高原，具有一定的优势。

5. 化学试剂法

化学试剂法制氧，是指通过试剂的化学反应制取氧气。化学试剂法制氧，具有方法简单、使用方便等优点，适合在水下、高空、医疗保健场所制氧。该方法的缺点是：产氧量相对较小；制氧试剂为一次性消耗品且价格较贵；制氧时生成的副产物可能会对周围环境造成污染。化学试剂法的一个典型应用是将一种氯酸盐制氧剂与其他材料混合制成"氧烛"[6]，氧烛储氧量大，可应用在潜艇舱室、航天器、高原富氧室等空间。

1.3　高原供氧技术

供氧控制技术，主要分为集中供氧技术和弥散供氧技术。

集中供氧，是指将具有一定压力的氧气源汇集于一处，经过减压后，通过供氧管道输送到各个氧气使用终端[7]。集中供氧系统一般由氧气源、控制装置、供氧管道、用氧终端和报警装置等组成。氧气源可以是高压钢瓶氧气、储罐液氧、制氧机生产的氧气或者它们的组合；控制装置主要包括气源切换装置、减压器、稳压装置与相应的阀门、压力表等；供氧管道将氧气从控制装置出口输送至各用氧终端；用氧终端是指使用氧气的端口，一般设在病房、手术室和其他用氧部门；报警装置安装在控制室、值班室或用户指定的其位置，当供氧压力超出使用压力的上下限时，报警装置即可发出声、光报警信号，提醒有关人员采取相应措施。集中供氧通常有如下几种方式：①氧气钢瓶汇流排方式，将钢瓶装氧气汇集在一处，经减压后进入氧气输送管道；②由液氧贮槽经液氧气化器、稳压器、减压装置进入氧气输送管道；③将制氧机生产的氧气充入进入氧气储罐，经减压后进入氧气输送管道；④以上任意两种组合方式。集中供氧技术具有管理集中高效、输送管道网络化、使用终端易于增减、管理成本及单个终端平均使用成本低等优点。目前集中供氧已广泛应用于医院供氧、办公楼及小区供氧。

弥散供氧，是指在向相对密闭缺氧的空间(如海底行驶的潜艇、高原缺氧的卧室等)提供氧气，使氧气在该空间弥散，从而获得一个富氧空间[8]。弥散供氧系统主要由氧气源、氧气管阀与弥散控制终端构成。其中氧气源可以是钢瓶汇流排高纯氧气、液氧罐中气化超纯氧气、制氧机生产的氧气或者它们的组合。氧气管阀一般采用食品级、医用级的塑料或不锈钢。弥散控制终端是弥散供氧系统的核心部件。随着弥散供氧技术的快速发展，控制终端越来越向小型化、智能化、Wi-Fi 远程控制方向发展，不仅需要调控氧气压力、流速、流量、含量，还需要调控室内湿度及二氧化碳排放等，从而获得富氧、舒适的体验感。

1.4　西藏供氧工程、制供氧产业及重大意义

1.4.1　西藏供氧工程及实施

解决严重缺氧问题是保障西藏百姓和官兵身心健康的前提条件。2008 年 5 月，

西藏自治区政府投资 600 多万元对西藏首个供氧工程项目"高原分体式弥散供氧系统"关键技术进行攻关。近几年，针对供氧工程，西藏自治区专门编制了《西藏自治区城镇供氧设施建设"十三五"规划》。西藏供氧工程不仅得到了国家在资金、技术和政策方面的大力支持，而且也得到了全国各地以及全区相关部门的技术支撑。"十三五"期间，西藏自治区投入数十亿元，先后在拉萨市、那曲市、日喀则市、阿里地区实施供氧试点工程。那曲市在学校、政府机关、居民小区实施了三期供氧试点工程，总投入六亿元左右。在"十四五"期间，西藏自治区以更大力度在全区规划实施供氧工程项目，提高西藏城镇供氧覆盖率，保障西藏人民健康水平不断提高。

1.4.2　西藏制供氧产业政策及规划

随着经济发展、制供氧技术进步和人民对美好生活的向往，西藏对供氧需求越来越强烈。2017 年 3 月，全国政协委员卓嘎提交了《关于加快推进西藏城镇供氧设施建设的提案》，建议国家加大政策倾斜力度，加大投资支持力度，出台西藏供氧设施建设扶持政策，加快推进西藏城镇供氧设施建设，逐步改善高寒高海拔地区城镇人居环境。与此同时，西藏自治区编制了《西藏自治区城镇供氧设施建设"十三五"规划》，计划完善高海拔地区供氧设施建设，提高供氧设施技术水平，实现西藏居住环境全面改善，以职工周转房、公共服务设施、重要旅游景点和口岸为主要对象，因地制宜，逐步提高城镇供氧覆盖率。西藏自治区在"十三五"规划期间，在拉萨市、那曲市、日喀则市、阿里地区等地开展了大量的供氧试点工程。同时，中央军委后勤保障部研究制定《高原制供氧设备管理规定》《高原制供氧设备油料补助标准》以及《高原制氧站业务经费补助标准》，建立"建、管、用、修、训"长效运行机制，使高原成边部队供氧从最初的"战备氧""救命氧"，到"医疗氧""保健氧"，再到"床头氧""日常氧"，氧气供应越来越充足。

根据中央第七次西藏工作座谈会精神，西藏自治区可将供氧工程这一国家支持的"输血工程"变成自治区可持续发展的"造血工程"，充分利用国家对西藏供氧工程的大力支持，合理规划、良性引导，大力发展高原高效率、低成本制供氧技术，使其成为西藏独具特色的绿色可持续发展的高新技术产业，从而大力推进西藏高质量发展，提供更多就业机会，更好改善民生、凝聚人心，促进西藏经济社会发展。

1.4.3　西藏制供氧重大意义

严重缺氧、高寒干燥等严酷自然环境给高原居民的身心健康造成了严重损害，西藏老百姓的平均寿命比内地低 6～8 岁。西藏自治区党委和政府大力推进供氧工程，已分批次在拉萨市、那曲市、阿里地区、日喀则市等地投入数十亿元建设了供氧试点工程。2021年召开的十三届全国人大四次会议上，西藏代表团以代表团的名义提出了"关于支持西藏高海拔地区供氧工程建设和运行维护的建议"的议案。自治区将在"十四五"规划期间投入更多资金、以更大力度推进更大规模的供氧工程。因此，高原供氧工程在凝聚高原百姓人心、保障高原人民健康方面具有重要意义。

随着西藏供氧工程的大力推广，自治区政府和企业可通过规划、建设"弥散供氧酒店"或"富氧宾馆"，推动西藏文旅产业的健康发展。随着供氧工程的稳步推进，西藏将会吸引更多人来西藏旅游、就业与投资，推动西藏经济社会发展。西藏供氧工程的大力实施，还能有效提升西藏各级教育水平，提高西藏人民的文化素质。因此，研发适合高原的高效制供氧技术，不仅对推动西藏高新技术产业培育和发展、促进西藏经济高质量发展具有重要意义，而且对提高西藏教育水平、促进社会进步具有重要意义。

青藏高原作为中国西部安全屏障，具有重要地缘战略价值。高原缺氧也严重威胁戍守高原地区官兵的身心健康。近年来，为关怀戍守高原地区官兵的身心健康，中央军委、国防部一直高度重视高原边防官兵的"吸氧难题"，积极推进我军高原制供氧保障体系建设，有效保障戍守高原地区官兵的身心健康、增强军队战斗力。因此，研发适合高原的高效制供氧技术，对治边稳藏、国防安全具有重大战略意义。

参 考 文 献

[1] 郭振娜, 白玛多吉, 朗嘎卓玛, 等. 急进高原与急性高原反应的关系[J]. 西藏科技, 2016, 282: 59-61.

[2] 罗艳. 深冷制氧技术在铜冶炼工程中的应用[J]. 有色冶金设计与研究, 2010, 31(2): 14-16.

[3] 吴迪. 变压吸附制氧新工艺及吸附剂的应用研究[D]. 烟台: 烟台大学, 2014.

[4] 颜泽栋, 单帅, 申广浩, 等. 车载型膜分离制氧机高原实地应用效果评价[J]. 医疗卫生装备, 2016, 37(10): 13-15.

[5] 任小孟, 谈杰. 潜艇中利用 SPE 电解水方法制氧的可行性分析[J]. 装备环境工程, 2008, (2): 35-38.

[6] 韩旭. 小客车内氧烛紧急制氧技术研究[J]. 安全与环境学报, 2005, (5): 43-45.

[7] 崔吉平, 种银保, 赵玛丽. 医用中心供氧系统的配置应用及质量管理控制[J]. 医疗卫生装备, 2009, 30(3): 107-108.

[8] 李鬼, 喻波, 田贵全, 等. 高原弥散供氧的设计[J]. 医用气体工程, 2018, 3(4): 15-17.

第2章　低温深冷空分制氧技术

2.1　低温深冷空分制氧基本原理

空气是地球上自然存在的气体，是一种无色、无味、不可燃的气体混合物。其中，氧的体积分数为 20.95%，氮的体积分数为 78.04%。深冷法制氧是指利用空气中的各种组分(O_2、N_2、Ar、He 等)沸点的不同，通过连续的部分蒸发和部分冷凝将空气液化并将其组分分离的过程。采用深冷法可以同时获得多种气体产品，如 O_2、N_2、Ar 等，所获产品纯度极高，可以达到 99.9%以上，适用于大规模生产。在 120K 以下的温度条件将空气进行压缩和冷却，使空气液化，再利用氧、氮组分的沸点的不同(在标准大气压下氧气的沸点为 90K，氮气的沸点为 77K)[1]，在精馏塔的塔盘上使气、液接触，进行质、热交换，高沸点的氧气不断从蒸汽中冷凝成液体，低沸点的氮气不断转入蒸汽中，使上升的蒸汽中含氮量不断提高，而下流液体中含氧量越来越高，从而使氧、氮分离，得到氮气或氧气。目前，深冷法制氧的空分装备的单套生产能力已超过 100000m³/h[2]。近年来，随着计算机控制技术水平的不断发展和规整填料工艺的大规模应用，大型低温制氧技术已经逐步成熟，并开始向轻量化方向发展。

2.1.1　空气的液化

地球周围的空气，通常是过热蒸汽，需要通过液化循环来实现其液化。液化循环由一系列必要的热力学过程组成。要使空气液化，首先要获得低温。工业上常用的空气液化过程中获得低温的方法有空气节流和绝热膨胀制冷两种。

过热蒸汽必须放出一定的热量才能液化。如果将 1kg 空气在 0.1MPa 下从 30℃冷却到饱和液体需要 428.48J 的热量，其中干饱和蒸汽在过热蒸汽冷却温度下释放的显热为 227J，饱和蒸汽冷凝到饱和液体释放的潜热为 201.48J。这需要两个步骤来完成：一是要将空气冷却到预定的温度；二是提供潜热，补偿冷损，维持液化条件。这些过程要通过空气压缩、流体热交换或高压气体的节流膨胀来实现。低温循环的途径，从热力学的观点有下列几种。

(1) 把物质冷却到预定的温度，通常由常温冷却到所需的低温。

(2) 在存在冷损的条件下，保持已冷却到低温的物质的温度，即从恒定的低温物质中不断吸取热量。

(3) 上述两种情况的综合，即连续不断地冷却物质到一定的低温，并随时补偿冷损失，维持所达到的低温工况[3]。

空气液化循环属于第三种情况，要将空气连续不断地冷却到当时压力下的饱和温度，又要提供潜热，补偿冷损，维持液化工况。

1. 空气压缩

压缩机作为制冷系统的心脏，是一种将低压气体提升为高压气体的从动流体机械。它从吸气管吸入低温低压的制冷剂气体，通过电机运转带动活塞对其进行压缩后，向排气管排出高温高压的制冷剂气体，为制冷循环提供动力，从而实现压缩→冷凝(放热)→膨胀→蒸发(吸热)的制冷循环。空气经过压缩机时，通过活塞(或透平压缩机的叶轮)对气体做功，气体被压缩。气体压缩前后温度保持不变，称为等温压缩。气体在等温压缩时，气压上升，能量降低。膨胀机的主要作用是利用气体在膨胀机内进行绝热膨胀对外做功消耗气体本身的内能，使气体的压力和温度大幅度降低，达到制冷与降温的目的。压缩气体在膨胀机内膨胀后，压力降低，体积增大。由于这个过程进行得非常快，所以过程是绝热的($\delta Q = 0$)。根据热力学第二定律，绝热过程的实质 $\Delta S = \int \dfrac{\delta Q}{T} = 0$，即等熵过程。这是在不考虑摩擦及其他损失的理想情况下，膨胀机的膨胀为可逆过程。气体在膨胀机中膨胀，其内能增加，同时对外做功，这两部分能量消耗都需要用内动能来补偿，所以气体在膨胀机中等熵膨胀，焓值下降，温度降低[4]。

气体在膨胀机内的膨胀过程用 T-S 图可清楚地表示出来，如图 2-1 所示，点 0 到点 1 为等温压缩过程。气体进膨胀机的状态如点 1 所示，由点 1 向下引垂线交于膨胀后压力等压线 p_2 于点 2。膨胀机的温度降低 $\Delta T = T_1 - T_2$，膨胀机对外所作的理想功 $W_{理} = h_1 - h_2$。实际上膨胀机中的膨胀过程是不可逆过程，气体与气体之间、气体与机器壁之间及机器本身转动件之间都存在摩擦，消耗了一部分内能。摩擦产生的热又传给了气体，使气体膨胀并加温，所以膨胀后的温度点为点 2。

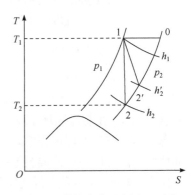

图 2-1　等熵膨胀示意图(T-S 图)

如果令膨胀后气体恢复到 0 点的状态(T_1, p_2)，则所制取的冷量 q，为

$$q_S = h_0 - h_2 = (h_0 - h_1) + (h_1 - h_2) = -\Delta h_T + W \tag{2-1}$$

数值上等于制冷量 Δh_T 与膨胀功 W 之和。

同样，将气体等熵膨胀时，压力的微小变化所引起的温度变化称为微分等熵效应，以 α_S 来表示。$\alpha_S = \partial T/\partial p$。由于气体膨胀质量体积增大，内位能增加，而且对外做功，所以，α_S 总是为正值，这意味着气体等熵膨胀后的温度总是下降，总是产生冷效应。显然，等熵膨胀过程的温度降低随着压力比 p_1/p_2 的增加而增大，在一定的膨胀压力下，α_S 随膨胀前的温度升高而增大，这意味着具有较高温度的气体，有较大的内动能，有较强的做功能力。

2. 热交换

在热交换过程中，热流体放出热量，冷流体吸收热量。热流体释放的热量应该等于冷流体释放的热量加上本身吸收的热量。当热流体释放的热量一部分传入热交换器，环境的热量也传给了冷流体。因此当冷流体吸收的热量一定时，由于外部环境传入了一部分热量，进而使得热流体放出的热量减少，使它不能降低到一个更低的温度。

3. 节流膨胀

在空分装置中，常用节流来降低空气温度。在流体流动管路中，安装收缩孔板，降低流经流体的压力，使其体积膨胀，称为节流。为了便于调节压力，通常用节流阀代替收缩孔板。节流阀打开的程度越小，受到的阻力越大，节流前后的压力的变化也越大。在绝热条件下，空气不与外界产生能量交换。根据能量守恒定律，空气分子势能的增加必然导致空气分子动能的减少，而空气分子动能的减少直接反映了空气温度的下降。因此，节流具有降温效果。

2.1.2 空气的液化循环

气体液化循环由一系列热力学过程组成。其作用是将气态工质品冷却到所需的低温，通过补偿系统的冷却损失，得到液化气体。这不同于以制取冷量为目的的制冷循环。在制冷循环中制冷工质进行的是封闭循环过程；而对液化循环来说，气态低温工质在循环过程中既起制冷剂的作用，本身又被液化。气体将部分或全部地作为液态产品从低温装置中输出，应用于需要保持低温的过程(如在低温实验中作为冷却剂)或用来进行气体分离过程(如液态空气分离为氧、氮等)。

1. 液化循环的性能指标

实际液化循环的经济性除用所消耗的功 W 表示外，通常还采用液化系数 Z、单位功耗 W、制冷系数 ε、循环效率 $\eta_{液}$ 来表示。

液化系数 Z 是每千克气体经过液化循环后所获得的液体量。单位功耗 W 为获得 1kg 液化气体所消耗的功，即 $W_0 = W/Z$。每千克气体经过循环所得的冷量为单

位制冷量 q_0 与功耗之比称为制冷系数 ε，其表达式为 $\varepsilon = q_0/W$，单位功耗越小，制冷系数越大。循环效率 $\eta_{液}$ 表明实际循环的制冷系数与理论循环制冷系数之比，由下式表示：

$$\eta_{液} = \frac{\varepsilon_{实际值}}{\varepsilon_{理论值}} = \frac{q_0/W}{q_0/W_{\min}} = \frac{W_{\min}}{W} \tag{2-2}$$

循环效率可以表示为理论循环的最小功与实际循环消耗的功之比。且循环效率总是小于 1，值越接近 1，实际周期的不可逆性越小，周期的损失越小，经济性越好[5]。

2. 林德循环

1895 年，德国学者林德(Linde)和英国学者汉普森(Hampson)制成了能够持续运行的大产量空气液化机，命名为林德空气液化机。林德循环是一种基于节流膨胀的液化循环。它具有降温小、制冷量小、液化系数小、制冷系统小等特点。室温下无法通过节流膨胀使空气液化，因此必须对空气进行预冷处理。林德循环流动示意图如图 2-2(a)所示，这个循环也被称为简单的林德循环。该系统由压缩机、逆流换热器、节流阀、气液分离器等组成。如图 2-2(b)所示，简单林德循环液化空气的应用需要一个完整的启动过程，要经过多次节流，回收等节流制冷量，预冷加工空气，使节流前温度逐渐降低，制冷能力逐渐增加，直到接近液化温度产生液体消耗尽。这一连串多次节流循环如图 2-2(c)所示[6]。

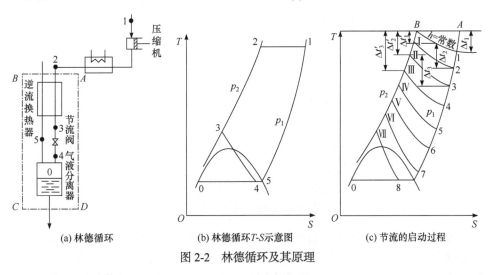

(a) 林德循环　　　　(b) 林德循环 T-S 示意图　　　　(c) 节流的启动过程

图 2-2　林德循环及其原理

理论林德循环制冷量为

$$q_0 = -\Delta h_T = h_1 - h_2 \tag{2-3}$$

液化系数为

$$Z = \frac{h_1 - h_2}{h_1 - h_0} \tag{2-4}$$

当初始状态给定时，降低 h_2 才能得到较多的制冷量及较大的液化系数。由于是等温压缩，因此 h_2 只取决于节流前的压力。液化系数的最大值对应节流前的最高压力，由 T-S 图可知当温度一定时，等温线与转化曲线交点的压力即为 Z 最大值所对应的最高压力。实际应用中林德循环存在许多的不可逆转的损失。主要有：压缩机(压缩过程和水冷却过程)的不可逆性导致能量损失；逆交流换热器中存在换热不完全，导致能量损失；外界传入热量，导致能量损失。

当开始压力和温度一定时，提高简单林德循环的效率可显著提高简单循环的经济性。因此，通常节流前压力选择在 20MPa；为了降低换热器前方的热端温度，可采用预冷方法，这样就会产生预冷氨的一次节流循环；适当减小压力比，可以提高经济性。为节约能源，尽量保持较大压差和较小的压比。压差大，等温节流制冷量就多；压强比小，消耗的压缩功就少。因此，可获得较大的制冷系数，在这样的前提下，简单循环的基础上又会出现二次节流循环。

3. 克劳特循环

1902 年，法国学者克劳特(Claude)提出了膨胀与节流相结合的液化循环，称为克劳特循环，其流程及 T-S 示意图如 2-3 所示。

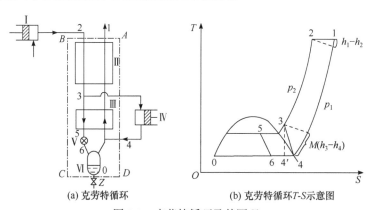

(a) 克劳特循环　　　　　　　　(b) 克劳特循环 T-S 示意图

图 2-3　克劳特循环及其原理

空气由压缩机 I 从 1 等温压缩到 2，再由换热器 II 冷却到 3 后分成两部分。一定质量的气体进入换热器 I 和换热器 III，进一步冷却至 5，然后通过节流阀节流到大气压下 6，此时部分气体变为液体。剩余的气体以饱和蒸汽的形式返回。处理空气时，另一部分气体进入膨胀机膨胀至 4。膨胀气体在换热器 III 的热端与节流后返回的饱和空气汇合，返回到换热器Ⅱ的预冷高压空气中，等温压缩后逆向流经换热器Ⅱ，冷却正流高压空气。另一部分气体则在膨胀机工作时产生更多的冷却能力。影响循环制冷量和液化系数的主要因素有膨胀机中膨胀空气的多少、膨胀机前的压力、膨胀机进入温度和膨胀机效率。

膨胀前压力和温度一定时，通过增加进入膨胀机的气体流量，可以提高膨胀机的制冷量和液化系数，但并不是越大越好。如果进入膨胀机的气体量大，进入节流阀的气体量就会少，导致膨胀机的制冷能力可能没有完全转化为正流量气体，也就是说换热器Ⅱ的工作可能会不正常。因此，在确定最优膨胀时应兼顾这两种条件，既要满足循环系统的热平衡，又要保证换热器的正常运行。

膨胀前气体的膨胀量和温度固定，膨胀前压力 p_2 和膨胀中的选择相同，是既要满足循环的热平衡，又要保证换热器Ⅱ正常运行的条件，而克劳特循环可提供最佳 p_2 值。因此，实际液化系数和实际制冷能力将得到提高。

随着温度的升高，等熵焓下降增大，制冷量和液化系数增大。由于膨胀前温度升高，膨胀后温度也会升高，直接影响换热器Ⅰ的运行和节流前温度的升高，从而降低液化量。

总而言之，在确定克劳特循环的最佳参数时，不仅要考虑循环系统的平衡，而且要考虑扩张和节流气体体积的分布，使换热器的传热条件尽可能完美，以改善经济周期。

4. 卡皮查循环

1937 年，卡皮查(Kapitza)提出卡皮查循环，该循环是一种低压带透膨胀机的液化循环，该循环被认为是等熵膨胀的液化循环，因为此循环的节流前的压力较低，节流效应较小，等温节流的冷却量较少。图 2-4 为其流程及 T-S 示意图[7]。

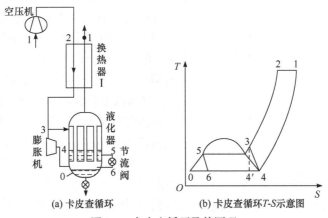

(a) 卡皮查循环　　　　(b) 卡皮查循环T-S示意图

图 2-4　卡皮查循环及其原理

压缩机中的空气被压缩到约 0.6MPa，经过热交换 Ⅰ 冷却，分成两部分，大部分进入透平膨胀机，如数量为 G kg 的空气膨胀至大气压。未传递到冷量充气机的空气数量很少，为(1–G)kg，在冷凝器的管道之间，被由充气机排出的冷空气冷却，在 0.6MPa 的压力下，冷凝成液体，而后节流到大气压。经过节流后，一小部分气化变成饱和蒸汽气流和蒸汽结合，经反流用冷凝器管道进入换热器 Ⅰ，空气经过冷却等温压缩过程，所剩的液体残留在冷却器底部。

实际上，卡皮查循环是克劳循环的特例。在循环方面，采用高效离心气动机和透平膨胀机后，其绝热效率 η 在 0.8 以上，这大大提高了液化循环的经济性。

2.1.3 空气的蒸发、冷凝及精馏

1. 空气的简单蒸发

液态空气在密闭空间内恒压气化过程如图 2-5 所示。假设一定浓度的液态空气的初始温度低于固定压力下液体开始沸腾时的温度。随着加热过程的进行，液体温度不断升高，直至到达沸腾温度，成为饱和液体，这时就会产生蒸汽。随着加热过程的进行，蒸汽量进一步增加，蒸汽中的氮浓度会逐渐降低，而液体中的氧浓度会增加。当温度继续升高时，液体中的氧浓度会进一步升高，但液体体积也会减小。因此，气化过程开始时，蒸汽中的氮浓度最高，但液体蒸发量很小，

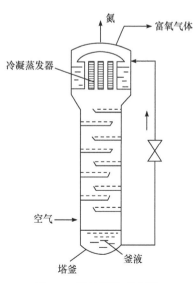

图 2-5　单级精馏(纯氮塔)

当液体接近蒸发终点时，液体中的氧浓度最高。大量实验结果表明，当液体蒸发 50%时，可以得到含 89.8%的氮气和 31.5%的氧气的蒸汽。当液体蒸发 90%时，可得到含氮 10%和含氧 47%的液体。因此，液态空气在密闭容器中恒压气化，氧和氮无法分离，也就无法得到高纯度的液氧或高纯度的氮气。

当液化空气部分蒸发时，液体的氧浓度会增加。但是，由于蒸汽的存在，液体的氧浓度是有限的。如果能不断地从液体顶部抽出蒸汽，使含氧浓度高的液体继续蒸发，这种蒸发过程称为部分蒸发。与简单蒸发相比，当液相中氧浓度为 53%时，简单蒸发的液体留量接近于零，而部分蒸发的液体留量为 19.9%。通过不断地蒸发可以进一步提高氧浓度，当需要继续提高液体的氧浓度时，可继续上述过程。因此，通过液体和空气的部分蒸发就可以得到氧浓度高的液体，但含氧量越高，产量越低。用这种方法只能得到非

常少量的纯氧。随着抽气次数的增加，相同浓度液氧产物的数量也会增加。在蒸汽连续抽提的极限情况下，通过平衡液氧浓度与蒸发液量的关系，虽然已经是极限情况，但必须蒸发 94.5%的液体才能得到氧浓度为 95%的液体。显然，这种方法的产量很低。因此，该方法只能得到非常少量的纯液氧[8]。

2. 空气的冷凝

空气的简单冷凝过程是指在密闭容器内恒压冷凝的过程。冷凝水和蒸汽共存，相互接触，处于平衡状态。它是蒸发过程的逆过程，即过热蒸汽逐渐冷却为液体的过程。冷凝开始产生第一滴液体时，氧气平衡液相浓度为 53%。随着冷凝量的增加，液体中的氧含量降低，剩余蒸汽中的氮含量增加。当蒸汽将完全冷凝时，液体的氧浓度接近空气的初始浓度，含氧量为 20.9%，末蒸汽点氮浓度达到最大值 93.6%。因此，简单的冷凝方法无法实现氧和氮的完全分离。

部分冷凝是指在冷凝过程中，空气不断地将冷凝液带走，增加剩余蒸汽中氮的浓度。当含氮量为 79.1%的空气在一个绝对大气压下被冷却到 81.8 K 时，冷凝开始。当空气冷却到 80.5K 时，产生的冷凝液全部排出，剩余的蒸汽继续部分冷凝。此时，由于剩余蒸汽(氮含量 84%)中氮浓度的增加，蒸汽体积会相应减小。由此可以看出，部分冷凝不能产生纯氧，但可以得到少量的高纯氮。

虽然可以通过部分蒸发和部分冷凝得到纯液氧或高度纯化的气体氮，但这两种工艺单独进行时会出现两个问题。第一个问题是，要获得高度纯化的液氧，必须从部分蒸发中连续提取蒸汽。所需氧浓度越高，部分气化次数越多，得到的高纯液氧越少。同样，对于部分冷凝过程，最终蒸汽中氮的浓度越高，部分冷凝过程次数越多，得到的高纯氮气蒸汽含量也就越少。第二个问题是，部分气化过程为吸热过程，为了使气化过程继续进行，需要一个热源；而局部冷凝是一个放热过程，需要一个冷源来保持过程的进行。如果需要多次部分气化和部分冷凝，则需要大量热源和冷源，这在能源利用上是不合理的，在实际工业装置中也难以实现。

3. 空气的精馏

通过蒸馏实现部分冷凝和部分蒸发的结合，这个过程是靠精馏实现完成的。精馏是将低沸点组分(如氮气)从液相反复气化到气相，并将高沸点组分(如氧气)从气相冷凝到液相，实现分离的部分气化和部分冷凝过程。当较高饱和蒸汽与较低饱和液体均匀混合时，由于蒸汽的温度高于液体，蒸汽放出热量，部分凝结，液体吸收热量，部分蒸发，最后达到相同温度下的气液平衡。当蒸汽部分冷凝时，沸点高的氧冷凝成液相较多，这将提高冷凝液的温度，重复这一过程以实现精馏。

精馏过程采用的装置是精馏塔，分离空气的精馏塔又叫空分塔，常有两种形式：单级精馏塔和双级精馏塔，绝大部分空分装置应用的是双级精馏塔。

图 2-6 中为一种单级精馏塔。压缩空气冷却至冷凝温度后，作为精馏过程中的上升气体送至单级精馏塔底部。在塔内，空气从底部到顶部穿过每个托盘，并与托盘上的液体接触。气体中的氧气逐渐凝结成液体，液体中的氮蒸发成气体。只要有足够的板，就可以从塔的上部获得高纯度的氮(高达 99%的纯度)。氮气进入塔顶冷凝器蒸发器管安装的空间内，部分氮气被浓缩，另一部分作为产品从冷凝器蒸发器的上盖中被提取。冷凝液向下流入塔内，在精馏过程中起回流作用。这部分液体沿柱板自上而下流动。每次通过柱板时，液体中的氧浓度加倍，最后流入塔的柱釜。釜液中的氧浓度不可能提高很多，最多只能与空气中的氧浓度达到平衡。显然，单级精馏塔对分离空气并不理想。它产生纯氮，但不产生纯氧。

为了生产高纯度的氧气和氮气，应尽可能减少空气中氧气的损失，为克服单级精馏塔的缺点，可以采用双级精馏塔。如图 2-7 所示，双级精馏塔由下塔、上塔和上下塔之间的冷凝蒸发器组成。压缩冷却后的空气带着少量下塔回流液由下塔底部从下到上通过每个塔板，得到高纯氮，聚集在液氮罐中，再通过液氮节流阀减压后作为回流液送至塔顶。下塔板数量越多，氮气纯度越高。当氮气进入冷凝器蒸发器管时，氮气的温度高于管外液氧的温度，这使其凝结成液氮，得到含氧量 36%～40%富氧的液态空气。

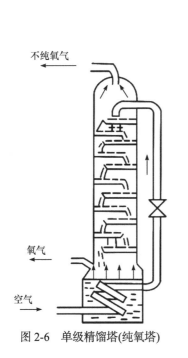

图 2-6　单级精馏塔(纯氧塔)

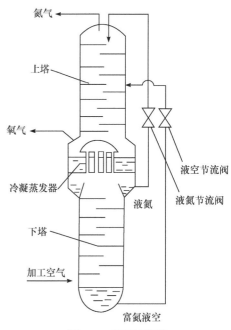

图 2-7　双级精馏塔

2.2 低温深冷空分制氧工艺流程

低温深冷空分制氧工艺流程主要有高压流程、中压流程和低压流程。高压工艺和中压工艺主要用于小型低温氧气制造机，低压工艺主要用于大型或中型氧气制造机[9]。

2.2.1 高压流程

高压流程中以 KFS-120 型制氧机为例，其工作的基本原理如图 2-8 所示。

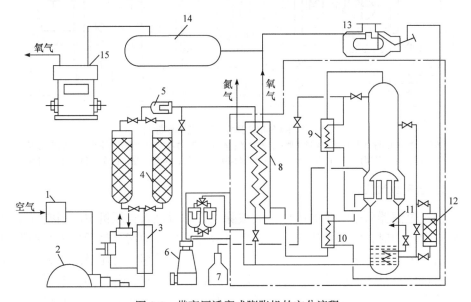

图 2-8 带高压活塞式膨胀机的空分流程

1-空气过滤器；2-空气压缩机；3-空气预冷器；4-吸附器；5-过滤器；6-膨胀机；7-贮液器；8-主换热器；
9-液氮过冷器；10-液氧过冷器；11-精馏塔；12-液态空气吸附器；13-贮槽；14-贮气囊；15-氧压机

进入空气过滤器后，空气中的固体杂质被脱除，随后进入空气压缩机进行压缩，然后经过预冷器进入吸附器从而除去水分、二氧化碳等碳氢化合物，随后经过主换热器分别得到液氧和液氮，最后再分别经过液氧过冷器和液氮过冷器，得到氧和氮。氧气在液态空气吸附器中进行热交换，随后进入贮气囊，最后进入氧压机中等到需要使用氧气时可以通过自热器热端导出。

2.2.2 中压流程

中压流程中以 KFS-860-II 型制氧机为例，其工作原理如图 2-9 所示。

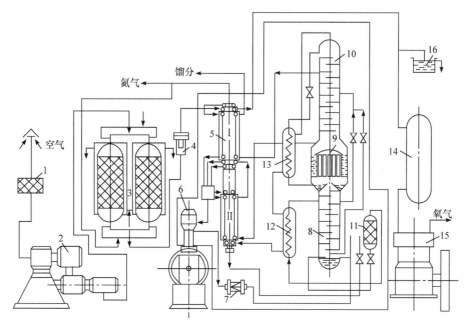

图 2-9　KFS-860-II 型制氧机工作原理

1-过滤器；2-空压机；3-纯化器；4-过滤器；5-换热器；6-膨胀机；7-空气过滤器；8-下塔；9-冷凝蒸发器；
10-上塔；11-乙炔吸附器；12-液态空气过冷器；13-液氮过冷器；14-贮气囊；15-氧压机；16-水封器

1. 空气压缩及初过滤

经过过滤器后空气中的固体杂质被除去，随后进入空压机中，当空气压力达到启动压力时，空气从出口出来再经过冷却后除去油污，最后进入过滤器中通过过滤分子筛粉末。精馏塔中压流程中的分子筛采用了变压吸附的方法，其中两塔可以对空气进行升压和降压的处理，在出口处空气还维持着较高的压力，热交换器中的氮气需要在分子筛降压时对其进行清洗，从而使分子筛可以完全再利用。

2. 膨胀制冷

被净化后具有较高压力的空气进入第一级换热器中，与反流的氮气、氧气以及污氮进行热量交换后，部分冷空气进入换热器的第二级继续被冷却。当达到液化温度时，经过高压节流阀将压力降低后，进入精馏塔的下塔；另外一部分空气流入膨胀机中，经过膨胀后的空气直接进入精馏塔的下塔，最终通过高压节流阀来控制进入精馏塔下塔的两部分空气。

3. 双级精馏

中压流程中的空气精馏是在两级蒸馏塔中进行的。两级蒸馏塔中的空分可以分两个步骤进行。

(1) 空气从液态空气变为富氧液态空气,再变为液氧,最后变为纯氧气。首先,空气经过换热器冷却至低温后,通过蒸馏塔塔底的塔釜中的盘管凝结成液态空气。再经过节流阀进入精馏塔塔内,此时液态空气处于工作压力范围(0.12～0.13MPa)内,当通过乙炔吸附器除去其中的乙炔成分时,液态空气过冷器可以用液态空气进行热量交换。液态空气进入精馏塔下塔的顶部,然后经过塔板从上往下流,与正在上升的蒸汽互相接触,这使得液态空气中的氮被蒸发。液态空气每经过一块塔板,液体中氧的含量都会升高,只要塔板的数量足够多,就可以在精馏塔下塔的底部得到较高纯度的液氧,在精馏塔下塔的釜液被称为富氧液态空气。同时,利用釜液的蒸发温度低于富氧液态空气的冷凝温度,当精馏塔塔釜盘管内气体的压力足够大时,管外的富氧液态空气被加热沸腾而蒸发,被蒸发掉的气体从下往上升,与从上往下流的回流液相互接触,氮气挥发,使得冷凝液中的氧含量越来越高。

富氧液通过节流阀减压,进入蒸馏塔的中心,在从上往下回流的过程中与每一块塔板接触并与从下往上升的气体相互接触,富氧液与塔板接触时氮蒸发,从下面上升的气体中一部分氧凝结。因此,如果塔板的数量足够,就可以在最后的塔板中得到比较清洁的液体氧。之后,再将液体氧放入冷却蒸发器进行蒸发,得到纯度更高的氧气。

(2) 将氮气变为液氮,再将液氮变为氮气。精馏塔下塔底部的富氧液态空气被蒸发后的蒸汽在从下往上升的过程中,液氧被不断地冷凝,从而导致气体中氮含量不断地增加。在精馏塔下塔顶部形成较高纯度的富氮空气,部分富氮空气通过节流阀后进入精馏塔上塔的中部进行精馏后,继续从下向上升的过程中与向下流的液氮相互接触,富氮空气中的液氧被冷凝而析出。只要保证塔板的数目足够多,在精馏塔的塔顶可以得到高纯度的氮气。之后,氮气经过液氮过冷却器、液态空气过冷却器、换热器等从塔顶抽出,送至氮气压缩机。

其他富含氮的空气,一部分在蒸馏塔中被冷却蒸发器冷凝成液氮,然后液氮从蒸馏塔下塔的上部被抽出,在与氧气和氮气进行热量交换后流入上塔的顶部。在上塔顶部液氮经过每一块塔板都会被蒸发,液氮被蒸发后进入气体中,最终可以在上塔的塔顶形成纯氮气。在此过程中液体中的氧气含量也会不断地增加,经过各个设备后在上塔底部形成纯液氧,最后经过一系列处理后放空。

2.2.3　低压流程

在低压流程中常采用高效透平膨胀机制冷全低压制氧机,工作原理如图 2-10所示。

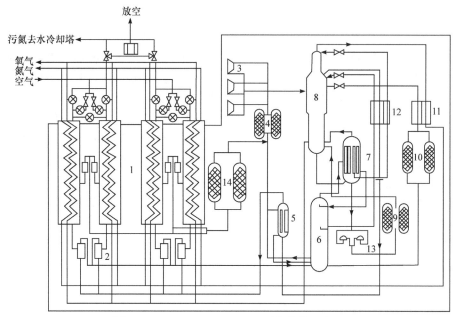

图 2-10　KDON-3200/3200-Ⅰ型空分装置流程

1-蓄冷器；2-自动阀箱；3-透平膨胀机；4-膨胀过滤器；5-液化器；6-下塔；7-冷凝蒸发器；8-上塔；9-液氧吸附器；
10-液态空气吸附器；11-液态空气过冷器；12-液氮过冷器；13-液氧泵；14-二氧化碳吸附器

经过压缩和预冷后的空气一部分进入氧蓄冷器中，一部分进入氮蓄冷器中，分别冷却至较低的温度，并将二氧化碳以及水分冷凝在石头的表面，然后两部分气体汇合后再一起进入精馏塔的下塔中。通过蓄冷器的另外一个通路返回的污氮，可以冷却上一周期石头填料塔上被凝结的水分和空气，并将其带走。从精馏塔下塔的底部流出经过洗涤后的空气，一部分作为环流气体进入蓄冷器中，当温度降至较低温度后从中部将其抽出；另一部分进入液化器中，被液化后的液体流入精馏塔下塔底部。温度调节过的回流气体经过透平膨胀机膨胀后，进入精馏塔的上部。要使空气膨胀，必须通过膨胀过滤器，然后进入充气机，在下塔精馏过程中得到液态空气和液氮。液态空气从下塔底部抽出，经过液态空气吸附器除去乙炔等成分后，再由过冷却器冷却，随后进行节流送至上塔中部。液氮可以从冷凝蒸发器中抽出，其中一部分作为回流液流入下塔，剩下的一部分经由液氮过冷器进行过冷却和节水，流入精馏塔的上部。为了确保安全，在将液氮从冷凝蒸发器中抽出后，再用液氧泵和液氧吸附器除去乙炔后，送入上塔的下部形成液氧循环。

从蒸馏塔下塔中部抽出的污浊的氮气，应通过液氮过冷器，送至蒸馏塔上釜塔底部，其目的是在上塔中制得较高纯度的氮。上塔经过精馏等过程可以得到氧气、纯氮以及污氮。氧气可以通过上塔的下部被引出，经过蓄冷器复热后，进入氧压机中将其压缩至 3MPa 后供给用户使用；纯氮可以通过上塔的塔顶引出，经过液态空气过冷器、氮蓄冷器等设备进行一系列的处理后可以作为产品被导出；污氮可以从釜塔底引出，经过液氮过冷器、液化器、蓄冷器等设备后，和在热周期中被凝结的水分和二氧化碳一起经过氮水预冷器，最后进入到大气中。

2.3　低温深冷空分制氧设备

低温深冷空分制氧设备主要包含有三个部分：一是净化设备，主要用于去除空气中所含的机械杂质和其他杂质，以保证整个空分过程和装置的长期安全运行；二是换热设备，主要用于空分过程中的换热；三是精馏设备，主要用于实现空气混合物的完全分离，以便制取纯氧和纯氮。这三个部分构成了低温深冷空分制氧的整个运行系统，经过这一系列的处理过程能够制得大量高纯度氧气，是目前工业制氧的重要设备之一。

2.3.1　空气净化设备

1. 空气的净化

空气是由多种成分组成的混合气体，除氧气、氮气及稀有气体外，还含有水蒸气、二氧化碳、乙炔等碳氢化合物，以及灰尘等少量固体杂质。如果这些杂质和空气一起进入气动设备，会对整个制氧过程造成很大的危害。例如，固体杂质的进入会导致空压机操作部件的磨损，堵塞冷却器，降低空压机的冷却效率和等温效率。二氧化碳和水蒸气在空气冷却加工的过程中首先冻结析出，这会堵塞设备和气体的输送路径，使空分装置无法生产氧气。此外，空分装置中乙炔和其他碳氢化合物的积累可能导致爆炸事故。这些杂质对制氧过程的影响不容小觑，必须使用专用净化装置安全地操作制氧装置。

空气的净化过程中，空气中异类杂质必须采用对应的方法加以消除。过滤可以去除一部分杂质和灰尘，使用吸附法可去除乙炔及其他碳化氢物，而水分和二氧化碳的去除则需使用化学法、冻结法、吸附法等方法。吸附法主要是利用固体表面对气体杂质的吸附特性来净化空气。而化学法和冻结法的原理则有所不同，化学法的原理是使空气中的杂质与某种化学物质进行反应生成固体产物从空气中脱离出来；冻结法则是把杂质变成固体，将其从空气中除去。目前，许多去除空气中杂质的方法都运用了吸附法。

2. 空气过滤器

空气过滤器利用了多孔介质过滤材料，从气固二相流中捕集粉尘，净化气体。按照不同的分类依据，空气过滤器会产生不同的分类方式。根据过滤原理，空气过滤器可以分为干式过滤器和湿式过滤器两种。干式过滤器属于表面式过滤器的一种，通过利用纺织品自身的网眼来过滤；湿式过滤器则是使灰尘附着在油膜上[2]。这两种过滤器都是过滤空气中粒子非常有效的方法，但有着各自的特点。

3. 湿式过滤器

空分装置中的湿式过滤器大致分为两种，拉西环式空气过滤器和链带式空气过滤器。

1) 拉西环式空气过滤器

如图 2-11 所示。该过滤器由多个链构成，其襟翼状链上安装有框架，每个框架上铺设有几层丝网。将过滤器放入壳体内部，并在壳体下方设置油箱。当空气通过网架时，网架中含有的灰尘等杂质附着在网眼状的油膜上，从而过滤空气。

2) 链带式空气过滤器

如图 2-12 所示。该过滤器由多个链构成，其襟翼状链上安装有框架，每个框架上还铺设有几层孔大小为1mm^{2}的丝网。框架挂在带子活动接点上使用，带子由马达变速，经链轮以 2mm/min 的速度缓慢移动或者间歇性移动。将过滤器放入壳体内部，并在壳体下方设置油箱。当空气通过网架时，网架中含有的灰尘等杂质附着在网眼状的油膜上，从而过滤空气。

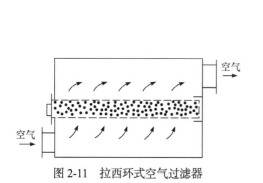

图 2-11　拉西环式空气过滤器

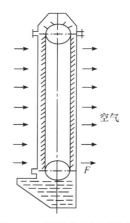

图 2-12　链带式空气过滤器

这种过滤器的主要缺点是除尘后的空气中附着有少量的油滴，导致空气量增大，气流速度随之增大，滤气中的油量也就大大增加。因此，为了防止过滤后的空气中含油分，最好的办法就是在链带式过滤器后增加一道干式过滤器。

4. 干式过滤器

空分装置中的干式过滤器主要分为四种：干带式空气过滤器、袋式空气过滤器、固定筒式空气过滤器与自洁式空气过滤器。

1) 干带式空气过滤器

干带式空气过滤器的结构如图 2-13 所示，干燥
皮带是用尼龙线编织而成的。如果用一个马达对其进
行变速，尘埃就会堆积起来，通过干燥皮带的空气的
阻力就会增大。超过规定的阈值(约为 147Pa)时，带
电接点处的压差计就会将电机接通，干燥皮带也会随
之转动，马达自动停止旋转，直到空气阻力恢复正常。
该过滤器一般在带式空气过滤器后串联使用，目的是
除去空气中含有的细微粉尘和油雾。过滤后的空气中
几乎不含油，这个过滤器的效率很高，对于粒子大于
0.003mm 的灰尘，过滤的效率为 100%，对于粒子为
0.0008~0.003mm 的灰尘，过滤效率为 97%。

2) 袋式空气过滤器

袋式空气过滤器基本结构如图 2-14 所示。直到
压差降至 548.8Pa 时，反吹风机和反吹环便会自动停
止。被反吹机反吹下来的灰尘掉落到底部的灰斗上，
定时经星形阀口排出。

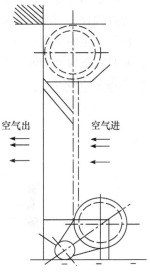

空气出　　　　空气进

图 2-13　干带式空气过滤器

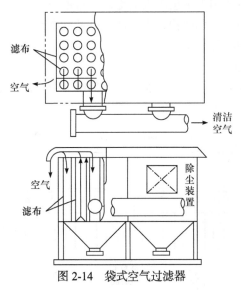

滤布

空气

清洁
空气

空气

滤布

除
尘
装
置

图 2-14　袋式空气过滤器

这种过滤器的效率同样很高，对粒子大于 0.0002mm 的灰尘的过滤效率在
98%以上。并且过滤后的空气中基本不含油分，也不耗油，操作方便。除此之外，
对空气灰尘的含量不受限制，适应性较好。此过滤器的缺点是过滤的风速较高时

阻力较大,在湿度较大的季节或者地区,过滤袋容易被堵塞。

3) 固定筒式空气过滤器

固定筒式空气过滤器结构如图 2-15 所示。过滤器包含有 64 个单元模件,每个模件内含四支滤芯,每八支滤芯又分为一个小组,通过程序控制器按顺序经空压机后产生的压缩空气反吹除灰。滤芯的使用期一般为 16～24 个月,更换下来的滤芯只需更换滤料便可重新使用。此过滤器对粒子大小为 3～5 μm 的尘粒,过滤效率为 99.99%。

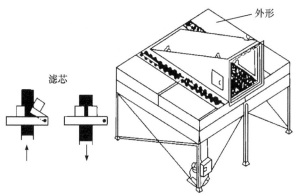

图 2-15　固定筒式空气过滤器

这种空气过滤器适用于尘量较大的地区,过滤效率高并且便于后期维护;该空气过滤器的体积小,占地面积也小,便于移动和摆放;空压机启动后,在工作的过程中,还会自动清理灰尘。

4) 自洁式空气过滤器

自洁式空气过滤器工作原理图及外形图如图 2-16 所示。目前,国内的比较先进的制氧机采用的是国产自洁空气过滤器。

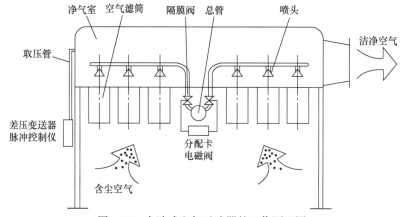

图 2-16　自洁式空气过滤器的工作原理图

自洁式空气过滤器的主要构成部件为控制系统、空气滤筒、底架、净气室等。其中，比较关键部件是空气滤筒，它的性能决定了空气过滤的质量。空气滤筒的核心部件是过滤器的过滤元件，它使用专用的防水滤纸作为滤料，这样不仅保证了过滤效率，延长使用寿命，而且降低了成本。

2.3.2　换热器

制氧机中通常会设置主换热器，其作用是使得加工的空气与反流的氧气、氮气和污氮气进行换热，这样就能将加工的空气冷却到接近液化时的温度(约 $-140.65℃$)，然后使其流入下塔的底部参与精馏过程。与此同时，会回收返流气体的冷量，并使得氧气、氮气和污氮气等气流复热后被送出装置。目前，按照不同的原理，常用制氧机中的换热器可划分为不同种类。

按照换热的原理来划分，可分为三类。第一类是混合式换热器，通过冷、热流体的直接接触达到热量交换的目的，所以也被称作直接接触式换热器。制氧机的空冷塔与水冷塔就属于这种类型的换热器。第二类是蓄热式换热器，它使得冷、热流体交替通过传热表面，当冷流体通过表面时会将冷量(或热量)进行储存，之后热流体(或冷流体)再将储存起来的冷量(或热量)取走，制氧机中的蓄冷器用的就是这种换热器。第三类是间壁式换热器，也被称作间接式换热器，它在固体传热面将冷、热流体隔开，使热量通过该表面传递。这种换热器的应用非常普遍，空分装置中的换热器大多属于这种类型。

根据流体的状态变化，可分为三类。第一类是传热双方不发生相变的情况。例如蓄冷器中气体与气体之间的传热，过冷却器中气体与液体之间的传热。第二类是只有一侧发生相变的情况，例如液化器中气体和凝缩气体之间的传热，饱和的空气在液化器中放出热量后部分变成液体。第三类是传热双方均有相变的情况，例如在辅助冷凝器和主冷凝蒸发器中，气态氮在放出热量后冷凝成液态氮，液态氧在吸收热量后蒸发成气态氧。

在低温深冷空分制氧设备中，空分装置的换热器主要有氮水预冷器、可逆式换热器、主换热器、过冷却器、蓄冷器、冷凝蒸发器、液化器等种类。氮水预冷器是混合式换热器的一种，蓄冷器是蓄热式换热器的一种，其他分类为间壁式换热器。低压空分装置的热交换一般采用板翼式结构，采用可逆式换热器代替蓄冷器，而高、中压空分装置广泛采用管式换热器。

1. 氮水预冷器

氮水预冷器是一种混合式的换热器，主要由两个塔组成，一个是空气冷却塔，另一个是水冷却塔，也叫作喷淋冷却塔，系统图如图 2-17 所示。它的主要作用是利用污染的氮含有水这一不饱和性来冷却水，然后用水来冷却空气，既降低了所加工空气的温度，又减少了加工空气的饱和含水量。水冷却塔主要与来自空气冷却塔的高温冷却水相遇，进行热交换。冷却塔中空气和水直接接触，通过交换热量进行清洗，不仅能除去空气中的灰尘，还能溶解具有腐蚀性的杂质气体，如 SO_2、H_2S、SO_3 等。

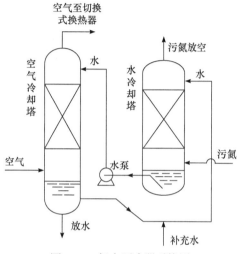

图 2-17 氮水预冷器系统图

2. 主换热器

主换热器是指高、中压空分装置中的氧氮换热器，其主要用于高、中压的空气与返回的氧、氮以及馏分等气体进行的热交换，并且将高、中压的空气冷却到膨胀前以及节流前的温度。与此同时，再回收氧、氮以及馏分等气体的冷量。主换热器一般使用盘管式换热器，根据返回气体的种类，设有氧、氮以及馏分气体的隔离层，高、中压的气体在隔离层的盘管内流动，而氧、氮以及馏分气体则在管外的空间进行流动。

3. 蓄冷器

蓄冷器是一种用填料作为媒介来实现冷、热气流传递热量的换热器。它由填料和充装填料的筒壳所构成，是一个充满了填料的容器，也正因如此，其具有阻力小、结构简单和不易堵塞的优点。根据其冷量划分，它可分为冷吹过程和热吹过程。冷气流吹过时，会将冷量储存于填料中，而自身则会被加热，此为冷吹过程；而热气流吹过时，就会从填料中将冷量取走，自身被冷却，此为热吹过程。传热的过程就这样周而复始地进行。经过反吹气流冲刷时，其中的杂质更易于清理。早期使用的蓄冷器用铝作为填料，可以用铝带式蓄冷器来冷却低压空气并清除其中的水和二氧化碳，后来采用石头作为填料，所以也称为石头蓄冷器。铝带式蓄冷器最大的缺点就是不能制得高纯度氧和高纯度氮，所以很少被使用。这里重点介绍石头蓄冷器。

典型的石头蓄冷器如图 2-18 所示。石头蓄冷器中的石头是有一定的限制的，可以用作填料的石头有玄武岩、石英石、天然卵石、辉绿岩及人工制造的瓷球。这种蓄冷器使用中通过抽除法来保证自清除，所制得的产品会通过不同的蓄冷器盘管，盘管不进行切换。

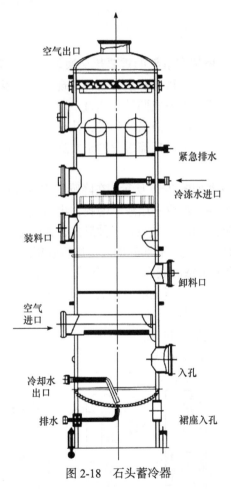

图 2-18 石头蓄冷器

但是，利用蓄冷器进行空气分离也存在着一些比较突出的缺点。例如，切换时损失较大，会影响氧的提取率；如果在蓄冷器中不设置盘管的话则会造成产品切换时的污染，从而造成纯度的下降；气流的交替冲击会造成填料的加剧磨损，加工的空气会将粉末带入设备或管路中，造成堵塞。

4. 可逆式换热器

可逆式换热器一般用于代替蓄冷器。它的作用是实现空气和纯氧、纯氮以及污氮之间的热交换,并且使空气中的水分和二氧化碳冻结后自行脱除。空气中的水分主要在热段析出,二氧化碳则是在冷段析出,并且在冷段还设有环流的热气通道,保证其不冻结,热、冷段通过环流的出口进行划分。为了使空气中析出的水分能够自动地下流到温度较高的区域,可逆式换热器需要在保温箱中进行倒置安装。

5. 冷凝蒸发器

冷凝蒸发器是连接塔架和塔架的重要热交换装置,一般有板式和管式两种。管式冷凝蒸发器又分为长管、短管和盘管三种。现在的大型和超大型的制氧机为了节能,通常采用降膜式和半浴式两种。通过下塔下部的氮气和上塔下部的液氮之间的热交换实现氮气的冷凝和液氮的蒸发,从而提供下塔的回流液和上塔的上升蒸汽,这样才能保证上、下塔精馏过程的正常进行。下面主要介绍两种冷凝蒸发器的结构。

降膜式主冷凝蒸发器如图 2-19 所示。在降膜式主冷板式单元中,液氧自上而下流动,沿着传热壁的表面形成一层液氧薄膜,再与气氮进行换热,又可将其称为溢流式主冷。它的液膜的形成主要有三种形式,如图 2-19 中的(a)、(b)、(c)所示。在图 2-19(b)中,液氧在上塔下部的积液槽进行收集之后,通过槽底部的小孔,依靠重力喷淋下来,沿通道壁的表面流下来形成一层液膜。与图 2-19(a)不同的是,在图 2-19(b)中,主要是将流入至上塔底部的液氧用液氧泵抽出,然后再与主冷板式单元的顶部自上而下地喷淋,形成一层薄膜。其中也包含有主冷外置的装置。如图 2-19(c)所示,降膜式主冷的节能效果显著,但是还存在一定的安全问题,所以有的制氧厂也推出了一款半浴式主冷凝蒸发器。

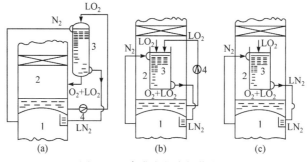

图 2-19　降膜式主冷凝蒸发器

半浴式主冷凝蒸发器如图 2-20 所示。制氧规模大于 50000m³/h 的超大型的制氧机会采用这种主冷凝器，它的主冷板式单元以并列的形式浸泡在液氧环境中。与此同时，氮气分别进入到各个单元的氮通道，并且各板式单元始终处于并联的状态。卧式主冷凝蒸发器不仅强化了传热的性能，而且解决了板式单元的布置问题[4]。

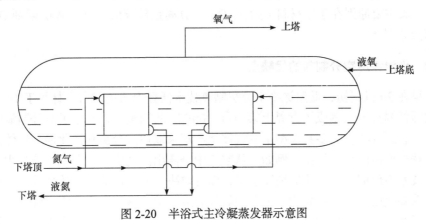

图 2-20　半浴式主冷凝蒸发器示意图

6. 过冷器

过冷器的作用是利用上塔顶部的低温氮气冷却通过冷液态的空气、液氧以及液氮，这样做是为了减少液态空气和液氮节流后的气化率，从而增加下塔的回流液并减少液氧的气化。例如，板翅片式过冷器的结构特点是在液侧采用低而厚的翅片，气侧采用的是高而薄的翅片，流道采用的是逆流形布置，流体通道采用的是复逆式布置，并且气侧的通道数是液侧的两倍。

7. 液化器

液化器的作用是利用氧气、氮气及污氮，与空气进行热量交换，使空气液化。这样做的目的是实现对可逆式换热器或蓄冷器冷端温差的调节，保证其不冻结，并使在启动的过程中产生的液态空气顺利积累成液态。这种液化器的特点是液态空气侧采用低而厚的翅片，气侧采用高而薄的翅片，流道采用错流形的布置，流体通道采用复逆式布置，并且气侧的通道数是液态空气侧的两倍。在下封头的顶部，也就是液态空气的上面，设有氦氖吹除管。

2.4　低温深冷空分制氧的优缺点及发展现状

目前工业上常用的三种利用空分装置制氧的方法，分别为低温深冷法、PSA 法和 MS 法。与低温深冷法制氧相比较，变压吸附法和膜分离法的操作温度接近常温，因此又将 PSA 法、MS 法统称为非低温气体分离方法。在制取高浓度(一般浓度大于 99.5%)的氧气时，通常采用低温深冷制氧的方法。在过去的十年中，尽管 PSA、MS 等制氧方法得到了快速发展，甚至在一定的规模和使用条件下已经成为低温法空分装置的强劲对手，但是单纯用 MS 法或 PSA 法难以制得高浓度的氧气，其主要原因在于膜材料 O_2/N_2、O_2/Ar 分离系数较低，而 PSA 吸附剂 O_2/Ar 分离困难[10-12]。

2.4.1　低温深冷空分制氧的优缺点

早在 20 世纪初，低温深冷空分法制氧技术便登上历史舞台。林德于 1903 年利用深低温空分法制成了世界上第一台 $10m^3/h$ 的制氧机，开创了空分制氧的先河。一直到现在，大多数大型工业气体生产都采取通过分离和净化混合气体的方法来获得所需的目标气体。例如，从空气中分离出高纯度的氧和氮。该过程中的分离技术不仅取决于气体的纯度水平，而且取决于要去除的杂质的特性。氧气的制作需要使用高成本和高能耗工艺的氧气制造技术，这些因素占特定气体生产成本的近 80%。这种技术已经有一百多年的历史，经过不断的改造和进步，现代生产装置所消耗的电力只有十五年前的一半。近年来，对于生产装置的优化和改进也得到了进一步发展，使用分子筛设备处理进气，采用高效透平减压塔压力等方式都可以减低能源消耗和基础建设费用[13-14]。

深冷空分法作为一种传统的制氧方法，一般适用于需大规模制氧的情况。由于同时可以生产氮气和氧气，采用深冷空分法大规模制氧成本较低。深冷空分法制氧在国内外制氧行业中占有支配地位，其优点在于其生产的氧纯度一般比较高(可达 99.6%)，副产品多(可以同时生产高纯度的氮和氧)，生产规模越大，成本越低。该方法的缺点在于建设投资大、能耗高，比较变压吸附法的制氧过程要长，且工艺较复杂，需用设备的种类和台数也较多，并且相关装置需要具有耐受高压或超低温的特性[15-17]。

2.4.2　低温深冷空分制氧的发展现状

制氧技术可以按照不同的方法进行分类，总体来说，可分为物理制氧和化学制氧两大类。随着科技研发能力的提升和对氧气、氮气等气体需求的不断提高，制备各类气体的方法也在不断改善。在大规模制氧技术的发展进程中，利用低温深冷空分法进行大规模制氧的技术一直是制氧界关注的焦点。制氧公司一直在对该方法进行改进和优化。

深冷空分法制氧的技术进入工业领域已有一百多年的时间，广泛用于大规模的空气分离和氧气制造。一方面通过低温深冷空分法可获得高纯度的氧，另一方面也能得到氮和氩等惰性气体，具有运行成本低、产品气体的纯度高等优点。当今世界科技快速发展，对于氧、氮、氩等气体的需求也在日益增大，这也使空分设备越造越大。国外的低温深冷空分制氧技术发展很快。目前，国外的空分制氧设备主要具有巨大化、内部压缩、空气和液体并产、高自动化、高纯度、高萃取率、高可靠性、低能耗等特点。

随着技术的进步，深冷空分法制取的氧气纯度已从最初的 99.600% 提高到 99.995%，产品也从单一氧气产品，向氧、氮产品及稀有气体氦、氖、氪、氙等产品发展。由于该技术难以实现小型化，其应用受到局限。

2.5　低温深冷空分制氧在西藏的应用前景

目前，西藏自治区政府大力倡导供氧工程，希望能够在制供氧技术方面得到全面提升，改善西藏地区的供氧状况，实现让氧气进入千家万户的共同心愿。缺氧问题一直是困扰西藏地区经济社会建设的一大难题，必须得到解决。利用低温深冷空分制氧的方法可以直接制得大量的高纯度氧气及氩气、氮气等惰性气体，如果合理地应用于西藏地区，可使其供氧状况得到很大的改善。但是，目前西藏地区不能完全消耗这种制氧技术生产的大量的氧气及氩气、氮气等副产气体，并且由于运输条件的制约，内地企业对于其剩余副产品的使用也是一大难题。再加上此工艺制氧过程的复杂性和设备巨大等特性，短时间内，制氧技术在西藏地区的使用和发展不会发生很大的变化。当前 PSA 法的工艺流程最为简单，在西藏地区的使用最为广泛。随着制氧技术的不断改善，在对低温深冷空分制氧的节能减耗和提升安全性两个方面进行改进之后，制取气体纯度高、生产量大等特性会让其在西藏地区有着很好的发展前景。

目前，西藏的国家机关单位、企业、宾馆等需要集中供氧的场所，大多使用大型 PSA 制氧机生产的氧气作为供氧的氧源。然而，PSA 制氧机存在能耗高、故障率高、寿命较短等问题。因此，有的单位使用储罐液氧作为氧气源，液氧一般从格尔木、兰州等地由公路运输至西藏。虽然储罐液氧不存在动部件，运行相对稳定，但运输成本较高，导致氧气价格较高。因此，有必要在西藏本地建造深冷空分制氧厂，并进一步寻找液氮、高纯氮气、氩气等副产品的应用市场，以进一步降低制氧成本。

参 考 文 献

[1] 宁青松. 小型变压吸附制氧与压氧一体机研究[D]. 天津: 天津理工大学, 2012.
[2] 吕新萍. 深冷制氮与变压吸附制氮的比较分析[J]. 中国水运, 2017, (8): 23-27.
[3] 刘汉钊, 王华金, 杨书春. 变压吸附制氧法与深冷法的比较[J]. 冶金动力, 2003, 96(2): 26-29.

[4] 王兴鹏. 基于 ZMS/CMS 分子筛变压吸附氧气制备工艺研究[D]. 天津: 天津工业大学, 2013.

[5] 张辉, 王和平. 制氧技术问答[M]. 北京: 化学工业出版社, 2011.

[6] 黄千卫, 刘妮, 由龙涛. 混合工质林德节流制冷技术的发展分析[J]. 化工进展, 2014, 33(9): 2260-2263.

[7] 顾福民. 彼·列·卡皮查(1894~1984 年)[J]. 深冷技术, 1984, (3): 2.

[8] 陈逸樵. 单体精馏塔中空气精馏过程的研究[J]. 深冷简报, 1962, (4): 40-48.

[9] 朱雷荣, 李彦军. 气体深冷分离工艺窥探[J]. 中国化工贸易, 2019, 11(25): 111.

[10] 覃安安. 制氧技术的发展现状[J]. 洁净与空调技术, 2009, (2): 32-37.

[11] 刘汉钊, 王华金, 杨书春. 变压吸附制氧法与深冷法的比较[J]. 冶金动力, 2003, (2): 26-29.

[12] 潘冬, 张中佑, 陈梦. 浅析影响深冷空分制氮装置安全长周期运行故障[J]. 中国石油和化工标准与质量, 2012, 32(1): 42-43.

[13] Harry C. 中压低温空气分离流程[J]. 杭氧科技, 1996, (3): 47-51.

[14] 郭震. 深冷空气分离装置工艺特点及设计原则探究[J]. 低碳世界, 2016, (17): 245-246.

[15] 沈跃, 顾荣而, 郑丽碧. 深冷文献信息(国外部分)[J]. 深冷技术, 2000, (5): 56-59.

[16] 衣爽. 低温精馏法空气分离的能耗分析与节能设想[J]. 辽宁化工, 2015, 44(6): 651-653.

[17] 苏勇. 低温精馏法空气分离的能耗分析与节能对策[J]. 化工管理, 2019, (7): 43.

第 3 章 变压吸附制氧技术

3.1 变压吸附制氧原理

变压吸附是根据吸附质(空气)在一定温度下通过吸附剂(当前主要为分子筛材料)时,不同成分在同一压力下被吸附量的不同,通过改变压力这一热力学状态参数,将不同吸附质进行分离的循环过程。吸附剂对吸附质(空气)的静态吸附容量随压力升高而增加,这使得氮气被吸附,大多数氧气得以通过;氮气的吸附量随压力减小而下降,这使得氮气解吸出来,作为废气排出。由于吸附循环周期短,吸附热来不及散失即被解吸过程吸收,吸附床层温度变化很小,因此,变压吸附又称为常温吸附或无热源吸附。

吸附剂对吸附质吸附性能可以通过等温吸附曲线来描述,通常吸附质在等温条件下,在同一吸附剂上的静态吸附容量随压力增加而增加,该过程沿等温吸附线进行,如图 3-1 所示。对应某温度 T 的等温吸附曲线,在压力为 P_A 时,其吸附容量为 q_A,在压力为 P_B 时,其吸附容量为 q_B,两个压力差下的吸附容量差为 $\Delta q = q_B - q_A$,为每次经过加压(吸附)和减压(解吸)循环时的组分分离量。

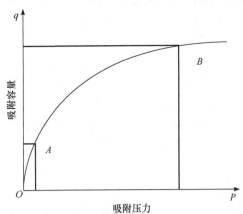

图 3-1 静态吸附容量随压力变化的等温吸附曲线

图 3-2 描述了实际应用场景下,考虑温度变化时的静态吸附容量随组分分压变化的等温吸附曲线,当压力不变时,温度升高,吸附质分子动能增加,从吸附剂表面逃逸的分子数增多,导致吸附剂的吸附容量降低,即 $q_2 < q_A < q_D < q_1$(吸附质在 T_2、T_A、T_D、T_1 温度下,P_E 压力下对应的吸附量)。以 T_D 曲线为例,在等

温吸附时，在 P_E、P_F 压力差下吸附容量差为 $\Delta q = q_{E'} - q_F$，而在实际变压吸附分离过程中，吸附过程为放热反应，吸附剂温度升高，吸附曲线向 T_A 移动，因此在 P_E 压力下的实际吸附容量为 q_E 而不是 $q_{E'}$，随着组分的解吸，变压吸附的工作点从 E 点移向 F 点，吸附时从 F 点返回 E 点，沿着 EF 线进行，每经加压吸附和减压解吸循环的组分分离量 $\Delta q = q_E - q_F$ 为实际变压吸附的差值。

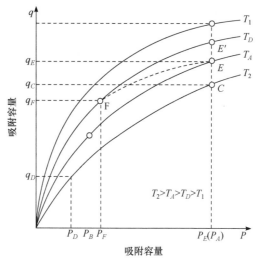

图 3-2　静态吸附容量随组分分压变化的等温吸附曲线

　　变压吸附制氧采用的吸附剂当前主要为沸石分子筛，沸石分子筛的化学通式为：$M_{2/n}O \cdot Al_2O_3 \cdot xSiO_2 \cdot yH_2O$，其中，M 代表金属阳离子，$n$ 为阳离子的价态，x 为骨架硅铝比，y 为水分子数。分子筛骨架的基本结构是硅氧四面体和铝氧四面体，硅或铝位于四面体的中心，四个氧原子位于四面体的四个顶点(图 3-3(a))，四面体之间通过共用的顶点氧原子连接，起连接作用的氧原子被形象地称为"氧桥"(图 3-3(b))。由于铝氧四面体中的铝原子呈 3 价，所以四面体中有一个氧原子的价电子没有得到中和，整个四面体呈电负性，为了保持电中性，铝氧四面体的周围必须有带正电荷的金属阳离子来中和负电荷[1]。

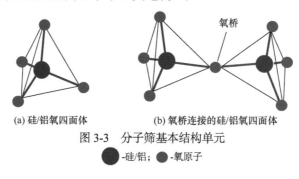

(a) 硅/铝氧四面体　　　　　　(b) 氧桥连接的硅/铝氧四面体

图 3-3　分子筛基本结构单元

●-硅/铝；　●-氧原子

在沸石分子筛中，由初级结构(硅/铝氧四面体)通过氧桥相互连接形成四元、六元、八元、十二元环等次级结构单元，见图 3-4。

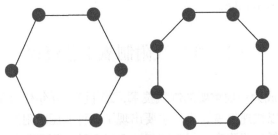

图 3-4　沸石分子筛次级结构单元示意图

再由次级单元通过氧桥相互连接，可以形成中空笼状的三维多面体，这些多面体各种各样，有六角柱笼、八面沸石笼、α笼、β笼等。这些多面体再进行规则排列就构成了沸石分子筛的骨架结构。沸石分子筛骨架结构间构成了很多排列整齐的孔道和空腔，用于平衡骨架负电性的金属阳离子就存在于这些孔道和空腔的表面。这些晶体只能允许直径比空穴孔径小的分子进入孔穴被吸附，否则被排斥，从而使大小不同的分子分开，起到筛选分子的作用。分子筛还可以根据不同物质分子的极性决定优先吸附的次序，一般地，极性强的分子更容易被吸附。

如图 3-5 所示，比较典型的是 LiX 型分子筛，它会形成具有强正电荷电场的 Li^+。空气中氧和氮都具有四极矩，而氮的四极矩(0.31A)比氧的四极矩(0.10A)大得多，因此，氮与分子筛表面离子的作用力强。当空气在加压状态时，气相中气体组分密度加大，硅或铝阳离子从周围吸附具有强电四极矩分子的概率增加，因此，加压时氮气大部分被分子筛吸附，而氧气吸附量较少，这造成氧气在气相中得到富集并随气流流出吸附床，使氧气和氮气分离[2]。当分子筛吸附氮气饱和后，停止通空气并降低吸附床的压力，吸附剂周围气相中氮气浓度降低。根据吸附平衡理论，吸附过程将向氮气浓度降低的一方移动，即分子筛进行脱附，将吸附的氮气解吸出来，分子筛得到再生。这样，在循环加压和降压的条件下，分子筛反复进行吸附与脱附，从而完成对空气中氧与氮的分离。诸如分子筛这类结晶的硅铝酸盐，具有均一的孔径和极高的比表面积，因此具有许多优异的特点。

锂离子　　N₂吸附点

图 3-5　X 型分子筛晶体结构

(1) 按分子的大小和形状不同进行选择吸附，即只吸附那些小于分子筛孔径的分子。

(2) 对于小的极性分子和不饱和分子，具有选择吸附性能，极性越大，不饱和度越高，其选择吸附性越强。

(3) 与其他类型吸附剂相比，即使在较高的温度和较低的吸附质分压下，仍有较高的吸附容量。

(4) 由于分子的大小、结构、极性等相差较大，分子筛对不同组分的吸附能力和吸附容量也各不相同。

3.2　变压吸附制氧工艺流程

PSA 技术已成为一项重要的制氧技术，20 世纪 70 年代后随着人工合成分子筛材料的发展得以快速发展，先后主要出现了两种变压吸附制氧方式：高压吸附常压解吸制氧、低压吸附真空解吸制氧。上述两种变压吸附制氧工艺主要区别是操作压力不同，但原理完全相同。

3.2.1　变压吸附工艺

1958 年，美国的 Charles W. Skarstrom 申请了"通过吸附法分离气体混合物的方法和装置"专利，提出了利用变压吸附分离空气制取 O_2 和 N_2 的工艺过程，即 Skarstrom 循环，如图 3-6 所示。该制氧系统由两个装有吸附剂的吸附塔、单向阀、调节阀、电磁控制阀等组成。制氧装置工作时，空气经进气管路由电磁控制阀控制交替进入两吸附塔，当一个阀门与进气管路相通时，另一个阀门与解吸管路相通。以图 3-6 中吸附塔 2 为例，电磁线圈 2 控制的阀门打开，高压空气进入吸附塔 2，塔内压力升高，如图 3-6 中线条图曲线 AB 段所示，称为吸附塔的升压阶段；随着压力的升高，吸附剂对氮气优先吸附，在吸附塔出口排出氧气，一部分氧气经调节阀 1 进入储氧罐，另一部分氧气通过调节阀 2 和单向阀 5 对处于解吸过程的吸附塔 1 进行反吹，使吸附塔 1 内的吸附剂再生，此过程吸附塔 2 内压力一直处于上升趋势，但压力曲线斜率变小，对应曲线中 BC 吸附段；当吸附塔 2 内吸附剂吸附饱和后，在上方出口处有氮气排出，产氧浓度下降，此时，切换阀门，即电磁线圈 1 打开，吸附塔 1 与高压空气相通，吸附塔 2 与解吸管路相通，此时，吸附塔 2 内高压气体向外排至大气环境中，压力急剧下降，如 CD 段所示，称为解吸阶段；当吸附塔 1 内压力升高至大于吸附塔 2 内压力时，在吸附塔 1 上方出口便有氧气输出，一部分对吸附塔 2 进行反吹，此时，吸附塔 2 内压力已降至接近于大气压，吸附塔 2 内的吸附剂在反吹气流的作用下进行再生，称为反吹或清洗，相当于图 3-6 中的 DE 段和 EF 段。这样，吸附塔 2 完成了一个产氧周期的循环。

科研人员改进了 Skarstrom 循环，在该循环的逆放步骤之间增加了均压操作，在吸附塔 1 吸附结束和吸附塔 2 冲洗结束后，将两塔的塔顶连通，实现压力均衡[3]。吸附塔 1 顶部区域的高压气体流入吸附塔 2，对吸附塔 2 进行升压。均压

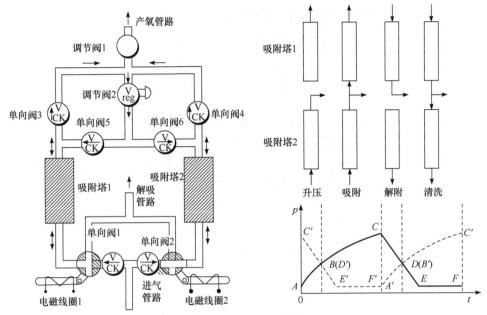

图 3-6 Skarstrom 循环

结束后，两个吸附塔断开连接，吸附塔 1 从塔底完成逆放，用产品气对吸附塔 2 进行升压。均压步骤时，高压吸附塔的压缩气体被用来给低压塔升压，节省了部分升压过程所需的能耗，同时分离开的氧气组分从高压塔进入低压塔，分离工作得以保存，提高了氧气组分的收率，并提高了产量。

通过增加均压步骤能够提升收率，基于此原理，采用多重吸附塔，在循环中加入一系列的压力均衡步骤，能够最大程度地发挥该技术。事实上，多塔体系中，逆放的气体可以用来冲洗其他吸附塔。但由于逆放气中氮气含量较高，进一步的压力均衡容易导致吸附塔污染，这是这一技术最大的缺点。

3.2.2 真空变压吸附工艺

VPSA 是在低压(0~50kPa)下吸附，真空下解吸的变压吸附循环过程。VPSA 工艺是当前最具发展前景的工艺，其基本流程与 Skarstrom 循环的不同之处在于吸附剂吸附时在低压下，而解吸过程采用抽真空的方法，而不是通过产品气清洗来实现。如图 3-7 所示，以 A 塔为例，在升压阶段(R)，吸附塔内压力在短时间内由低于大气压 p_0 的某一真空度上升至高于大气压；当升至操作压力后，进入吸附阶段(A)，富氧产品自吸附塔上端排出；随着吸附塔内分子筛的饱和，但尚未达到透过点以前即停止进气，吸附塔开始降压解吸(D)，将大量的氮气排出，使分子筛得以再生；为了彻底脱附分子筛上吸附的氮气，在周期的最后一个阶段对吸附塔抽真空(B)，进一步降低塔内压力，使氮气脱附。

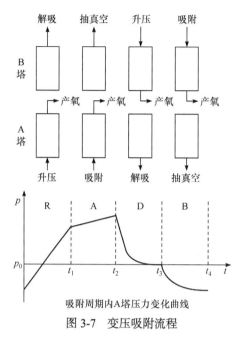

吸附周期内A塔压力变化曲线

图 3-7 变压吸附流程

　　由于 VPSA 增加了真空设备，设备相对复杂，但效率高、能耗低，适用于制氧规模较大的场合[4]。表 3-1 对比了 PSA 和 VPSA 制氧装置的主要工艺参数。

表 3-1　PSA 和 VPSA 制氧装置主要工艺参数比较

工艺流程	适宜规模/(m³/h)	吸附压力/kPa	解吸压力/kPa	氧气纯度/%	制氧电耗/(kW·h/m³)	氧气回收率/%
PSA	≤200	200～600	环境压力	80～93	0.7～2.0	30～45
VPSA	100～10000	0～500	−45～−80	80～95	0.3～0.5	46～68

3.3　变压吸附制氧特点

1. 制氧能耗低和运行成本低

　　当前，PSA 制氧主要用于小规模制氧，大规模制氧主要采用 VPSA 工艺，大型变压吸附制氧工艺中，电耗大概占运行成本的 90% 以上，随着变压吸附制氧技术的不断优化，其纯氧电耗已经从 20 世纪 90 年代的 0.45kW·h/m³，下降到了如今的 0.32kW·h/m³ 以下，即使较大规模深冷制氧的纯氧电耗最低也在 0.42kW·h/m³ 左右。与深冷制氧技术相比，在企业没有氮气需求，用氧工序对氧气纯度及压力要求不高的工况下，变压吸附制氧技术具有明显的成本优势[5,6]。

2. 工艺简单、操作灵活和开停车方便

大型变压吸附制氧与深冷制氧技术相比，工艺比较简单，操作压力在-0.05～0.05MPa，主要动力设备为鼓风机和真空泵，操作相对简单、容易维护。由于变压吸附制氧设备开停车不存在降温和升温过程，原始开车只需要 30min 则可产出合格氧气，短时间停车则几分钟便可产氧，而装置停车则更加简单，只需要把动力设备和控制程序关停，相比深冷制氧，变压吸附制氧技术开停车更加方便，大幅度地降低了装置开停车产生的操作费用[7-9]。

3. 投资省且建设工期短

变压吸附制氧装置工艺流程简单，主要由动力系统、吸附系统和阀门切换系统等组成，设备数量较少，可以节省设备的一次性投资成本；同时装置占地面积小，还可以减少装置的土建成本和建设用地成本。并且设备加工制造周期较短，主要设备的加工周期一般不超过四个月，正常情况下六个月内即可实现产氧要求，相比深冷制氧接近一年的建设周期，大幅度地降低了装置的建设时间[8-10]。

4. 设备简单、维修方便

变压吸附制氧技术采用的设备如鼓风机、真空泵和程控阀门等全部可实现国产化，备品、备件更换易，可降低成本且容易控制工期，设备维修简单、售后方便，相比深冷制氧所用的大型离心压缩机的维护，变压吸附制氧用户不需要投入大量维护资金，也不需要聘用专业维护工人[7-9]。

5. 负荷调节方便

相比深冷液氧技术，变压吸附制氧在纯氧电耗变化不大的情况下，可以实现产量和纯度的快速调节。一般产量可在 30%～100%调节，纯度可在 70%～95%调节，尤其当几套变压吸附制氧装置并联使用时，负荷调节更加容易。

6. 操作安全性高

变压吸附制氧为常温下的低压操作，而且不会出现液氧、乙炔富集等现象，相对于深冷制氧低温高压操作，安全性更高。

7. VPSA 与深冷空分法制氧对比

表 3-2 从工艺流程、气体产品、工作温度和压力、设备价格、配套土建等方

面，对 VPSA 与深冷空分法制氧进行了全面对比。

表 3-2　VPSA 与深冷空分法法制氧对比表

项目	VPSA	深冷空分法
工艺流程	流程简单，设备少，运动部件少，自动化程度高，基本可实现无人管理	流程复杂，设备多且精密性高，配套机组数量多且精密程度高，自动化程度低，需熟练人员看管
气体产品	只有氧气产品，纯度可达 93%，纯度可调，经济纯度为 80%～90%，产气规模 2～15000m³/h，产量可调，纯度产量调节方便，调节范围较大	除氧气外产品还有液氮、液氩，氧气纯度可达 99.6%，产气规模 50～100000m³/h
工作温度、压力	常温操作，工作压力范围为 –0.06～0.05MPa，不受压力容器规范控制	–190℃～常温操作，低温分馏，工作压力范围为 0.5～0.6MPa，受压力容器规范控制
设备价格	设备少，造价低	设备多，造价高
配套土建	占地面积小，安装容易，安装周期短，配套土建占总投资比例低	占地面积大，需专业安装队伍，安装周期长
操作人员及年维修费用(十年平均值)	基本可实现无人操作，仅需 1～2 人/班，年维修费用低，一般为总投资的 1.0%～1.5%	需经验丰富，经专门培训人员看护，一般 3～5 人/班(不含专业维修人员)，年维修费用高，一般为总投资的 2.5%～5%
能耗	0.32～0.37kW·h/m³(随制氧规模变化略有变化)	一般大规模综合耗电 0.5kW·h/m³ 左右

3.4　变压吸附制氧关键材料及技术

3.4.1　吸附剂

　　吸附剂是变压吸附制氧技术的关键核心材料，吸附剂性能好坏直接影响变压吸附制氧的效果，甚至会影响变压吸附制氧工艺的选择和变压吸附制氧技术的发展。良好的吸附剂可以降低吸附剂用量、减小吸附塔体积，从而减轻整个变压吸附装置重量。在制氧过程中，吸附剂要受到各种破坏作用，主要有进吸附塔空气的反复冲刷以及吸附塔内压力频繁变化的作用，同时还要受到吸附升温、解吸降温的周期性温度变化所产生的热应力作用。耐磨性差或机械强度不够的吸附剂容易粉化，不但制氧效果差，而且产生的粉末会堵塞阀门管道，降低制氧装置的运行能力。颗粒均匀的吸附剂可使进吸附塔的空气分布均匀，避免返混，提高制氧效率。所以，性能良好的吸附剂应具备抗压性强、比表面积大、强度和耐磨性高、颗粒均匀等特性。早期工业变压吸附制氧所使用的吸附剂主要是沸石分子筛和碳分子筛，但后来工业上几乎不再使用碳分子筛，这是因为通过对变压吸附制氧的工艺研究发现，采用碳分子筛制取氧气的效果较差，而且制得的氧气纯度较低(纯度一般不超过 95%，其他的 5% 为 Ar)。目前，变压吸附制氧主要选用沸石分子筛作为吸附剂。

1. 变压吸附沸石分子筛材料的发展历程

沸石是一类天然硅铝酸盐矿石，在灼烧时会产生沸腾现象，因此得名。沸石内部具有丰富的孔道，这些细微的孔道对气体分子具有选择通过的特性，因此沸石结构的物质可用于空气分离制氧。20 世纪 40 年代，人们实现了通过水热法合成沸石分子筛，自此揭开了人工合成沸石分子筛及其工业化应用的序幕。沸石分子筛已广泛用于工业生产的各个领域，发展出结构及性能多种多样的沸石分子筛材料，而用于空气分离制氧的沸石分子筛主要为 A 型和 X 型。变压吸附制氧最早使用的是 CaA 分子筛材料，之后逐渐转变为 CaX、NaX 分子筛材料，截至 20 世纪末，市场上的制氧机主要为采用 CaA、NaX 分子筛材料的制氧机，但这一时期分子筛材料氮气吸附量小，氮氧分离系数低，制氧机性能及经济性较低。NaX 分子筛经 Li^+ 交换改性后可获得 LiX 分子筛材料，LiX 分子筛尤其是 Li-LSX 分子筛氮吸附量大，氮氧分离系数高，是当前性能最好的变压吸附制氧分子筛材料，且 Li-LSX 分子筛最优吸附压力与解吸压力之比较低，而这一压力比越低，变压制氧系统能耗越低[7]。近年来，随着人们对分子筛材料研究的不断深入，尤其是对分子筛离子交换及骨架结构的认识不断深入，Li-LSX 型分子筛逐渐成了市场的主导产品，而 CaA、NaX 分子筛材料正逐渐被市场淘汰。

2. 变压吸附沸石分子筛材料离子交换改性研究

分子筛骨架表面阳离子的位置、大小、所带电荷量等均对沸石分子筛氮氧吸附性能有重大影响，因此可以通过离子交换对分子筛进行改性，从而提升分子筛性能。如表 3-3 所示，锂分子筛是当前市场上用于制氧的沸石分子筛中性能最好的，LiX 通常是通过 NaX(13X)进行离子交换改性制取，硅铝比越低，锂分子筛氮吸附量越高，当前锂分子筛主要为 Li-LSX[7]。

表 3-3　当前常见市售分子筛材料对比表

序号	分子筛类型	优缺点	吨产氧量/(m³/t)	价格/(万元/t)
1	钙分子筛	吸附量较大，解吸慢	30~40	0.5~1
2	钠分子筛	吸附量较小，解吸较快	50~60	2~4
3	锂分子筛	吸附量大，解吸快	80~100	8~16

　　Li⁺离子交换改性制取 LiX/Li-LSX 存在两个方面的问题：一是 Li⁺离子对 NaX(13X)分子筛的离子交换比较困难且交换度越高越困难；二是锂是较贵重的金属，且随着锂离子电池快速推广应用，锂的价格快速攀升。上述两个方面的原因造成 Li 分子筛成本较高，为了降低分子筛成本，提升分子筛性能，针对 Li 分子筛离子交换改性研究主要集中在两个方面：①改进 Li⁺离子交换工艺；②采用其他离子取代 Li⁺离子改性以及研发新型分子筛。

　　为了降低分子筛生产成本，提高 Li⁺离子交换度，有学者提出用 NH_4^+ 离子将 Na 分子筛先交换成 NH_4^+ 型，然后再获得 Li-LSX 的离子交换改性工艺，并在离子交换的过程中引入微波技术，与传统的水热交换等技术相比，微波技术作为一种独特的加热方式能够大大缩短离子交换的时间，提高离子交换效率，并得到较高的一次离子交换度。对离子交换改性废液中锂盐的回收再利用，也是降低锂分子筛生产成本的有效途径，通过采用除去分子筛离子交换废液中的大多数钾、钠离子，可以将废液再返回交换系统再次参与交换，大幅提升氯化锂的利用率，降低生产成本。

　　混合离子交换不仅可以提升 X 型分子筛吸附性能、热稳定性，而且可以降低分子筛的成本。在 LSX 型沸石分子筛中通过离子交换同时引入 Ca^{2+} 和 Li⁺离子制备的 Li-Ca-LSX 沸石分子筛具有良好的氮吸附量和氮氧分离系数，同时降低了锂盐的用量。江明明等[8]用 Ce^{3+} 离子对 LiX 分子筛进行改性，制备了 CeLiX 沸石分子筛，研究发现 Ce^{3+} 离子的引入可显著改变 LiX 沸石分子筛对 O_2/N_2 的吸附选择性。研究者早就发现 AgX 分子筛对氮气有高的吸附量，但不易解吸，而 LiX 有良好的解吸性能，将两者优点结合起来制备了 Li⁺/Ag⁺混合离子的 X 型分子筛，提升了对氮气的吸附容量[9]。除了混合离子外，独立离子交换改性也被广泛研究，Ca-LSX 沸石分子筛具有大的氮吸附量，但由于 Ca⁺对氮的吸附能较高，难以脱附，Yang 等[10]利用 Ca 的同族元素 Sr 制备出 Sr-LSX 沸石分子筛，其性能接近 Li-LSX 分子筛，将来很有可能成为 Li-LSX 分子筛的替代产品之一。

　　3. 变压吸附制氧分子筛材料绿色合成及模拟计算研究

　　沸石分子筛多采用硅酸钠、铝酸钠、硫酸铝等化工原料通过水热法合成，其工艺成熟，产品纯度高，但是价格昂贵，原料来源有限，且环境污染较为严重，因此沸石分子筛高效绿色合成路线的研究具有重大意义。我国廉价非金属矿物储量丰富，尤其是富含硅、铝元素的硅酸矿物，以其为原料合成沸石分子筛，将具有良好的社会效益和经济效益。Garshasbi 等[11]采用水热合成法，以高岭土为原料，制备出具有 591m²/g 比表面积、0.250cm³/g 微孔体积的 13X 型沸石分子筛，进一步提高了对气体的吸附容量。Yue 等[12]采用晶种法，利用经过熔盐活化工艺处理过的天然高岭土为原料，在水热条件下合成了具有多级孔结构的 Beta 沸石。雷晶晶等[13]以硅藻土为原料用水热法合成了 X 型分子筛，并对最佳制备条件进行了探索。

材料的模拟计算可以在原子层次上揭示材料的结构与性能之间的联系，预测新材料，是当前材料研究的重要方法和工具，对新材料的研究开发有巨大的助力。当前一些学者也将模拟计算引入到了分子筛材料的研究开发中，并取得了一定的成果。高原昼夜温差大，针对这种高原环境，Fu 等[14]采用分子模拟和理论模型拟合的方法研究了温度对 5A 和 Li-LSX 分子筛氮氧吸附及分离性能的影响，该研究为在高原环境下利用适当量的 5A 和 Li-LSX 混合分子筛，以获得最优的制氧效率和稳定性的平衡提供了理论依据。有学者利用分子模拟计算，对高原昼夜大的温度和湿度波动对不同硅铝比沸石分子筛氮氧吸附及分离性能进行了研究，得出与温度相比湿度对分子筛性能的影响更为显著，在高原环境下，硅铝比为 1.5 时，分子筛的空气分离性能和使用稳定性将达到最佳平衡[15]。

4. 沸石分子筛材料未来研究发展方向展望及建议

分子筛材料作为变压吸附制氧核心关键材料，对制氧设备的性能和经济性起着至关重要的作用。经过不断的研发，当前市场上的主流制氧分子筛材料 Li-LSX 已经具有相当好的制氧性能，但由于锂较为昂贵，且锂的价格仍在步步攀升，锂基分子筛制氧成本居高不下。降成本，提性能仍然是当前制氧分子筛发展进步的两大主要方向，科研工作者沿着这两个方向通过生产工艺优化创新，离子交换改性，廉价非金属矿分子筛合成工艺开发，以及分子筛模拟计算研究等，开展了大量的研究和创新工作，推动了分子筛材料的发展进步。但目前仍有许多可能取得突破的地方需要广大科研者在以后的工作中予以关注：①对分子筛离子交换改性进行全面的梳理总结，探寻规律及内在机理，从而为进一步研发新型制氧分子筛材料提供理论支撑和指导；②加强模拟计算在分子筛材料研发中的应用研究，通过理论模拟计算，为新型制氧分子筛材料的开发指明方向；③加大适应高原特有环境下制氧分子筛材料的研发，使制供氧能够真正走进高原千家万户，解决高原缺氧难题，造福高原百姓。随着深入研究及开发，分子筛材料性能不断提高，成本不断降低，这将促使变压吸附分离空气法制氧快速发展，从而成为制氧行业最主流的制氧方式，使工业用氧、医疗保健用氧成本得以快速下降，各类用氧需求得以最大限度满足。高原弥散供氧将会真正走进普通百姓家，造福高原人民。

3.4.2　变压吸附塔

吸附剂用于制氧设备时是填充进吸附器的，要想发挥出应有的性能，吸附器的结构是关键。通过合理的吸附器结构设计，能够有效改善进气速度和气体的流动方向，从而使吸附剂的吸附性能最大限度得以发挥；能够减少吸附剂在高压气流冲击下的粉化概率，防止水分、气态酸、油气等的侵蚀，有效地延长吸附剂的使用寿命；能同时减少吸附器内的死空间，提高产气率，降低系统能耗。常见吸附器结构主要有立式轴向流、卧式垂直流、径向流，这是按照气流穿过床层的形式进行分类的。

1. 立式轴向流吸附器

立式轴向流结构是目前大部分中小型制氧机采用的气体分离方式，如图 3-8 所示。混合气由底部进入吸附器，经吸附剂分离后，高浓度的氧气由顶部流出。能较好地使气体均匀流过吸附层，最大程度地利用吸附剂，是这种结构的最大优点。另外这种结构还具有结构简单，操作方便，床层中吸附剂机械磨损小，可在高温高压下操作等优点。

分子筛

氧化铝

图 3-8　立式轴向流
吸附器结构示意图

立式轴向流吸附器结构主要受到两个制约因素的限制。一个是气流速度。在设计立式轴向流吸附器时，首先要确定床层允许的气流速度，然后才能确定吸附床的直径和高度。当床层中的气体流速较低时，气体只是穿过静止的分子筛颗粒之间的空隙流动；当气速增大至一定程度时，分子筛颗粒又开始成流化状态，此流化速度决定了最小床层直径。即使气流速度低于流化速度的极限值，也会使吸附剂颗粒产生移动和磨损。因此实际设计中，气流速度取极限速度的 70%左右。另一个是气流穿过整个吸附剂床层的压降。床层过厚，或者气流速度过快，会造成床层阻力增大，能耗增加。为了降低鼓风机和真空泵能量消耗，在吸附和解吸期间要求总压降最小，这就要求吸附器中分子筛的装填高度一般在 2～3m。

立式轴向流吸附器结构简单、制造方便、进气均匀布置、床层中吸附剂机械磨损较小；但是气体量较大会使床层的厚度过大，压降增加、能耗提高，因此立式轴向流吸附器只适用于中、小型空分设备。目前，研究人员仍在不断改进立式轴向流吸附器，以寻求更优效能。

2. 卧式垂直流吸附器

卧式垂直流吸附器是目前国内大型空分设备主要采用的结构，如图 3-9 所示。空气处理量较大，床层高度较低是该结构吸附器的主要特点。随着空气处理量的增大，这种吸附器结构尺寸也不断增大，造成进气分布不均匀、很难保持分子筛床层平整等问题。为了克服这些缺陷，人们对卧式垂直流吸附器结构进行了改进，进气入口处安装气流分布器对进气进行分布，并给出气流分布器上孔眼的合理布局,确保了各孔道压降相等。气流分布器下部依次放置三层直径分别为 1in[①]、0.5in、0.25in 的惰性氧化铝球来均布气流；而在气流分布器上部放置的直径为 0.125in 的惰性氧化铝球和分子筛,依靠其自身重量压紧气流分布器,使气流分布器在两者之间能够稳定工作,降低了分子筛的粉化概率,保证床层不会出现翻滚现象。当前,许多新型装置和技术推陈出新,如卧式垂直流吸附器气流均布装置、吸附器内间隔吸附剂的隔板装置等,这些新技术可以较好地解决卧式垂直流吸附器气流分布不均匀的问题,提高分子筛整体的吸附容量,并节约能耗和初期投资。

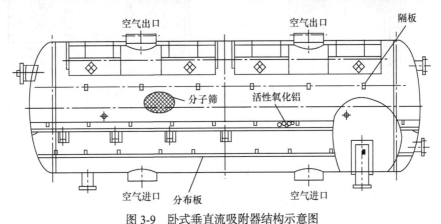

图 3-9　卧式垂直流吸附器结构示意图

3. 径向流吸附器

早期径向流设备的应用获得了比较好的效果,但同时也暴露出不足,如空隙容积过大、流体分布不均、设计未考虑流体的反向流动、结构复杂导致分子筛装填困难及高压降等。针对这些不足,专门用于变压吸附过程的径向流吸附器设计相继出现。两种典型的径向流吸附器结构如图 3-10 所示。

径向流吸附器具有如下优点：与卧式垂直流吸附器相比,在相同的流量下,其阻力下降约 50%,因此可降低系统循环压缩机功耗,而且处理空气损失也减少10%～20%；占地面积只有同等规模下卧式垂直流吸附器的 25%左右；再生气从内筒(内分布流道)反向进入,当热气体与管壁接触时,已将热量传递给了吸附剂床层,气体温度较低,热损失少且外筒也不需要保温；由于阻力小,小颗粒吸附剂的吸附效率提高。但径向流吸附器也存在一些缺点：对加工的内、外筒的同心度要求高；制造成本较高,对小型制氧厂不适用；维修不便；对设计计算的精确性要求更高,双层床(氧化铝层和分子筛层)装填的比例应与实际使用时的工况尽可能地吻合,否则会影响纯化效果；存在着沿床层轴向流体沿径向流量分配不均

---

① 1in=2.54cm。

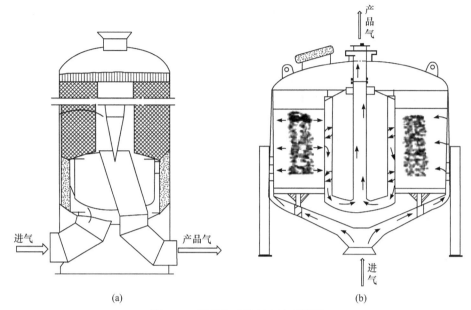

(a)　　　　　　　　　　　　　　　　(b)

图 3-10　两种典型的径向流吸附器

的问题，会降低床层吸附剂的利用率和系统再生的切换时间，增加系统的阀口切换损失，而且会造成运行安全问题[16]。

　　径向流吸附器的基本结构包括：吸附器外分布筒、吸附剂套筒、内分布筒、吸附剂套筒上盖板和中心流道密封环等。内分布筒的内部空间形成中心流道，筒体与外分布筒之间的环隙形成外流道，内外分布筒之间填装吸附剂，流体以径向流动方式通过吸附剂装填层。

　　中心流道和外流道为径向流吸附器的主流道，流体在主流道内的流动为变质量流动，流体逐渐减少的主流道称为分流流道，流体逐渐多的主流道称为集流流道。径向流吸附器具体结构如图 3-11 所示。中间圆柱体和中心筒都包有专用的不锈钢丝网。外筒壳与第一中间圆柱体构成的环形空间是空气的入口腔和解吸气的排出腔。在第一和第二中间圆柱体之间的环形空间是活性氧化铝吸附区。在第二和第三中间圆柱体之间的环形区是分子筛吸附区。中心筒不仅起着过滤器的作用，其中心特殊的结构能保证空气或再生返流气在各截面都有相同的气速。外壳的上封头均匀地分布着若干个活性氧化铝和分子筛的加料口。中心筒流速分配器的设计对径向流吸附器至关重要。流速分配器使吸附层上、下压差保持一致，使吸附器沿轴向各部分的吸附速度和吸附量均匀一致，其吸附饱和时间也相同。

　　根据气流在径向流吸附器内的流动方向,径向流吸附器可分为四种流动形式。当气流从吸附器中心流向四周时为离心流，反之为向心流；当进气流与出气流沿

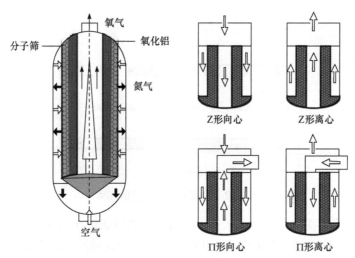

图 3-11　立式双层径向流吸附器及流动形式

轴向流动方向一致时为 Z 形流动，反之当进气流与出气流沿轴向流动方向相反时为 Ⅱ 形流动。因此可将上述流动组合成如图 3-11 所示的 Z 形向心流、Z 形离心流、Ⅱ 形向心流和 Ⅱ 形离心流四种流动形式。

　　国内外文献针对变压吸附制氧径向流吸附器内流体均布问题所进行的研究较少，一般研究都集中在化工领域中所使用的径向流反应器上。径向流反应器与径向流吸附器中均布问题较为相似，故可借鉴已有的径向流反应器的研究成果。

　　引起径向流吸附器内变质量流动的原因主要有两点：一是气体由中心流道气流分布孔或外流道气流分布孔流入和流出，引起的变质量流动；二是在变压吸附制氧过程中，伴随着吸附和解吸的进行，部分气体被吸附剂所吸附或部分气体被解吸出来，使得通过吸附剂装填层各个截面的气体质量随时间发生变化。

　　流体在径向吸附器流道中的流动按位置分为中心流道和外流道，按照气体流量变化分为分流和集流两种形式，对于分流流动，流体在分流管中流动时，不断通过小孔流出；对于集流流动，流体在集气管中流动时，不断有流体通过小孔流入，汇入管内主流。因此分流流道和集流流道内主流体的质量是不断改变的，属变质量流动，如图 3-12 所示。对于这种变质量的流动，有多种不同的处理方法。

　　早期的研究者应用总体能量守恒算法，导出了以伯努利方程为基础的守恒方程，但是 McNown[17] 的实验显示，按照机械能守恒方程计算分流后的机械能可能大于来流流体的机械能，其原因是当流体分流流动时，低能的边界层流体经孔口流出，而相对较高能量的流体在分流流道中，形成新的能量分布。如果按质量百分数计算机械能，则离开孔口的机械能之和就大于来流的总机械能，因此许多学者认为应用伯努利方程来描述多孔流道中的变质量流动是不适宜的。

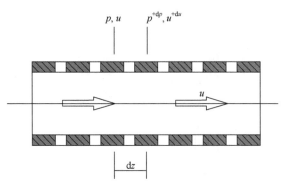

图 3-12　主流道内的变质量流动

　　Genkin 等[18]提出考虑了包括从小孔流出流体的能量在内的全能量方程，即多孔流道中流体机械能的变化等于小孔中流出流体的机械能与流体阻力损失之和，但是机械能守恒关系不可能包括分、集流中速度变化所引起的冲击等损失，且该式仅用滞流的实验做了验证，而滞流的条件与工业生产是有原则区别的。因此该方法也是不能令人满意的。

　　目前，动量守恒原理模型为大多数学者所接受。在如图 3-12 所示的主流道中，假设流动在 z 方向上是一维的；孔间距足够小，可认为侧流流体沿壁面连续分布；侧流穿孔流体的运动方向垂直于 z 轴。根据动量守恒可得

$$dp + 2\rho u du + \frac{\lambda}{D}\frac{u^2}{2}\rho dz = 0 \tag{3-1}$$

式中，p 为动量；ρ 为流体密度；u 为速度；λ 为导热率；D 为分子扩散系数。

　　实际上通过小孔的流速方向与 z 方向夹角小于 90°，那么由动量变化引起的压力增加将只有垂直流出时的一部分，对公式(3-1)进行修正，得

$$dp + 2k\rho u du + \frac{\lambda}{D}\frac{u^2}{2}\rho dz = 0 \tag{3-2}$$

式中，k 为动量交换系数，k 值一般取决于流体通过小孔的流出角度及流速等因素，通常由实验得出。

　　修正动量方程建立以来，把握动量交换系数是关键。但由于国际大公司对大型径向吸附器等装置开发业已成熟，且垄断了径向吸附器关键技术，鲜有国外关于动量交换系数研究的报道。国内研究工作也在开展，但尚未形成广为接受的结论。

　　除了气体由中心流道气流分布孔或外流道气流分布孔流入和流出，引起的变质量流动外，在变压吸附制氧过程中，伴随着吸附和解吸的进行，部分气体被吸附剂所吸附或解吸，这使得通过吸附剂装填层各个截面的气体质量随时间发生变

化。对于径向流吸附器内因吸附剂吸附和解吸引起的变质量问题国内有一定数量的文献报道。郑德馨等[19]初步研究了径向流吸附器吸附单组分 CO_2 的变质量过程，获得了穿透曲线并通过实验进行验证。郑新港等[20]研究了轴向流吸附器变压吸附制氧的变质量过程。结果表明，多孔介质本身对流动有着重整作用，使流动趋于均匀分布，但是进口端的吸附剂受入口效应的影响较大，在此区域速度呈 W 形分布，部分区域达到流化状态；气体吸附引起的质量变化对压力和速度有着重要影响，不能轻易忽略。王晓蕾[21]研究了径向流吸附器的吸附过程中吸附器内部温度分布和吸附质气体的浓度分布，还研究了径向流吸附器的再生过程床层内部的温度浓度曲线，分析了污氮再生气温度流量等状态参数对系统再生性能的影响，通过对径向流吸附器的再生能耗进行计算分析，提供了系统节能设计方案。陈瑶[22]研究了 H_2O 和 CO_2 双组分气体在活性氧化铝和分子筛吸附剂上竞争吸附的变质量过程，得到了 Z 形径向流吸附器内 H_2O 和 CO_2 气体浓度分布及吸附床穿透时间、床层温度分布规律。

径向吸附器中流体流道截面积大，存在着流体沿轴向分布不均匀问题。若反应气体在吸附器床层中分布不均匀，会影响径向吸附器的温度分布、浓度分布，从而影响吸附过程的热稳定性，还会影响吸附器的生产能力与产品气浓度等。因此径向吸附器的流体均布是研究与设计的关键问题之一。欲使流体沿吸附剂床层轴向高度均匀分布，必要条件是外流道与中心流道之间的静压差沿轴向高度保持相等。

通常控制流体均布的技术措施是增加分布器(分布筒)的压降，通过高的分布器压降来平衡分流流道和集流流道的静压差在床层轴向上的差异。

国内通常采用小孔调节控制流体均布方法，即采用分布筒低开孔率和开孔率不均匀分布的方式来实现径向反应器沿轴向的均匀分布。控制可以采取双边控制，在分流流道和集流流道的分布器均采用低开孔率；控制也可以是单边控制，在分流流道或集流流道侧的分布器采用低开孔率，而另一侧是大开化，几乎无穿孔压降存在。单边控制相对双边控制结构简单些，工业中径向吸附器通常采用单边控制的方法。由于外分布器的流通面积要数倍于内分布器，在相同的开孔率和开孔孔径条件下，外分布器的孔心距要大于内分布器，更易造成分布器周围吸附剂的利用率下降，因此单边控制通常设置在内流道的分布器上。如果分流流道和集流流道的静压差的差别很大，一般采用不均匀开孔的方法以使主流道间的静压差的差别被不同的穿孔压降相平衡。

分布筒的开孔率对径向反应器轴向均匀分布的影响很大，且开孔率越小，均布的效果越好；但开孔率越小，小孔压降越大，反应器运行能耗越大。在实际应用中应采用合理设计的开孔率。因此低控制压降或无控制压降的均布技术成为近年径向反应器的发展趋势，也成为大型工业径向吸附器放大技术和设计的一个重点和难点。

　　Π形流动径向流吸附器与Z形流动径向流吸附器是径向吸附器的两个大的类型，适合不同的反应工艺。根据主流道内动量项与摩阻项的相对大小，分为动量交换控制模型、摩阻控制模量交换占优势的混合模型和摩阻占优势的混合模型。

　　摩阻型径向吸附器通常为高压径向吸附器，如氨合成吸附器。采用Z形流，能够实现分流流道和集流流道的静压匹配，使得两流道间的静压差沿床层轴向高度上保持一致。而动量交换型径向吸附器，如常压的氨氧化吸附器、中压甲醇合成吸附器、中压催化重整等，采用Π形流动形式，能够实现分流流道和集流流道的匹配，使得两流道间的静压差沿床层轴向高度上保持一致。有学者根据流道特性，描述了动量交换型径向吸附器的Z形与Π形流动的主流道静压分布(图3-13)，对于动量交换型径向吸附器存在最佳流道截面比，使得分流、集流流道的静床层高度维持相等，如图3-13所示。动量交换型径向吸附器，如果采用Z形流，通常采用以下办法解决两流道的静压差的差别：采用开孔手段调节，增加分布器控制压降；提高床层厚度，通过增加床层压降调节；采用大流道设计，降低两流道的静压差的差别；采用变流道设计；采用导流体，改变分流流道的静压分布。

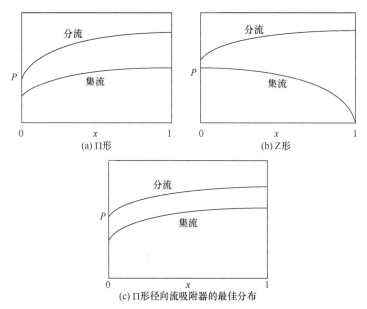

图3-13　Π形和Z形径向流吸附器主流道静压分布及Π形的最佳分布示意图

　　有学者提出了锥形分流、集流流道的设计，如图3-14所示，通过保持流道内流速恒定，消除动量交换的影响，当摩阻可以忽略时，两流道间的静压差可吻合较好。

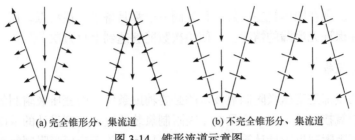

(a) 完全锥形分、集流道   (b) 不完全锥形分、集流道

图 3-14 锥形流道示意图

有学者针对动量交换型径向吸附器 Z 形流动时流道静压差差别较大的问题，提出了具有变截面中心流道的圆柱容器内流经环形填充层流体流动的数学模型。增设厄流装置改变流道静压分布，如图 3-15 所示，并进行了理论计算和实验验证。

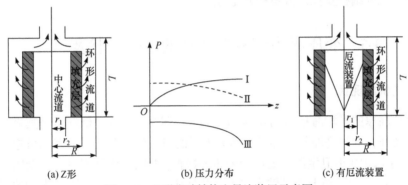

(a) Z 形   (b) 压力分布   (c) 有厄流装置

图 3-15 Z 形流动结构和导流装置示意图

3.4.3 PLC 控制系统

目前的可编程逻辑控制器(programmable logic controller，PLC)控制系统可有效地控制变压吸附制氧装置中所使用的程控阀的开关、调节作用以及监控系统的正常运行，使整套制氧装置安全稳定地运行。它一般应至少具备以下功能：当产品纯度、对程控阀门以及控制线路等出现问题时能够自动报警并且能够及时判断故障区域和故障影响程度，高效合理地处理故障，使制氧装置能够继续正常运行。另外，PLC 控制系统还应具有参数自动优化功能，以便根据原料空气流量变化和产品氧气纯度变化随时对工件工艺参数进行优化调整，在保证产品要求的前提下获得最高的氧气回收率。

3.4.4 程控阀

变压吸附制氧装置的程控阀可以根据 PLC 控制系统发出的指令精确地控制气流的通断，以此来改变吸附塔的运行状态，实现吸附剂的周期性吸附与再生。这就要求程控阀必须具有调节能力优良、开关使用寿命长、密封性良好、开关速度快等特点。现在国内自主研发的程控阀一般都具备了上述特点，而且维护工作量更小。在保证无泄漏的情况下，使用次数能够达到上百万次。

3.4.5 工艺流程

以上几点都是变压吸附制氧技术的必要辅助条件，而变压吸附制氧工艺流程则是整个制氧技术的灵魂。它是变压吸附制氧装置设备选型设计的基础，而且具有指导变压吸附制氧设计计算方向的作用。目前，关于变压吸附制氧流程的专利和技术还在不断优化出，其主要目的就是提高制氧装置生产氧气的能力和运行效率。对于不同的生产环境，各个生产装置的工艺流程也不尽相同。需要有明确的制氧工艺流程来规范气体的流动方向、各个程控阀门的开闭顺序和开闭时间、程序控制系统的编程及控制方案的确定等。

3.5 变压吸附制氧在西藏的应用现状及思考

3.5.1 制供氧现状

西藏高原的平均海拔达到 4000 米，高寒、缺氧、干燥、低气压是其显著的气候环境特征，这种高原气候环境给西藏人民的身心健康造成了诸多不可逆的严重损伤。根据 2019 年卫生健康委员会公布的数据，西藏人均预期寿命比全国人均预期寿命低 6～7 年，与上海等健康水平高的地区相比更是差距明显，人均预期寿命差距高达 13 年。大力发展制供氧，实施供氧工程对于改善西藏人居环境，提升西藏人民健康生活水平，具有重要的作用，符合国家第七次西藏工作座谈会精神，符合治边稳藏战略要求。2020 年 6 月，西藏大学成立供氧研究院，设立了制氧技术中心、供氧技术中心、智能控制中心、健康评估中心和成果转化中心。

拉萨市供氧主要分为以下几种情况：①瓶装压缩氧气供氧，一般规格为 40L 钢瓶，价格几十到一百元每瓶，主要用于个人在办公室或家中短期鼻吸式吸氧；②小型鼻吸式 PSA 制氧机供氧(氧气流量<5L/min)，主要用于个人在办公室或家里时，采用鼻吸方式吸氧；③家用 PSA 制氧机弥散供氧系统供氧(氧气流量 10～60L/min)，用于办公室或家庭卧室等房间弥散供氧，一般而言，10L/min PSA 制氧机可为 10～15m² 房间提供弥散供氧；④PSA 制氧机集中供氧，拉萨市部分国家机关单位、企业、宾馆、居民小区、火车站及机场宿舍区等集中供氧场所采用中大型 PSA 制氧机(氧气流量 10～200m³/h)集中供氧；⑤大型液氧储罐液氧气化后集中供氧，拉萨市部分国家机关单位使用 5～20t 储罐储存液氧，将液氧气化后集中供氧。

那曲市供氧工程基本上规划为液氧储罐集中供氧，供氧体验效果良好，广受干部、职工欢迎，但是液氧集中供氧成本偏高(氧气成本 5 元/m³)，机关单位有一定资金预算尚可维持，但学校与普通家庭难以承担弥散供氧费用，一些家庭为了节省成本采用鼻吸方式吸氧。此外，部分单位也采用 PSA 制氧机集中供氧。青藏铁路拉萨—那曲段列车采用膜分离制供氧系统。该系统采用进口高分子膜组件的膜分离设备，在火车这种空间狭小、运行环境极其恶劣的条件下，运行相当稳定，有的膜分离制氧设备已运行 14 年，尽管膜分离法制备的富氧空气氧浓度只有30%～45%，但弥散到火车车厢后，体验效果良好。采用进口膜分离组件价格昂贵，膜分离制氧设备初期投资成本是 PSA 设备的 2～3 倍。

阿里地区的七个县城区、30 个乡镇均实施了供氧工程。七个县城区均统一建立了 PSA 制氧车间，将 PSA 制备的氧气充装到 40L、15L、10L 的钢瓶后进行配送；阿里地区 30 个乡镇分别采购 10L/min、20L/min 家用弥散制氧机分户弥散供氧。

3.5.2　存在问题

西藏大学供氧研究院对拉萨和那曲供氧现状调研后，发现目前尚存在如下问题。

(1) 钢瓶装压缩氧气价格偏高，氧气储量有限，且钢瓶较重不太方便搬移，只适合临时或短期吸氧。

(2) 鼻吸式 PSA 小型制氧机价格较低(1000～3000 元)、寿命较长(3 年以上)，缺点是鼻吸不太舒适，特别是晚上睡觉鼻吸舒适感较差。

(3) 家用弥散供氧 PSA 制氧机价格偏高(10L/min、20L/min 价格分别为 1～2万元、2～4 万元)，市面上制氧机种类多、质量参差不齐，普遍存在如下问题：制氧机运行寿命偏低(很多制氧机仅能正常运行 1～3 个月，能运行 1 年以上的制氧机占比不高)，制氧浓度随使用时间延长快速下降，很多市民对这种制氧机印象较差。制氧机寿命较低的主要原因是无法做到对分子筛的良好保护，运行维护无保障，且市场上制氧设备企业良莠不齐，缺少统一的准入规范。

(4) 集中供氧 PSA 制氧系统价格比较昂贵，这是由于中大型制氧设备设计时考虑了对空气干燥、过滤、除油等净化系统，且一般安装这种系统的单位均同时购买了有专业的维保服务，但是却能明显提高系统的运行稳定性和运行寿命。

(5) 膜分离制供氧技术适合安装在运行环境和条件相对恶劣、空间狭小的火车车厢里，膜分离设备动部件较少，运行非常稳定可靠，寿命长，适合为未来川藏铁路上列车供氧。该技术目前存在的问题：高端膜分离设备所用最核心的部件——膜分离材料及组件，基本上要从欧洲或美国进口，国内目前虽有厂家在研发生产膜分离富氧设备，但技术水平仍待提高，需进一步整合力量进行技术攻关。

(6) 液氧储罐集中供氧的氧气纯度高，基本无粉尘和颗粒。但拉萨市集中供氧所需的液氧运输成本偏高。因此液氧集中供氧虽然运行稳定，但成本非常高。为了降低成本及提高供氧氧源供应的可靠性，拉萨正在建设大型液氧厂，但拉萨气压低，液氧生产成本天然比内地高。更重要的是，内地通过深冷分离空气制取液氧的同时所获得的液氮有广泛的用途，而由于生态环境保护需求，西藏不适合建钢铁厂、造纸厂、化肥厂、水泥厂等，液氧主要为民用和医用，液氮难以大规模消纳，只能废弃，这成为西藏液氧成本偏高且难题难以解决的最重要的原因。

因此，西藏中、大规模集中供氧，还需寻找或研发能长期稳定运行、综合成本更低的制供氧技术。在西藏口碑好的 PSA 制氧机企业，基本上都采用进口压缩机(小型、大型压缩机分别采用托马斯公司、阿特拉斯公司的压缩机)和进口分子筛材料(如法国 CECA 公司和美国 UOP 公司的产品)，这是造成 PSA 制氧机成本居高不下的重要原因，因此，进行国产替代将会是降低制氧机成本的重要途径。通过企业和国内研究院所的努力，高质量分子筛材料国产化可以期待。国内制氧用压缩机方面，还需要整合企业和科研院所的力量进行技术攻关，甚至技术创新。

调研发现，PSA 制氧系统的改进型 VPSA 系统，通过微压吸附真空脱附分离空气制取氧气，由于吸附压力低，整个系统能耗低、运行稳定、关键材料和零部件的使用寿命均得以延长；与 PSA 制氧相比，VPSA 制氧系统综合成本低(大约为 PSA 制氧系统的 1/3)、使用寿命长(5~10 年)、运行更稳定。VPSA 的缺点是初期投资成本较 PSA 制氧系统更高，分子筛材料要求更高，但其能耗更低、运行寿命更长，今后可望成为西藏中大规模制氧的一个新的发展方向。国内 VPSA 技术龙头企业北京北大先锋公司，研发了成本相对低廉、有较强国际竞争力、具有自主知识产权的大型工业用氧 VPSA 整机系统及其分子筛材料。目前，VPSA 制氧技术主要用于工业用氧，而在医用和民用方面，还未得到相关政府部门准入，这需要政府、企业和研究院所等单位一起来解决。

3.5.3 对策和建议

目前，西藏制供氧市场潜力巨大，制供氧产品质量良莠不齐，尚无制供氧产品的第三方检测评估机构，也没有制供氧产业联盟或行业协会。此外供氧对身心健康的评估方法和准则尚未建立，高原疾病的有效预防和治疗也还在摸索之中。针对这些情况，提出如下对策或建议。

1. 筹建"西藏制供氧办公室"或"西藏制供氧领导小组"

该小组的职能和编制设置可参考自治区的"川藏铁路办公室"。该办公室将作为政府机关，对西藏制供氧技术、产业和供氧工程发展规划进行顶层设计，并协调相关部门和科研院所制定相关政策，推进西藏制供氧产业发展及供氧工程的顺利实施。

2. 制定西藏制供氧高新技术产业发展规划

西藏自治区迄今没有真正意义上的高新技术产业。"西藏制供氧办公室"可充分利用国家对西藏供氧工程的支持，在供氧工程实施过程中，有计划有步骤地前瞻规划、合理引导，引进区外知名制供氧高新企业，大力促进自治区的制供氧高技术产业发展。将"输血"的供氧工程变成"造血"的绿色可持续发展制供氧高新技术产业，为西藏经济发展、社会稳定、民心凝聚做出贡献。

3. 筹建制供氧检测评估中心、产业联盟或行业协会

西藏中小制供氧企业林立，多为销售企业，技术含量低；制供氧企业良莠不齐，行业比较混乱；目前尚无高原制供氧相关产品参数检验、性能评估的第三方评估机构；也未建立西藏制供氧产业联盟或行业协会。政府可与高校或科研院所一起筹建"西藏制供氧技术第三方检测评估中心""西藏制供氧产业联盟"或"西藏制供氧行业协会"，引导和促进西藏制供氧产业的健康有序发展。

4. 提升供氧工程的规划、建设和验收的专业化水平

制供氧技术是一个高度专业化的技术问题，制氧技术原理不同、成本不一，各有优缺点，各有适合的应用场景。在哪种场景选用哪种制氧技术更合理，需要专业人员进行研究和论证。西藏供氧工程的规划要科学合理，要进行充分的专业论证，建设过程中要实时监管，要找专业的第三方评估机构来进行工程验收。

5. 筹建制供氧关键技术研发平台

西藏自治区目前缺乏制供氧关键技术研发平台和人才资源。可规划筹建"西藏制供氧工程研究中心""西藏制供氧重点技术实验室"。可通过中心或实验室平台整合自治区内外制供氧技术研发和评估论证的人才资源，大力推进西藏制供氧核心材料和关键技术的研发；同时还可规划制定适合西藏自治区的制供氧地方、行业或企业、国家标准，特别是供氧工程规划、论证和评估；规划西藏自治区各级政府制供氧产业发展规划；推动自治区制供氧产业有序、健康发展。

6. 筹建"高原身心健康评估及高原疾病防治协同创新中心"

高原严重缺氧会对损害西藏干部职工、百姓及游客的身心健康，甚至诱发一系列急性、慢性高原疾病。自治区可规划筹建"高原身心健康评估及高原疾病防治协同创新中心"，整合自治区和内地人才和资源，积极做好不同供氧模式和参数

对人体生理、感知和心理健康影响的评估研究，积极做好西藏人民高原疾病的预防和治疗工作，积极做好援藏干部人才、来藏短期工作和旅游人员的习服标准和方法的研究编制，同时做好离藏的援藏干部人才、高校学生和游客的脱习服标准和方法的研究编制。

参 考 文 献

[1] 田彩霞. 制氧吸附剂的合成与双回流变压吸附空气分离模拟实验研究[D]. 天津: 天津大学, 2018.

[2] Koh D Y, Brian R P, Vinod P B, et al. Sub-ambient air separation via Li$^+$ exchanged zeolite[J]. Microporous and Mesoporous Materials, 2018, 256: 140-146.

[3] Berlin N H. Method for providing an oxygen-enriched environment [P]. U.S. Patent: 3280536, 1966.

[4] 刘应书, 张辉, 刘文海, 等. 缺氧环境制氧供氧技术[M]. 北京: 冶金工业出版社, 2010.

[5] Ding Z Y, Han Z Y, Fu Q, et al. Optimization and analysis of the VPSA process for industrial-scale oxygen production[J]. Adsorption, 2018, 24 (5): 499-516.

[6] 吴迪, 李天文, 孙烈刚, 等. 变压吸附制氧吸附剂的发展状况[J]. 现代化工, 2014, 34(1): 23-25.

[7] 靳九如, 徐建平. 国内变压吸附制氧技术的发展现状及应用创新[J]. 通用机械, 2020, (7): 12-15.

[8] 江明明, 朱孟府, 邓橙, 等. LiX 沸石分子筛的铈离子改性研究[J]. 应用化工, 2017, 46(2): 332-334.

[9] 杨富帮, 邓橙, 邓宇, 等. Li-LSX 分子筛的离子改性及氧氩吸附分离性能[J]. 材料导报, 2019, 33(24): 4051-4055.

[10] Yang X, Epiepang F E, Li J, et al. Sr-LSX zeolite for air separation[J]. Chemical Engineering Journal, 2019, 362: 482-486.

[11] Garshasbi V, Jahangiri M, Anbia M. Equilibrium CO_2 adsorption on zeolite 13X prepared from natural clays[J]. Applied Surface Science, 2017, 393:225-233.

[12] Yue Y Y,Guo X X,Liu T,et al. Template free synthesis of hierarchical porous zeolite beta with natural kaolin clay as alumina source-science direct[J]. Microporous and Mesoporous Materials, 2020, 293: 109772.

[13] 雷晶晶, 张晓雨, 姚光远, 等. 硅藻土水热合成 X 型分子筛[J]. 非金属矿, 2018, 41(3): 20-23.

[14] Fu Y, Liu Y, Yang X, et al. Thermodynamic analysis of molecular simulations of N_2 and O_2 adsorption on zeolites under plateau special conditions[J]. Applied Surface Science, 2019, 480: 868-875.

[15] Fu Y, Liu Y, Yi Z, et al. Insights into adsorption separation of N_2/O_2 mixture on FAU zeolites under plateau special conditions: A molecular simulation study[J]. Separation and Purification Technology, 2020, 251: 117405.

[16] 王浩宇. 变压吸附制氧径向流吸附器内变质量流动研究[D]. 北京: 北京科技大学, 2017.

[17] McNown J S. Mechanics of manifold flow[J]. Transactions of the ASCE, 1954, (119): 1103-1142.

[18] Genkin V S, Kilman V V, Sergeev S P. The disteribution of a gas stream over the height of a catalyst bed in a radial contact apparatus[J]. International Chemical Engineering, 1973, 13(1): 24-28.

[19] 郑德馨, 谢志镜, 白丽君, 等. 径向流吸附器吸附穿透曲线的计算[J]. 西安石油学院学报, 1990, 5(4): 31-37.

[20] 郑新港, 刘应书, 李永玲, 等, 变质量流动吸附器内的速度分布[J]. 北京科技大学学报, 2011, 33(11): 1412-1418.

[21] 王晓蕾. 空分用立式径向流分子筛吸附器吸附性能研究[D]. 杭州: 浙江大学, 2013.

[22] 陈瑶. 径向流吸附器内流动与传热传质理论研究[D]. 杭州: 浙江大学, 2015.

第 4 章 膜分离制氧技术

膜法气体分离技术利用渗透原理，即分子通过膜向化学势降低的方向运动，首先运动至膜的外表面层，并溶解于膜中，然后在膜的内部扩散至膜的内表面解吸，其推动力为膜两侧的该气体分压差。此分离技术利用混合气体中不同组分的气体通过膜时速率不同，达到气体分离和回收提纯的目的。膜产业已应用到各个行业中，例如水处理、能源、聚合物、生物反应器、食品加工、医疗医药、电子工业、气体分离等。而膜分离技术在气体分离领域的应用又恰好可以与制氧技术相融合，因此在氧气制备领域也颇受关注。

本章从膜法气体分离技术原理、工艺流程和材料方面介绍膜分离制氧的最新研究进展，及其与其他空分技术的综合比较，并对其在西藏高海拔低压缺氧环境中的应用进行展望。

4.1 膜分离制氧原理

4.1.1 渗透原理

两种或两种以上的气体混合物通过膜时，各种气体在膜中的溶解和扩散系数不同，导致气体在膜中的相对渗透速率有所差异。在驱动力-膜两侧压力差作用下，渗透速率相对较快的气体，如水蒸气(H_2O)、氢气(H_2)、二氧化碳(CO_2)和氧气(O_2)等优先透过膜而被富集；而渗透速率相对较慢的气体，如甲烷(CH_4)、氮气(N_2)和一氧化碳(CO)则在膜的滞留侧被富集。图 4-1 为膜分离制备富氧空气原理示意图。

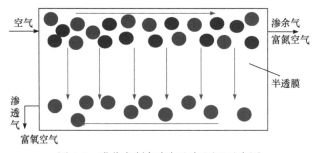

图 4-1　膜分离制备富氧空气原理示意图
●氧气；●氮气

空气中混合气体，如氮气和氧气，在半透膜中的扩散分离机理为溶解扩散机制。该机制主要应用于非多孔膜材料渗透过程的机理研究。用这一机制来解释空气分子的分离，大致可分为以下步骤：首先，空气中的两种混合气体分子，如氮和氧，与半透膜的一侧接触，并在薄膜表面进行吸附和溶解；其次，吸附在薄膜表面上的氧扩散到半透膜的另外一侧，随着该过程的不断进行，薄膜中气体的浓度梯度沿膜厚方向上逐渐变为常数，达到稳定状态；同时，气体解吸速率也达到稳定状态。

气体渗透的基本过程如下。

(1) 气体原子或分子碰撞到真空器壁的外表面。

(2) 被器壁外表面吸附。

(3) 吸附时有的气体分子能离解成原子态。

(4) 气体在入射一侧的壁面表层达到一个平衡溶解度。

(5) 由于浓度梯度的存在，气体向壁面的另一侧扩散。

(6) 气体扩散到器壁的另一面重新结合成分子态(如果存在步骤(3)时)后释放；或气体扩散到器壁的另一面后解吸和释出。

一般来说，在渗透过程中，扩散这一环节是最慢最关键的一步，它与渗透气体及壁面材料的种类和性质有密切关系。以金属材料举例，氢气通过钢铁材料的渗透过程为：首先氢气以分子态吸附在材料的表面上，然后由铁表面的亲和力引起氢分子较弱的 H-H 键断裂，使氢离解成原子态并渗透过材料，在壁面的另一侧重新结合成分子态氢。对于非金属材料，氢气则以分子态形式扩散渗透。

膜分离制氧技术的关键材料是半透膜，它是一种具有特殊分离性能的聚合物纤维材料，属于无孔膜。在压力的作用下，氧气通过半透膜后能在膜的透过侧被富集，而氮气则被截留在膜的渗透侧。

氮氧膜分离原理可以用溶解-扩散模型来解释。首先，混合空气中的氮气和氧气，与膜的一侧接触，并在膜表面吸附和溶解；其次，吸附在薄膜表面上的氧气，扩散到膜的另外一侧，随着该过程的不断进行，薄膜中气体的浓度梯度沿膜厚方向上逐渐变为常数，达到稳定状态，同时，气体解吸速率也达到稳定状态。氮气和氧气在非多孔膜中的扩散过程如图 4-2 所示。

图 4-2 从左至右依次为：半透膜对混合气体分子的吸附过程，混合气体在半透膜上面的溶解过程，半透膜吸收气体分子过程，混合气体的扩散过程。

(1) 半透膜对混合气体分子的吸附过程。当混合气体从膜分离装置入口进入内部时，会经过半透膜的一侧，混合气体与半透膜一侧相接触，此时半透膜开始吸附混合气体分子，将混合气体分子从半透膜一侧的空间中吸附到半透膜上面，这一过程称为半透膜对混合气体分子的吸附过程。

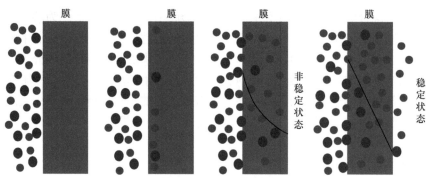

图 4-2　氮气和氧气在非多孔膜中的扩散过程

●氧气；●氮气

(2) 混合气体在半透膜上面的溶解过程。当半透膜吸附了混合气体分子之后，混合气体分子即可溶解在半透膜上面，由于氮气和氧气的分子大小不同，半透膜溶解氮气和氧气分子的速率不同，氮气分子比氧气分子更大，所以半透膜溶解氧气的速率比溶解氮气的速率更快，这一过程称为混合气体在半透膜上面的溶解过程。

(3) 半透膜吸收气体分子过程。当半透膜溶解了混合气体分子之后，混合气体分子在半透膜两侧浓度差的作用下，从一侧移动到另一侧，在气体分子移动的过程中，半透膜逐渐吸收气体分子，这一过程称为半透膜吸收气体分子的过程。

(4) 混合气体的扩散过程。气体分子通过半透膜从一侧到达另一侧之后，气体分子从半透膜上扩散到另一侧的空间中，此时氮气和氧气分别处于半透膜的两侧，这样就可以实现氮气和氧气的分离，这一过程称为混合气体的扩散过程。当半透膜左右两侧的浓度差一定时，半透膜吸附和释放气体分子的速率达到平衡状态，气体的解吸速率也达到平衡状态。

一般而言，吸附和解吸过程比较快，气体在膜内的扩散较慢，是气体透过膜的关键步骤。溶剂和溶质的渗透能力取决于物质在膜中的溶解度和扩散系数。

4.1.2　渗透系数与分离系数

近年来，膜材料相关的科研工作者对经单体加聚后产生的众多聚合物进行研究，通过性能测试和改进性研究等一系列工作对若干聚合物进行筛选。目前用于气体分离的玻璃态聚合物膜材料主要有聚酰亚胺。理想的气体分离膜具有良好的透气性和透气选择性。

在选择膜材料时，有两个重要参数需要参考。它们分别是渗透系数 P 和分离系数 α。

1. 渗透系数

渗透系数是气体分离膜性能的主要参数，在研究不同膜材料时有不同的渗透系数。研究气体膜材料时，渗透系数 P 可以用来表示气体通过膜材料的难易程度。气体膜材料常用的是聚酰亚胺膜材料。渗透系数是指压强和温度在特定的情况下，表示在单位时间和单位压力下气体透过单位膜面积的量与膜厚度的乘积，可以通过"修整"膜的组成，改变膜的结构并选择合适的操作条件来改变膜渗透系数的大小。为了提高膜的气体透过量，必须增大渗透系数，为了提高混合气体的分离效率，必须选用渗透系数差较大的膜。

各种膜-气体系统的特性常数中，渗透系数一般都是在 $10^{-14} \sim 10^{-8}$ 之间。

渗透系数计算公式如下：

$$P = \frac{qL}{At\Delta P}$$

式中，P 为渗透系数，$m^3 \cdot m/(m^2 \cdot s^2 \cdot Pa)$；$q$ 为气体透过量，m^3/s；L 为膜的厚度，m；A 为膜的面积，m^2；t 为时间，s；ΔP 为膜两侧的压力差，Pa。

显然，从渗透系数计算公式可以看出，为了提高膜的透过量，必须增加渗透系数、膜两侧的压力差和膜表面积，另外，对所选膜材料的厚度也有相应的要求，厚度越小，透过率越大。由于各气体的物理化学性质不同，气体透过膜是具有选择性的，在不同的场合，对膜的渗透系数要求不同。例如，做包装时，要求膜对二氧化碳和氧气的渗透系数越小越好，如用天然气渗透回收氦、合成氨驰放气渗透回收氢等对膜都有不同渗透特性。

2. 分离系数

膜分离是在 20 世纪初出现，20 世纪 60 年代后迅速崛起的一门新分离技术。膜分离技术既有分离、浓缩、纯化和精制等功能，又有高效、节能、环保、分子级过滤及过滤过程简单、易于控制等特征。

气体膜材料中，分离系数是对两种物质组分或两种物质以上组分的分离能力，膜材料对于混合气体的分离性能可以用分离系数 α 来表示。膜分离的机理比较复杂，分离系数是膜材料分离选择性能的标志，是评价气体分离膜性能除渗透系数外另一个重要指标。

在选择分离膜材料时可以采用选择膜材料的分离系数来展示膜材料的分离性能。

分离系数的计算公式如下：

$$\alpha_{a/b} = \frac{(a组分的量/b组分的量)_{透过气}}{(a组分的量/b组分的量)_{原料气}} = \frac{p_a'/p_b'}{p_a/p_b}$$

式中，α 为气体分离膜的分离系数，无量纲；p_a' 为 a 组分在透过气中的分压，Pa；p_b' 为 b 组分在透过气中的分压，Pa；p_a 为 a 组分在原料气中的分压，Pa；p_b 为 b 组分在原料气中的分压，Pa。

膜材料可分为 A 类膜材料，主要是指永久膜材；B 类膜材料，玻璃纤维织物和 PVC 结合在一起制作的膜材料就是这种类型；C 类膜材料，质量要差于 A 类和 B 类膜材料，但用途非常广泛，其寿命可长达 10 年。目前的气体膜材料有十多种，根据所要求处理的气体性质、工作条件以及目标处理量选择合适的膜。渗透系数和分离系数是选择膜材料不可或缺的两个重要指标。若分离的精度比较高，则膜的分离系数需要比较高才能满足要求；若处理气体的要求精度不高，则不需分离系数太高的膜材料。此外，在选择膜材料时，膜的耐热性、化学相容性和使用寿命也是膜材料选择时需要考虑的重要因素。一些典型的高分子膜的氧/氮分离系数如表 4-1 所示。

表 4-1 典型高分子膜的氧/氮分离系数[1]

膜材料	温度/℃	渗透系数 P		氧/氮分离系数 α
		O_2	N_2	
聚二甲基硅氧烷	20	352	181	1.94
天然橡胶	25	23.4	9.5	2.46
聚丁二烯	25	19.0	6.45	2.95
乙基纤维素	25	14.7	4.43	3.31
乙烯-乙酸乙烯共聚体	25	8.0	2.9	2.76
聚乙烯(低密度)	25	2.89	0.97	2.98
聚苯乙烯	20	2.01	0.315	6.38
丁基橡胶	25	1.30	0.325	4.0
硝化纤维	25	1.4	0.3	4.7
聚乙烯(高密度)	25	1.95	0.116	16.8
乙烯-乙烯醇共聚体	25	0.41	0.143	2.87
聚乙酸乙烯	25	0.33	0.08	4.13
聚氯乙烯	20	0.225	0.032	7.03
醋酸纤维	25	0.044	0.0115	3.83
尼龙-6	22	0.43	0.14	3.0

续表

膜材料	温度/℃	渗透系数 P		氧/氮分离系数 α
		O_2	N_2	
聚丙烯腈	30	0.038	0.010	3.8
聚亚乙烯基二氯	20	0.0018	0.0009	2.0
聚乙烯醇	20	0.00046	0.00012	3.8
聚乙烯醇	20	0.00052	0.00045	1.1

4.2　膜分离法制氧工艺流程

4.2.1　膜分离法制氧工艺发展

　　膜分离技术的基本原理是根据空气之中各组分在压力推动下透过膜的传递速率的不同，达到气体分离的效果。其基本装置如图 4-3 所示。

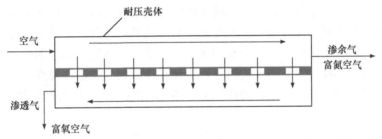

图 4-3　膜分离法制氧技术装置图

　　常见的气体通过膜的分离机理一般有两种：一是气体通过多孔膜的微孔扩散机理，包括分子扩散、黏性流动、努森扩散及表面扩散等；二是溶解-扩散机理，包括以下三点。①吸附过程，膜与气体接触，气体向膜表面溶解。吸附过程包括外扩散、内扩散和表面吸附过程。吸附质从流体主体以对流扩散的形式传递到固体吸附剂的外表面，此过程称为外扩散；吸附质从吸附剂的外表面进入吸附剂的微孔内，然后扩散到固体的内表面，此过程称为内扩散；吸附质在吸附剂固体内表面上被吸附剂所吸附，称为表面吸附过程。②扩散过程，气体溶解产生了浓度梯度，使气体在膜中向前扩散。在这个过程中，溶质的分子或离子要克服分子间或者离子间的引力，需要向外界吸收热量，这是一个物理过程。水合过程即溶质分子或离子和水分子结合成水合分子或水合离子的过程，是一个化学过程，向外界释放热量。③解吸过程，在气液两相中，当溶质组分的气体分压低于其溶液中该组分的气液平衡分压时，就会发生溶质组分从液相到气相的传质，这一过程叫作解吸。气体到达膜的另一面，并且在膜中气体浓度已处于稳定状态，气体则由另一膜面脱附出去。例如，被吸收的气体从吸收液中释放出来的过程。基本工艺流程如图 4-4 所示。

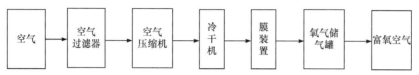

图 4-4　膜分离法制氧基本工艺示意图

膜分离处理中重要的一环就是薄膜，膜技术的关键是制造具有高通量和高选择、使用寿命长且易于清洗的膜材料，同时又能将它们组合成大透气量和高分离效能的膜组件。气体分离膜材料主要有高分子膜材料、无机膜材料、有机-无机复合膜材料三大类。气体分离膜组件常见的有平板式、卷式和中空纤维式三种。

实际上，最佳薄膜分离流程的设计需要在能耗与成本之间进行权衡，其中薄膜的表面积起到决定性作用。因此，薄膜通量随选择率的变化是决定膜分离技术生产气体成本的一个关键因素。以薄膜的低渗透率为代价，一味地去追求高选择率是不成熟的方式，尤其是分离纯度低于 99% 的氮。此外，与吸附流程、低温流程方法相比较。要想提高能量的利用率，改进薄膜分离流程的范围是非常有必要的，其主要工作在于进一步改进材料性能和制作薄膜。改进薄膜渗透性的方法之一是改变其流程的操作温度，操作温度与环境温度接近，就为改善已知聚合物的性能提供了一个很好的契机。

由于氮气和氧气一起渗透，用膜分离技术生产纯氧十分困难，基本未得到大规模应用，只局限于小规模生产，投资成本较低，所以目前主要用于生产富氧空气。

膜分离技术具有众多优点：①分离精度高，可达纳米级别；②分离能耗低；③常温操作，无相变，无需添加化学药剂，无二次污染；④设备可根据处理量灵活配置，占地面积小；⑤无需再生，适应性很强。目前膜分离空气法制取氧气，富氧浓度达到 25%～60%，随着富氧技术在生产和生活中应用越来越多，膜式分离法在未来将会有很大的发展空间。

膜分离现象广泛存在于自然界中，特别是生物体内，但人类对它的认识和研究却经过了漫长而曲折的道路。膜分离技术已被公认为 20 世纪末至 21 世纪中期最有发展前途的一项重大生产技术，成为世界各国研究的热点[2]。人们对于膜现象的研究源于 1748 年，然而从认识膜功能到广泛应用于生产和生活中却经历了 200 多年。1784 年，法国人 Nollet 发现水能自然地扩散到装有酒精溶液的猪膀胱内，首次揭示了膜分离现象，并证实渗透现象，但这一现象并未引起人们的重视。

1854 年 Graham 发现透析现象以及 1856 年 Matteucei 等观察到天然膜具有各向异性这一特征后，人们才逐渐开始了对膜的研究和重视。1864 年，Traube 成功制备出了人类历史上的第一张人造膜——亚铁氰化铜膜，从此改变了一直使用动物膜的时代。此后，又相继出现了超滤膜、离子交换膜、纳米膜、微滤膜、反渗透膜等一系列膜分离技术。

1950 年，Juda 制成有实用价值的离子交换膜。1953 年，美国的 Reid 发现了反渗透技术，并建议将其列入美国国家研究计划。1963 年，Dubrunfaut 制成第一个膜渗析器，并成功地进行了糖蜜与盐类的分离，显示出其优点，由此开创了膜分离技术的新纪元。但天然膜的使用还存在着局限性。随着科学与生产技术的发展，开发新的膜分离技术成为必然。1968 年，Li 制出有实用价值的乳化液膜，开拓了液膜分离技术[3]。

世界上首家商品化生产微孔滤膜的公司创建于 1927 年。1960 年，第一张高通量、高脱盐的醋酸纤维膜的问世，真正为以反渗透、微滤、超滤和纳滤膜为主体的现代膜工业奠定了基础，并引起全球范围内的广泛关注，部分国家和地区、国际合作组织、公司陆续斥巨资进行膜技术研究和工程化开发，到 20 世纪 80 年代初，已逐步实现了商品化和产业化[4]。

全球目前已有 30 多个国家和地区的 2000 多个研究机构从事有关膜分离技术的开发和应用方面的研究，形成一个较为完整的产业链，并正在逐步取代一些较为传统的分离净化工艺，而且正在向反应-分离耦合、集成分离技术等方面发展。

20 世纪 50 年代起，我国开始液体膜分离的研究，1965 年，我国开始反渗透技术的研究，20 世纪 70 年代开始超滤技术的研究。微滤研究在我国起步较晚，距今还不到 20 年。20 世纪 80 年代是我国液体分离膜技术的鼎盛时期，我国初步完成了从实验室到工业化的过渡，先后建成了多条卷式中空纤维反渗透膜生产线和数十条中空纤维超滤膜生产线，产品在水处理、食品工业、生物工程、制药行业、能源工程等方面获得较为广泛的应用。但总体而言，液体膜的发展与国民经济的需求之间还存在较大差距。

据统计，1990 年世界合成膜销售额超过了 20 亿美元，与膜相关的工业年总销售额约为 50 亿美元。现在全球膜产值已超过 80 亿美元，并以 20%的年增长速度发展[4]。目前，富氧膜已投入使用，我国气体膜分离技术与国外技术相差甚小。富氧膜技术是利用气体分子对高分子膜透过性的不同，以空气为原料制备氧浓度较高的富氧空气，其中氧浓度大约为 20%~40%。膜分离技术在燃烧领域也有广泛的应用。我国每年向大气中排出的有机蒸汽大约在 200 万吨以上，其回收再利用也是气体分离膜的潜在市场。

当前膜分离技术已经应用到生活生产、研究以及国防建设等领域中，其中主要的应用有利用反渗透过滤及微孔过滤技术制备微电子工业所需的纯水、高纯水，医药工业所需的精制无菌水、注射用水，食品工业用的无菌水、软化水，锅炉用软化水，化学工业及分析化验室所需的纯水、高纯水等。在医疗、医药领域，该技术用于疫苗的浓缩与纯化，菌体的去除、分类与化验，中草药口服液的澄清与无菌化，中药针剂的制备，抗生素的浓缩与精制，肝腹水的去除等。在生物工程领域，该技术用于啤酒的无热除菌过滤，低度酒澄清处理，味精生产中发酵液菌体与氨基酸的分离，醋的除浊与澄清，酱油的除菌与澄清，无菌空气、无菌水的制备等。在食品工业领域，该技术用于果蔬汁的澄清与无热灭菌及浓缩，食品的结构重组，速溶茶的制取，卵蛋白的浓缩，乳制品的浓缩，动物胶的浓缩等。在环境工程领域，该技术用于电镀、电泳漆废水的处理，轧钢、切削等乳化油废水的处理，从洗毛废水中回收羊毛脂，从聚乙烯醇(polyvinyl alcohol，PVA)上浆废水中回收 PVA 浆料，高层建筑生活废水的处理与回收，食品加工废水的处理及有价值成分的回收等。在气体膜分离方面，已在工业领域应用的有富氧、富氮空气的制备，从合成氨尾气中进行氮、氢分离以回收氢等[3]。

作为一门新兴的化工分离单元，膜分离技术已展示出极好的应用前景，并将产生巨大的经济与社会效益，同时会推动产业部门的技术改造，也将为建立新的生产工艺，促进高新技术研究的发展贡献力量。

4.2.2 膜分离法制氧材料与组件

传统膜利用物理原理来分离制氧，因此所制得的氧气浓度一般在 40%左右，极大地限制了其应用范围。近年来，逐渐出现了利用电化学原理分离制氧的新型膜材料，许多学者对这类混合导电膜材料的组成、结构及制氧原理进行了深入研究。研究者们以钙钛矿和萤石为基础，引入金属或陶瓷元素制成致密的陶瓷膜，这类膜既能传导氧离子又能传导电子，所以在氧分压不均衡时会给氧离子的运输提供驱动力，因此可以得到浓度 100%的纯氧气。Schiestel 等结合相变和烧结技术，用水作为黏合剂和凝聚剂制得中空纤维管式膜，其外径为 0.7～2mm，厚度为 0.2～0.5mm。此类陶瓷膜与传统膜相比，氮氧分离系数进一步提高，制得的氧气浓度也不断增大[5]。

气体分离膜材料可分为高分子材料、无机材料和有机-无机杂化材料。

1. 高分子材料

在气体分离膜领域，早期使用的膜材料主要有聚砜、纤维素类聚合物、聚碳酸酯等。上述材料或具有低选择性或低渗透性，这类缺陷使得以这些材料开发气体分离器的应用受到了一定限制，特别是在制备高纯气体方面，受到变压吸附和深冷技术的有力挑战。为了克服上述缺点，拓宽气体分离膜技术的应用范围，发挥其节能优势，研究人员开发了兼具高透气性和高选择性、耐高温、耐化学介质的新型气体分离膜材料，例如聚酰亚胺、含硅聚合物、聚苯胺等。

2. 无机材料

相对于有机高分子膜，无机材料具有独特的物理和化学性能，具有耐高温、结构稳定、孔径均一、化学稳定性好、抗微生物腐蚀能力强等优点。无机材料在涉及高温和有腐蚀性的分离过程中的应用方面具有有机高分子膜所无法比拟的优势，具有良好的发展前景。无机膜的不足之处在于：制造成本相对较高，大约是相同膜面积高分子膜的 10 倍；无机材料脆性大，弹性小，需要特殊的形状和支撑系统；膜的成形加工及膜组件的安装、密封(尤其是在高温下)比较困难。

3. 有机-无机杂化材料

发展有机和无机集成材料膜，是取长补短，改进膜材料的一种好方法。分子筛填充有机高分子膜是在高分子膜内引入细小的分子筛颗粒以改善膜的分离性能。分子筛填充聚合物膜结构与一般聚合物复合膜结构相似，存在一个多孔支撑层，上面涂敷一层薄的高性能选择分离层，其选择分离层含有大于 40% 紧密填充的分子筛或沸石等无机材料的高性能聚合物薄层。分子筛的作用主要体现在：细小颗粒的存在会影响膜结构；分子筛的表面活性可能会影响待分离组分在膜内传递行为，从而改善膜的分离性能。

高原弥散富氧机通常由壳体、滤网、风机、富氧膜组件、无油真空泵、消音缓冲器、弥散管路等组成。空气通过滤网及风机进入壳体内，使富氧膜组件周围保持"新鲜"空气，富氧膜组件以空气为原料富集富氧气体，真空泵通过在膜组件内外侧形成压力差，将富氧新风经出氧口及富氧新风弥散管传送至已搭建的密闭富氧室，如图 4-5 所示[6,7]。

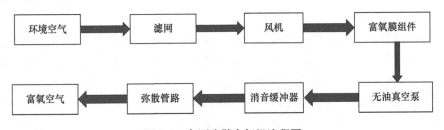

图 4-5　高原弥散富氧机流程图

根据组件构造不同，富氧膜可以分为平板膜、卷式膜和中空纤维膜。

1) 平板膜

平板膜组件的优点是制造组装比较简单，操作方便，膜的维护、清洗、更换容易；缺点是制造成本较高，当膜面积增大时，对膜的机械强度要求高。平板式膜组件的填充率低，不如中空纤维膜和卷式膜结构紧凑，因而在气体分离中应用较少。

2) 卷式膜

卷式膜组件也由平板膜制成，它将制作好的平板膜密封成信封状膜袋，在两个膜袋之间衬以网状间隔材料，然后用一根带有小孔的多孔管卷绕依次放置的多层膜袋，形成膜卷，最后将膜卷装入圆筒形压力容器中，形成一个完整的螺旋卷式膜组件。使用时，高压侧原料气从一端进入膜组件，沿轴向流过膜袋的外表面，渗透组分沿径向透过膜并经多空中心管流出膜组件。为提高螺旋卷式膜组件的收率，实际使用中常常将多个膜组件安装在同一个耐压容器中，如图 4-6所示。

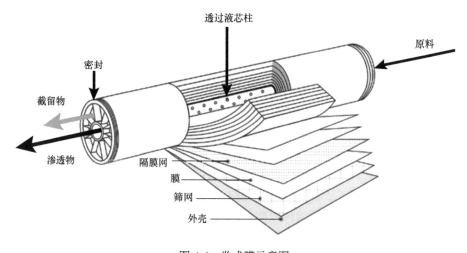

图 4-6　卷式膜示意图

3) 中空纤维膜

中空纤维膜组件常使用外压式的操作模式，即纤维外侧走原料气，渗透气从纤维外向纤维内渗透，并沿纤维内侧流出膜组件。根据原料气与渗透气相对流向不同，操作模式又分为逆流流型和错流流型。在逆流流型中，原料气与渗透气流动方向相反；而在径向错流分离器中，原料气首先沿径向流动，流动方向与中空纤维膜垂直。中空纤维膜氧气分离过程如图 4-7 所示，而中空纤维膜组件和显微结构分别如图 4-8 和图 4-9 所示。

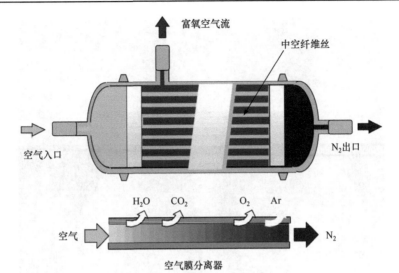

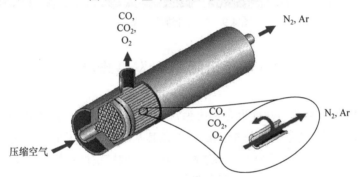

图 4-7　中空纤维膜氧气分离示意图

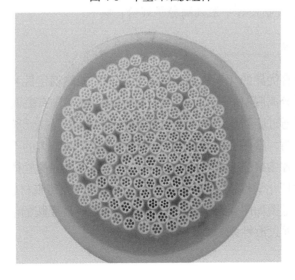

图 4-8　中空纤维膜组件

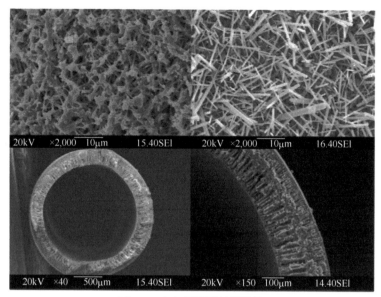

图 4-9　中空纤维膜显微结构

4.3　有机膜材料发展现状

在过去的 30 年里，几种聚合物成为常见的气体分离膜。近些年来，科研工作人员对大量的聚合物进行了性能测试，并在其基础上改善了部分性能。膜气体分离技术具有低成本、易于加工、渗透性良好、机械稳定性良好等优势，越来越广泛地应用在氮氧分离领域。有机膜主要包括聚砜、聚碳酸盐、纤维素衍生物、聚(苯氧化物)酰胺和聚酰亚胺等一系列高分子聚合物膜。

4.3.1　聚酰亚胺膜

聚酰亚胺具有优异的化学和物理性质，有很好的热稳定性和机械强度，被广泛应用在气体的分离膜材料上[8]，聚酰亚胺是指主链上含有酰亚胺环结构的一大类聚合物，主要通过脂肪族四酸二酐或芳香族四酸二酐与二元胺进行缩聚反应得到。相关研究表明，聚酰亚胺膜材料中二酐和二胺化学结构的不同是影响其性能的关键因素。芳香族聚酰亚胺较脂肪族聚酰亚胺具有良好的气体分离性能、渗透性能和优异的物理化学性能，是一种极具前景的气体分离膜材料[9-11]，芳香族聚酰亚胺的合成示意图如图 4-10 所示。但普通芳香族聚酰亚胺的溶解度较差、加工能力较弱，需要通过改性来提高。

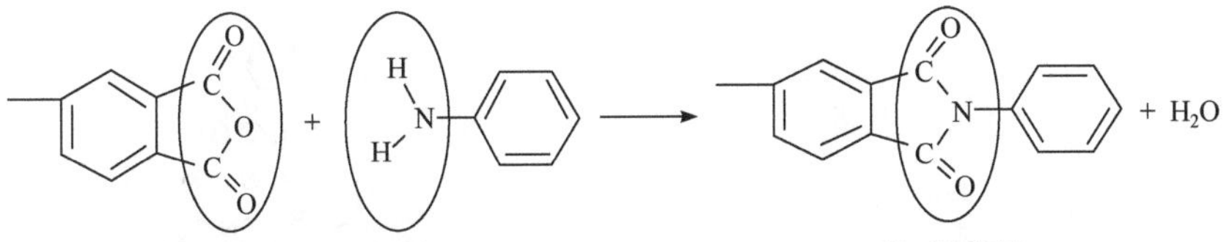

图 4-10　芳香族聚酰亚胺的合成示意图[8]

研究人员发现,将无机纳米粒子/微粒掺入聚合物基体中制备成所谓的混合基质膜(mixed matrix membrane,MMM)可以进一步提高聚酰亚胺膜对不同组分气体的分离系数和渗透率。无机多孔分散相,如咪唑啉沸石骨架(ZIF-8)、碳纳米管(carbon nanotube,CNT)和金属有机框架(metal organic framework,MOF),增加了MMM 的表面积,最终提供了更好的通量和分离效率[12]。2005 年,Yaghi 首次报道了共价有机框架(covalent organic framework,COF),这种新型的晶体多孔材料被认为是气体存储和分离、电子器件和多相催化的潜在候选材料。通过分子脱水反应合成的 COF-1 和 COF-5 晶体,其比表面积分别达到 711m^2/g 和 1590m^2/g,孔径分别为 0.7nm 和 2.7nm。通过用硼酸、硼酸酯或硼酸酐取代有机单体,形成的硼酸酯连接的 COF 具有可调节的孔径、大的比表面积和可控的官能团。尽管COF 具有较大的 BET(Brunauer-Emmett-Teller)表面积、均匀的 2D/3D 纳米结构和优异的耐热性,但硼酸酯连接的 COF 具有较差的耐湿性,限制了其应用。天津工业大学课题组选择三聚氰胺作为一种廉价的三胺,通过与联苯四羧酸二酐(biphenyl tetracarboxylic dianhydride,BPDA)反应制备酰亚胺连接的 COF,将其作为离散相填充商用 P84 聚酰亚胺,形成混合基质膜,研究了对氮气和氧气的渗透率和分离系数。尽管氧气的动力学直径 3.46Å 小于氮气的 3.64Å,但氮气的渗透率大于氧气。与传统的氮氧分离过程相比,较高的氮气渗透率更有利于以较低的成本生产富氧空气。氮气和氧气的混合物被强制穿过膜腔时,氮气比氧气穿透膜的速度快,从而导致残留气体中含有丰富的氧气。天津工业大学课题组将三聚氰胺和 BPDA 单体在 335℃氩气气氛中加热合成酰亚胺连接的COF(图 4-11)。将粉末降至室温后,用二甲基亚砜(dimethyl sulfoxide,DMSO)和热水交替清洗,产物为黄色固体,产率为 68%,即酰亚胺连接的共价有机骨架(MAB1)。

用氮吸附法测定 MAB1 的孔隙率。图 4-12(a)显示在高相对压力下($P/P_0 = 1$)曲线急剧上升,表明中孔或大孔参与了亚胺连接 COF;当相对压力(P/P_0)小于 0.1时,MAB1 的吸附量增大,表明 MAB1 颗粒内部存在微孔。图 4.12(b)是用非线性密度泛函理论计算得到的孔径分布,在 14.38Å 和 30Å 处有两个峰,证实了亚胺连接 COF 中存在微孔和介孔,微孔的贡献为 1.49%。这种亚胺连接 COF 的 BET表面积为 3.28m^2/g。

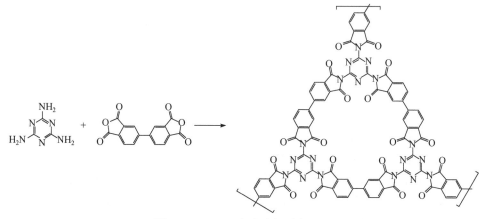

图 4-11　　MAB1 合成途径示意图[12]

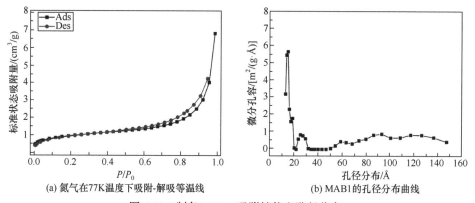

(a) 氮气在77K温度下吸附-解吸等温线　　　　　(b) MAB1的孔径分布曲线

图 4-12　　制备 MAB1 吸附性能和孔径分布

图 4-13 展示了纯 P84 膜和 MAB1 掺杂的 MMM 的扫描电镜图像。如图 4-13(a) 所示，纯 P84 膜的表面非常光滑，没有缺陷。当 MAB1 掺杂到膜中时，膜表面出现了许多凸起，这意味着一些 COF 粒子在 P84 基体中团聚。随着 MAB1 含量的增加，聚合变得更加明显。MMM 截面图像显示，在 MAB1 添加量为 10%~30%(质量分数)时，P84 紧紧围绕着 COF 粒子，如图 4-13(b)、(c)、(d)中虚线圈所示，没有任何空隙。P84 和 MAB1 之间有很好的亲和力。随着 COF 加载量的增加，MAB1 粒子在基体中弥散较密。这些紧密嵌入的 COF 可有效提高气体的渗透率和分离系数。当 MAB1 添加量超过 40%时，在图 4.13(e)和(f)的横截面上可以观察到聚合的 MAB1，如图 4-13(e)和(f)中虚线圈所示。

利用纯氧和氮来测试基于原始 P84 和 MAB1 掺杂的 MMM 膜的渗透性，当 MAB1 添加量为 30%时，氮氧的分离系数最高，达到 1.93，如表 4-2 所示。氮气和氧气流过 MAB1 掺杂的 MMM 的示意图如图 4-14 所示。

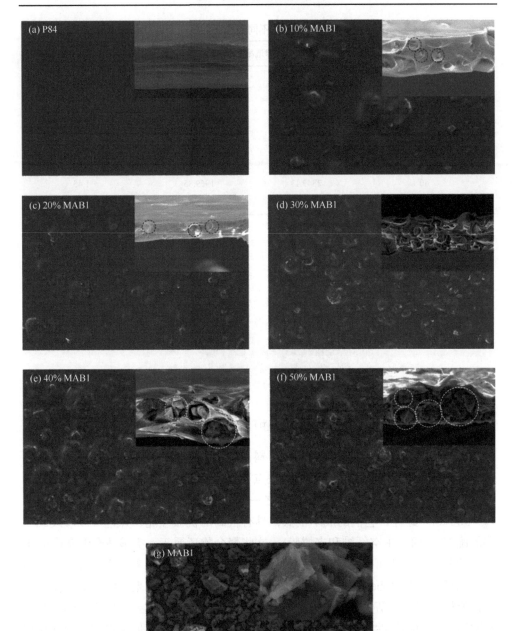

图 4-13　扫描电镜图像

(a) P84 膜；(b)～(f) MAB1 颗粒质量比为 10%～50%的 MMM；(g) MAB1 颗粒

表 4-2　MAB1 掺杂的 MMM 在不同负载下的气体渗透性和选择性[12]

MAB1 添加量/%	渗透率/barrer		理想的分离系数 α
	N₂	O₂	
0(纯 P84)	—	—	—
10	290.05	190.37	1.52
20	163.48	89.67	1.83
30	147.02	76.043	1.93
40	2849.13	1969.85	1.45
50	4011.15	2876.34	1.39

注：1barrer=7.5×10⁻¹⁸m³ · m/(m² · s · Pa)。

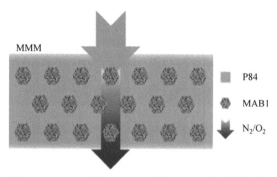

图 4-14　N₂/O₂ 流过 MAB1 掺杂 MMM 的示意图[12]

　　聚合物膜是最常用的气体分离膜材料。然而，它们也有一些局限性，如耐热性差、耐化学性低等。为了避免这些缺点，选择合适的聚合物前驱体是必要的。聚酰亚胺是膜群落中最常用的聚合物之一[13]，它们具有良好的热性能(热重温度 $T_g\sim300℃$)。此外，它们的成本很低，具有很高的机械性能，并且可以修改成不同的配置(平面、中空纤维和支撑膜)。这些聚合物还属于一类最适合制备碳分子筛膜的前驱体。然而，与其他聚合物膜一样，这种膜也面临着分离吸收和渗透率之间的权衡，即 Robeson 所提出的"上限"，Robeson 认为，聚合物膜的气体分离特性遵循不同的权衡关系，分离系数越强的膜通常渗透性越差，反之亦然。为了打破纯聚合物膜的性能边界，需要开发新的材料。因此，人们一直在努力寻找超越罗布森极限(Robeson bound)的新材料，而不必牺牲分离系数或渗透率。如聚合物共混膜及其复合材料，因其能够提高膜的热学、力学和分离性能而成为最具发展前景的新型膜。将聚合物与无机填料复合是提高膜整体性能的最有效途径。该方法能显著提高膜的性能，使其具有良好的分离因子、机械性能、热稳定性和化学稳定性等。目前已报道了沸石、二氧化硅、金属有机骨架和碳分子筛等多种填料。其中沸石在气体分离中表现出独特的物理化学性质，即吸附和扩散。这些特征主要是由于其存在不同大小的通道和孔洞，孔洞体积和自由空间与其吸附和扩散性能息息相关。沸石作为聚合物基体填料，分离系数提高了 2～10 倍。然而，分离系数的显著提高伴随着渗透率的急剧下降。当沸石与聚合物基体结合时，通常会形成孔洞，而孔洞的形成会导致不相容，从而导致性能下降。沸石-聚合物界面的附着力较差，形成"笼中筛"形态，降低了分离性能。幸运的是，不相容问题可以通过使用合适的化学物质(如硅烷和碳基)进行光表面改性来解决。由此，碳基膜应运而生。

与聚合物相比，碳基膜在物理抗污染和延迟塑化过程方面表现出了显著优势。Sazali 等[14]研究了用聚合物前驱体制备的管状碳膜(tubular carbon membrane，TCM)分离氧和氮气的方法。采用浸涂法分别以 P84 共聚酰亚胺(polyimide，PI)和纳米晶纤维素(nanocrystalline cellulose，NCC)为主要前驱体和添加剂。以往的研究证明，可以通过改变碳化参数，即改变时间、温度和环境来改变 PI/NCC 的性能。PI/NCC 沉积在陶瓷管状支架上，可以通过简单的碳化工艺生产多种用于气体分离的材料。此外，Widiastuti 等[15]将沸石碳复合材料(zeolite carbon composite，ZCC)作为 BTDA-TDI/MDI(P84)聚酰亚胺共聚膜的新型填料，用于空分工艺。用聚二甲基硅氧烷(polydimethylsiloxane，PDMS)涂层遮盖表面缺陷，进一步提高了分离性能。在 P84 共聚酰亚胺基体中掺入质量分数为 1%的 ZCC，使氧气的渗透率从 7.12barrer 提高到 18.90barrer，提高了 1.65 倍，O_2/N_2 的分离系数从 4.11barrer 提高到 4.92barrer，提高了 19.71%。PDMS 涂层将膜的 O_2/N_2 分离系数提高到了 60%。结果表明，在 P84 共聚酰亚胺膜上掺入 ZCC 和 PDMS 涂层能够提高整体空分性能。图 4-15 扫描电镜图展现了整洁膜与 P84/ZCC1 复合膜的表面形貌和截面图。图 4-16 是涂覆与未涂覆 PDMS 膜以及其他膜材料的对比，以及罗布森极限的情况。PDMS 膜具有良好的 O_2/N_2 分离性能。通过无机填料的加入，积极控制气体通过膜的传递，进一步提高了膜的性能。

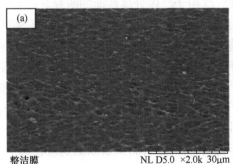
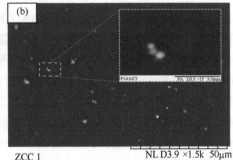

整洁膜　　　　　　　NL D5.0 ×2.0k 30μm　　ZCC 1　　　　　　　NL D3.9 ×1.5k 50μm

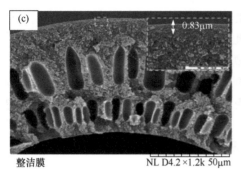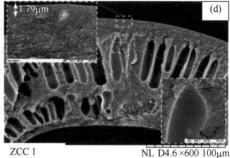

图 4-15　整洁膜和 P84/ZCC1 复合膜的扫描电镜图[15]

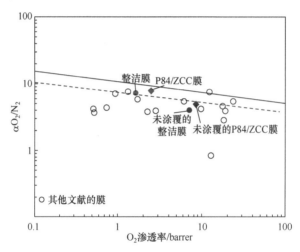

图 4-16　未涂覆 PDMS、涂覆膜与其他参考文献中的膜性能对比及其相对罗布森极限[15]

4.3.2　聚砜膜

聚砜(polysulfone，PSF)是分子主链上含有砜基的芳香族热塑性聚合物材料，具有优良的力学性能、热稳定性、化学稳定性及加工性能[16-21]，同时，PSF 具有良好的成膜性和较高的气体分离系数，被广泛用于气体分离性能的研究。但是气体透过的速率较低，因此限制了应用。为了克服这一固有缺点，研究人员在聚砜中添加了无孔二氧化硅纳米颗粒，发现随着二氧化硅的加入，自由体积增加，导致气体的扩散率和渗透性增加。为了改善气体输运性能，还在 PSF 中加入了改性的单壁碳纳米管。用十八烷基胺对其进行改性，使其能够很好地分散在 PSF 基体中。与原始 PSF 相比，仅添加质量分数为 5%的改性单壁碳纳米管可使 PSF 的气体渗透率提高 30%～60%。由于纳米填料的团聚作用，当纳米填料的负载量进一步增加到 15%时，气体渗透率并没有显著提高。MOF 材料常被添加到聚合物中，用于制备膜，同时提高了渗透率和分离系数。MOF 具有 1D、2D 或 3D 结构，可以改善气体分离性能。Tavasoli 等[16]利用 PSF 和 MOF，采用溶剂蒸发法制备了不同 MOF 含量的 PSF/MOF 混合基质膜。MOF 的加入改善了 CO_2/CH_4、CO_2/N_2 以及 O_2/N_2 的分离系数，尤其是最后两个(表 4-3)。随着 MOF 含量从 0 增加到 2.5%，O_2/N_2 的分离系数从 3.17 增长到 5.97。

表 4-3　在 10bar 和 30℃条件下，不同填料浓度 PSF-MOF 膜的分离系数和渗透率[16]

膜	渗透率/barrer				分离系数		
	P_{CO_2}	P_{O_2}	P_{N_2}	P_{CH_4}	CO_2/CH_4	CO_2/N_2	O_2/N_2
纯 PSF	6.16	1.57	0.50	0.21	29.07	12.39	3.17
PSF-MOF-0.5	5.70	1.32	0.37	0.16	34.97	15.43	3.59
PSF-MOF-1.0	5.32	1.27	0.30	0.30	41.08	17.76	4.26
PSF-MOF-2.5	5.00	1.26	0.25	0.12	41.56	21.01	5.07

　　Raveshiyan 等[17]采用 PSF 和氧化铁制备了磁性混合基质膜，用于 O_2/N_2 分离。研究人员将氧化铁纳米颗粒加入到 PSF 基体中，制备了新型磁性 MMM。此外，利用外加磁场控制纳米粒子在聚合物基体中的分散，并在膜横截面上为顺磁氧分子创造了优先渗透路径。聚合物基体中粒子的增加提高了膜的磁性能，并且当 Fe50 纳米颗粒体积含量较高时，PSF-Fe50 膜的质谱高于 PSF-Fe20 膜。相对于粒径较大的 Fe 纳米粒子，粒径较小的 Fe 纳米粒子更均匀地分散在 PSF 基体中。

　　此外，Jusoh 等[22]通过使用不同的溶剂制备对称和不对称的聚砜膜。如图 4-17 所示，在不同的聚合物浓度(分别为 15%和 20%)下的 N 甲基-吡咯烷酮(N-methyl pyrrolidone，NMP)，四氢呋喃(tetrahydrofuran，THF)和二甲基乙酰胺(dimethylace-tamide，DMAC)，以研究不同溶剂类型和聚合物浓度对膜制造的影响。分别用场发射扫描电子显微镜(field emission scanning electron microscope，FESEM)、热重

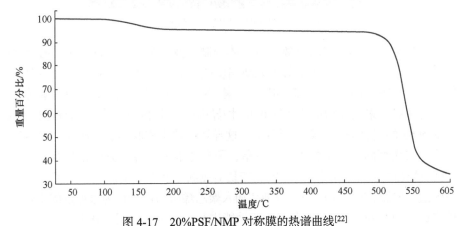

图 4-17　20%PSF/NMP 对称膜的热谱曲线[22]

分析仪(thermo gravimetric analyzer，TGA)、通用实验机(universal testing machine，UTM)和傅里叶变换红外光谱(Fourier transform infrared reflection，FTIR)对薄膜进行了表征。结果表明，对称、高聚合物浓度膜有助于提高热稳定性和机械稳定性。PSF/THF 膜具有良好的机械强度，PSF/DMAC 膜具有较好的热稳定性，聚合物浓度为 20%的 PSF/THF 膜比较厚，结构致密。

为了研究气体渗透特性，将氧化石墨烯(graphene oxide，GO)嵌入聚砜聚合物基体中，制备了中空纤维混合基质膜。Zahri 等[23]研究了 0.25%GO 的纯膜和 MMM 的性能。如图 4-18 所示，通过透射电子显微镜(transmission electron microscope，TEM)分析证实合成的 GO 为纳米片状。制备的 MMM 在机械稳定性和热稳定性方面均有改善。FESEM 分析表明，在聚合物中添加 GO 形成了良好的整合表皮层，并改变了膜下部结构层的形成，从而带来了更好的气体分离性能。

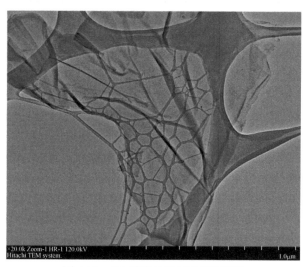

图 4-18　　GO 纳米片的 TEM 图像[23]

为了研究不对称多砜膜分离氧氮气体的制备及表征，Madaeni 等[24]通过湿相反转技术，使用双浴凝固法制备了无缺陷皮肤不对称气体分离膜。以聚砜溶液为原料，在二甲基甲酰胺、1-甲基-2-吡咯烷酮、N-N-二甲基乙酰胺和四氢呋喃等不同溶剂中浇铸膜。采用体积比为 80/20 的水/异丙醇、水/丙醇、水/乙醇(EtOH)和水/甲醇(MeOH)的混合物作为第一混凝浴。这导致了致密皮肤顶层的形成。采用蒸馏水作为第二次凝固浴，实验研究了膜厚、聚合物浓度、溶剂类型和非溶剂类型、IPA20%浸泡时间、凝固浴温度等实验变量对皮肤层和亚层的影响。为了制备具有较高渗透性的膜，研究了内部非溶剂和加入聚乙烯吡咯烷酮作为添加剂的影响，从气体渗透率和 O_2/N_2 分离系数角度对膜性能进行了测试，如图 4-19 所示。

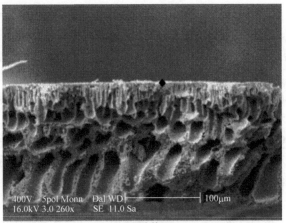

(a) 质量分数14%

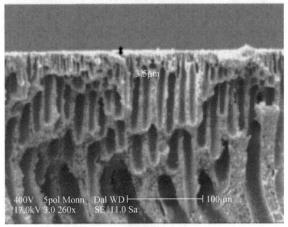

(b) 质量分数18%

(c) 质量分数22%

图 4-19　不同聚合物浓度膜的 SEM 显微照片[24]

　　工业气体分离的膜技术始于 20 世纪 80 年代，在能耗和运行成本方面，与低温蒸馏和溶剂吸收等常规技术相比，显示出显著的优势。Roslan 等[25]开发了一种简单而有效的涂层技术，改善了 PSF 中空纤维膜的表面性能，以增强 CO_2/CH_4 和 O_2/N_2 的分离。PDMS 或聚醚嵌段酰胺(PEBAX)在进行纯气体测试和仪器表征之前，采用简单的浸涂方法。图 4-20 显示了五个不同类型的涂有单层 PDMS 的 PSF 膜的渗透率和气体对的分离系数。可以清楚地看到，在添加 PSDM 表面涂层后，PSF 膜对 CO_2/CH_4 和 O_2/N_2 的分离的选择性得到了明显改善。随着聚合物浓度的增加，气体对的分离系数从 1.38 增加到 7.21。研究结果表明，PDMS 涂层能够覆盖膜表面的缺陷或孔隙，提高气体对的分离选择性。

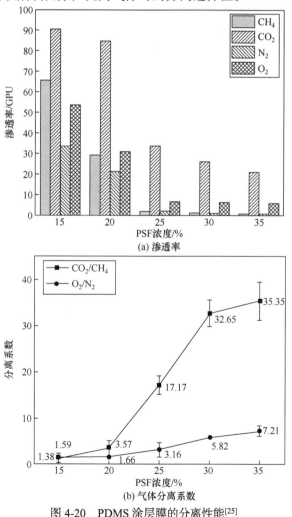

(a) 渗透率

(b) 气体分离系数

图 4-20　PDMS 涂层膜的分离性能[25]

$1GPU=7.5 \times 10^{-12} m^3/(m^2 \cdot s \cdot Pa)$

4.3.3　纤维素衍生膜

空气分离是从大气中分离主要成分的过程。膜技术的发展在空气分离中起着关键作用。通过使用聚丙烯腈(polyacrylonitrile, PAN)和醋酸纤维素(cellulose acetate, CA)以及纳米二氧化硅(SiO_2)颗粒的新技术开发了多层聚合物纳米复合膜,以获得更高的氧分离系数和渗透率。醋酸纤维素是一种可再生和可降解的材料,来源广泛,价格低廉。此外,它还具有膜易形成、亲水性好、耐氯性好、膜形成后许可通量高(同孔隙度下)、蛋白质吸附率低等一些特征。1960 年,第一个由 CA 组成的反渗透膜研制成功。自那时以来,各种高性能反渗透膜、纳米过滤膜、超滤膜、气体分离膜和渗透膜被不断开发,并成功地应用于海水淡化、废水处理、气体分离。Nallathambi 等[26]对于多层膜的构造采用三个独立变量,即 PAN 电纺丝时间、PAN 聚合物中的 SiO_2 百分比和 CA/PEG 聚合物浓度对膜的表面形貌和物理特性进行了研究。结果表明,电纺纤维直径随纳米颗粒的浓度增加而增大,范围为 50~400nm。此外,膜表面上的最大孔径在 200~400nm 之间,而所获得的氧气纯度最大为 48%,渗透通量为 $5.45cm^3/(cm^2 \cdot min)$。

Muhammad 等[27]报告了卷取速度、气隙距离以及后处理方法对醋酸纤维素中空纤维膜(CA-HFMS)制备的影响。结果表明,随着卷取速度从自由落体增加到 12.2m/min,气体渗透率降低。同时,气体对的分离系数随着卷取速度的增加而增加。随后,气隙距离的增加产生了以不同吸收速度旋转的气体渗透率的"V"模式和气体对分离系数的"A"模式。因此,CA-HFM 的最佳卷取速度和气隙距离分别为 12.2m/min 和 5.0cm。渗透实验结果还表明,在最佳条件下制备的 CA-HFM 具有很高的工业分离价值。

碳膜具有易于加工、气体分离性能高等优点,被认为是属于未来的分离介质。Sazali 等通过研究,利用 PI 共混物和 NCC 制备管状碳膜,以研究其制备。测定了浸涂时间(15min、30min、45min 和 60min)对 O_2/N_2 分离理化性质的影响。在 800℃ 下进行碳化,在氩气流量(200mL/min)下加热(3℃/min)。为了研究制备的碳膜在环境温度和 8bar 进料压力下的传输机理,进行了纯气体渗透测试。浸涂 45min 后,制得的碳膜的 O_2 渗透率为 $29.92 \pm 1.44GPU$,O_2/N_2 分离系数为 9.29 ± 2.54。

4.4　无机膜材料发展现状

无机膜由氧化物或金属组成,可以是多层支撑结构或自支撑结构存在。其中致密膜材料对 O_2 或 H_2 分子具有理想的分离性,微孔膜对 CO_2、H_2O 和碳氢化合物具有高度分离性,中孔膜用于支撑结构或用于水净化,大孔层用作支撑结构和微粒过滤。与聚合物膜相比不同的地方在于无机膜的分离系数和渗透率更高,极端条件下的应用更加广泛。要想使无机膜能够在更多领域发挥作用，制造工艺的提升、聚合物掺杂、成本控制必不可少。

4.4.1 陶瓷膜

陶瓷膜能够有广泛应用，与其层状结构和支撑材料的多样性密切相关。它的支撑材料多由氧化铝、氧化锆、氧化钛、氧化硅等无机陶瓷材料制备。如果按照支撑体划分陶瓷膜材料，则有管式陶瓷膜、多通道陶瓷膜和平板陶瓷膜三种。陶瓷膜的结构大体上分为三层：多孔支撑层、过渡层、分离层。由于层状结构之间均成对称分布，孔径规格又在 0.8nm～1μm 之间，因此陶瓷膜包括了微滤、超滤和纳滤等过滤规格。

而结构的特殊性与所选材料的性质相结合，使得陶瓷膜具有极高的化学稳定性，即使在极端条件下也能够保持性能。又因为陶瓷膜孔径相对较小，过滤规格广泛，所以在分子级过滤领域应用前景广泛，如对气液混合物的过滤就可以取代以往常用的蒸馏、离心等方法。陶瓷膜过滤不仅可以提高产品品质、还能够有效降低运行成本，这对于化工等运行环境苛刻的行业来说具有重要意义。

实验室可以通过水解金属-有机化合物或烷氧化合物，如二次丁氧铝与水生成溶胶来制备陶瓷膜。溶胶-凝胶技术有两种：分子单元聚合(polymerization of molecular unit，PMU)和胶体溶液失稳(destabilization of colloidal solution，DCS)。在温度约为 90℃的条件下，用酸对溶胶进行消化，以防止沉淀。当肽化溶胶稳定地冷却下来，便可形成凝胶。凝胶通过烧结得到氧化产物这种方法被称为胶体溶液失稳的溶胶-凝胶技术[28]。另一种溶胶-凝胶技术与其他技术相比更为有利：即在相对较低的烧结温度下获得陶瓷膜，该手法制备出的陶瓷膜颗粒尺寸非常均匀。PMU 工艺是基于醇氧化物的控制水解和缩合-聚合反应。而 DCS 过程则采用无机盐或金属烷氧基化合物为前驱物，将前驱物与过量的水反应得到凝胶状的氢氧化物沉淀，然后用电解质通过胶溶作用生成稳定的胶体。在聚合物体系中，溶液中的化学键形成真正的氧化物结构，因此水解和聚合反应对凝胶的性能非常重要。制备过程可以直接加入水分子，也可以通过酯化反应原位生成[29]。

陶瓷膜在颗粒过滤、气体分离和分析应用(气体和化学品传感器)等领域发挥了重要作用。在气体环境要求严格的微电子包装、食品和制药工业领域中，可以通过多孔陶瓷膜从气流中去除细颗粒[30]。陶瓷膜有广泛的应用前景，与其优点特性分不开：①热稳定性和化学惰性使得陶瓷膜对应用环境要求不高；②刚性陶瓷介质不会在流动脉动、机械振动或冲击的恶劣条件下因为脱落将颗粒引入气流；③陶瓷膜不易与工艺气体发生反应或产生杂质，也不产生氢气出气问题；④陶瓷膜孔径分布较窄，可以保留极高百分比的微粒，如有膜污染发生，也可以通过反冲定期再生，相对环保；⑤陶瓷膜可以在不改变其微观结构和化学特性的情况下进行蒸汽灭菌。除此之外，孟锋等[31]研制出了利用高岭土低成本制备陶瓷膜的方法，在降低成本的同时还拓宽了陶瓷膜的应用前景。

陶瓷膜在氮氧分离领域，采用溶胶-凝胶法结合湿法浸渍法成功制备了 $SrCo_{0.8}Fe_{0.2}O_3$ 浸渍 TiO_2 膜(TiO_2-$SrCo_{0.8}Fe_{0.2}O_3$ 膜)[32]。使用 O_2 和 N_2 对该膜进行一次气体渗透测试。将 TiO_2 膜浸入 $SrCo_{0.8}Fe_{0.2}O_3$ 溶液中，干燥，然后煅烧以将 $SrCo_{0.8}Fe_{0.2}O_3$ 固定在膜中。通过研究 TiO_2 溶胶的酸/醇盐(H^+/Ti_4^+)摩尔比对 TiO_2 相变的影响，可发现最佳摩尔比为 0.5，这导致纳米颗粒在 400℃ 下煅烧后具有 5.30nm 的平均尺寸。将煅烧温度在 300～500℃ 之间变化，研究煅烧温度对 TiO_2 和 $SrCo_{0.8}Fe_{0.2}O_3$ 的相变的影响。X 射线衍射(X-ray diffraction，XRD)光谱和 FTIR 分析证实，煅烧温度为 400℃ 对于制备具有完全结晶锐钛矿和 $SrCo_{0.8}Fe_{0.2}O_3$ 的 TiO_2-$SrCo_{0.8}Fe_{0.2}O_3$ 膜是优选的。结果还表明，PVA 和羟丙基纤维素被完全去除。FESEM 分析结果表明，通过多次浸涂以及 400℃ 的煅烧，可制得无裂纹且致密的 TiO_2 膜(厚度约 0.75 μm)。气体渗透结果表明，TiO_2 和 TiO_2-$SrCo_{0.8}Fe_{0.2}O_3$ 膜表现出较高的渗透性。与单独的 TiO_2 膜相比，开发的 TiO_2-$SrCo_{0.8}Fe_{0.2}O_3$ 膜具有更高的 O_2/N_2 分离系数。

另一方面，致密的混合离子-电子导体(mixed ionic electronic conductor，MIEC)型陶瓷膜对于通过气体分离路线生产高纯度的氢气和氧气起着至关重要的作用。这是由于它们在各种气体气氛(氧化、惰性和还原条件)下，在高温(600～1000℃)下具有无与伦比的化学稳定性，可用于对有机物、二氧化硅、钯或硅有害的环境中。其他膜离子通量较高，可在 600℃ 以上通过基于氧化物的膜实现。MIEC 陶瓷膜在气体分离技术中的应用很重要，但实际应用仍在研究开发中。使用这种膜可以优先从混合气体(即空气)中转移氧气，从而获得高纯度的氧气，用于生产医用级氧气，如图 4-21 所示。

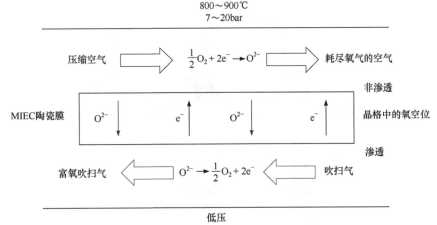

图 4-21　MIEC 型膜上的氧气分离

4.4.2　金属膜

根据国际能源机构的估计，化石燃料几乎满足了世界能源需求的 81%，却埋下了环境隐患。膜技术被认为是一种经济和节能的替代捕获技术，用于溶剂洗涤，以减轻燃烧后废气中的 CO_2。金属膜在气体应用领域有着十分广阔的应用，可研究方向也较多。

MOF 是一类新兴的纳米多孔材料，由各种有机连接体连接的金属中心组成，形成了具有可调谐孔隙体积[33]。MOF 在气体分离膜领域具有广泛的应用前景[34]，并且还具有一系列其他潜在的应用，例如在选择性气体吸附[35]、储氢[36]、催化[37]和传感等方面[38]。高性能 MOF 膜的另一种应用途径是将它们与聚合物相结合，以便获得纳米复合(混合基质)膜。于是，研究人员便试图将纳米孔分子筛(如沸石)掺入聚合物膜中，来达到纳米孔材料的尺寸/形状气体分离与聚合物的加工性和机械稳定性结合起来的目的[39]。这归因于它们的高分离系数、良好的膜加工性和相对较低的成本[40]。

金属膜在氮氧分离领域也同样具有非凡前景，如 Bloch 等[41]证明了具有开放性铁-(II)配位点的新型微孔金属有机骨架 $Fe_2(dobdc)$通过电子转移相互作用选择性地将 O_2 与 N_2 结合的能力。使用单组分气体吸附等温线和理想吸附溶液理论计算的穿透曲线表明，该材料应能够在高达 226K 的温度下从空气中高容量分离 O_2。将无水氯化亚铁和 1,4-二羟基对苯二甲酸、DMF 甲醇加入到 500mL 的 Schlenk 瓶中。反应混合物加热到 393K，搅拌 18h 至产生一种橙红色的沉淀。固体经过滤收集，用 100mL DMF 洗涤，得到 $Fe_2(dobdc) \cdot 4DMF$。最后制备的 $Fe_2(dobdc)$结构如图 4-22 所示。

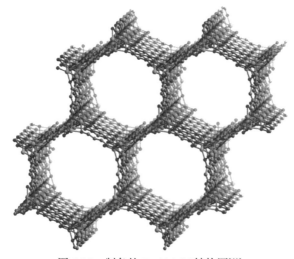

图 4-22　制备的 $Fe_2(dobdc)$结构图[41]

　　该方法对于氧气的提取率要远高于低温分离空气中氧气的提取率。在更高的温度下，该方法克服了形成过氧化铁(III)的热活化障碍，这令接下来的制氧过程不会因吸取氧气而发生氧化反应，并且不再可能解吸 O_2。正在努力合成相关的金属有机骨架具有增加的形成过氧化物的活化势垒，从而产生可在更接近环境温度下运行的高容量 O_2 分离材料。此外，目前正在研究新的氧化还原活性构架在执行其他多种气体分离的功效。鉴于其具有明显的活化 O_2 的能力，探讨使用 $Fe_2(dobdc)$ 作为空气中烃类氧化的催化剂的可能性，如图 4-23 所示。

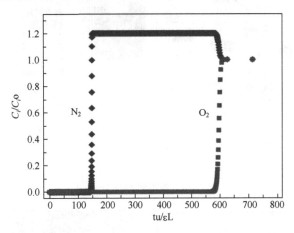

图 4-23　$Fe_2(dobdc)$ 在 211K 下吸附模拟空气(O_2：N_2=0.21：0.79)过程中的 N_2 和 O_2 的吸附曲线

4.4.3　合金膜

　　同上述两种无机膜一样，合金膜在氮氧分离领域也有着非常广阔的前景。Nikpour 等[42]于 2020 年研制出填充 $BaFe_{12}O_{19}$ 纳米粒子的共铸混合基质膜，主要用于 O_2/N_2 气体的分离系数增强。氧分子为顺磁性，磁矩为 μ_{o2}=2.95μB=2.73 × 10^{-23}J/T；而氮分子为逆磁性，电极化率为 χ = $-150.8 × 10^{-6}$mol^{-1}[42]。这两种气体的磁性之间的这种显著差异在过去的几十年中引起了研究人员的注意，他们试图将磁性粒子(铁磁体、铁磁体和超共混体)与多种聚合物结合起来，以提高膜分离性能的渗透率和分离系数。Nikpour 等将 $BaFe_{12}O_{19}$NP 粉末分散，将其在少量乙醇中超声处理 1h。同时，将 PEBAX-1657 颗粒在 80℃机械搅拌下溶解在 70%乙醇溶液中 2h。然后在剧烈搅拌下将 $BaFe_{12}O_{19}$ 的悬浮液加入到 PEBAX 溶液中，来达到避免 NPs 的聚集的目的。再将得到的溶液在 75℃的超声浴中超声处理 5min，并进行浇铸。要注意的是为了制备支撑层，需在 18%聚醚砜(PES，P-6020)中加入 DMF；经过 1h 后开始搅拌 30min，使溶剂中的游离气泡在几小时后消失。共铸法的应用如下：PES 溶剂最初是通过铸棒铸造在玻璃基板上的。同时，将 PEBAX-1657 和 PEBAX-1657-BaFe$_{12}$O$_{19}$ 溶液分别以 5%
的 PEBAX 和不同的 BaFe$_{12}$O$_{19}$ 浓度(18%和 24%)浇铸在基片表面。然后，基片
在 5h 内缓慢地浸入正己烷的混凝浴中，并在 24h 内在室温下(～25℃)干燥。这样，
制备了双层合金膜样品(PP-0)和磁性双层合金膜样品(PP-18、PP-24)，如图 4-24、
图 4-25 所示。

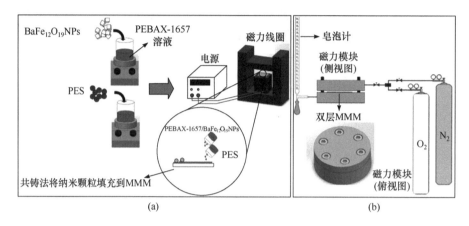

图 4-24　合金膜制备方法[42]

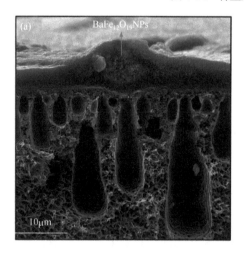 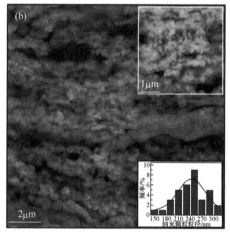

图 4-25　合金膜 SEM 图像及纳米颗粒粒径分布[42]

　　Nikpour 等在不同气体压力(2～10 × 10⁵Pa)及外加磁场的存在下，测量了该种
合金膜对 O$_2$ 和 N$_2$ 渗透率以及 O$_2$/N$_2$ 理想分离系数，如图 4-26 所示。

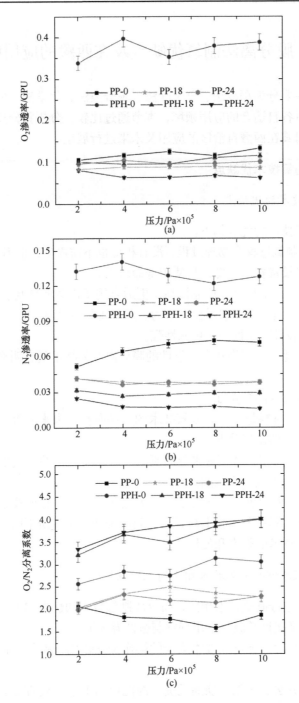

图 4-26　(a) O_2 渗透率；(b) N_2 渗透率；(c) 合金膜样品的 O_2/N_2 理想分离系数曲线
随气体压力的变化曲线[42]

4.5　膜分离法制氧优缺点及在西藏的应用前景

制氧技术主要分为深冷法、分子筛法、膜分离法、化学法、电解水法等，每种技术手段都有各自适合的应用领域，本节通过比较，分析膜分离制氧技术的优势和缺点，并对其在西藏自治区的应用及未来进行展望。

4.5.1　膜分离制氧技术优缺点

1. 膜分离技术的优缺点

膜分离制氧技术的优点如下。

(1) 膜分离制氧过程为物理过程，没有相变也不需再生，也不会有污染产物，所以该制氧技术投资费用较低，且使用寿命较长。

(2) 膜体积小、重量轻、可靠性高，更适合用于机载系统制氧。

(3) 能耗低，运行过程仅需少量电力，无其他能源消耗。

(4) 膜污染轻且可逆性高，可靠性强。

因此，低能耗、低污染和高可靠性的膜分离制氧技术具有明显优势，应用前景广阔。

膜分离制氧技术的缺点如下。

(1) 高性能膜材料是膜分离制氧技术的关键所在，未来能否广泛应用还要依赖于高性能膜材料的发展状况。

(2) 传统膜是利用物理原理来分离制氧，因此所制得的氧气浓度一般在40%左右，极大地限制了其应用范围。

(3) 尽管膜分离制氧技术获得了广泛关注和研究，但是该技术的实际应用仍然存在诸多挑战，其中分离膜上盐累积、膜污染和应用场所不同等问题，严重影响着膜分离制氧技术的效率和使用范围。

2. 与低温深冷空分制氧技术相比的优缺点

与低温深冷空分制氧技术相比，膜分离制氧技术的优点如下。

(1) 操作温度接近常温，不用刻意制造低温环境。

(2) 与低温深冷空分制氧技术烦琐的操作步骤相比，膜分离制氧技术的操作步骤更加简便。

(3) 深冷空分法制氧是一项高耗资、高能耗的工艺制氧的技术，与其相比，膜分离制氧技术具有低能耗，低资耗等特点。

(4) 低温深冷空分制氧技术对装置要求高(需要耐受高压或超低温的特性)，建设成本高，工艺复杂，制氧过程长；而膜分离制氧技术对装置要求低，建设成本低，工艺简单，制氧过程短。

与低温深冷空分制氧技术相比，膜分离制氧技术的缺点如下。

(1) 一般地，在制取高浓度(一般浓度大于 99.5%)的氧气时，采用低温深冷制氧的方法会比较合适。利用膜分离技术制氧通常得出的氧浓度不是太高，特别是单纯利用膜分离技术制氧得到的氧浓度不高(在膜材料为一般的分离膜时)。

(2) 低温深冷空分制氧技术适用于大规模制氧的情况，膜分离制氧技术制氧规模相对较小。

(3) 低温深冷空分制氧技术可以同时生产氮气和氧气，对于大规模的空分装置，其成本较低；膜分离制氧技术规模较小，对于大规模生产装置，其成本较高。

(4) 低温深冷空分制氧技术制得的氧气纯度一般都比较高(可达到 99.6%)，副产品多(可同时生产高纯的氮气和氧气)，而膜分离制氧技术制得的氧气纯度大约在 40%(对于一般的膜材料)，一般只收集其中的一种气体。

(5) 低温深冷空分制氧技术制得的氧气便于经济地储存和运输；膜分离制氧技术制得的氧气相对来说不便于经济地储存和运输。

3. 与变压吸附制氧技术相比的优缺点

与变压吸附制氧技术相比，膜分离制氧技术的优点如下。

(1) 对于变压吸附制氧技术，钢瓶装压缩氧气价格偏高，氧气储量有限，且钢瓶较重不太方便搬移，只适合临时或短期吸氧；膜分离制氧技术可用于长期制氧。

(2) 鼻吸式 PSA 小型制氧机佩戴时不太舒适，特别是晚上睡觉时鼻吸舒适感较差；膜分离制氧技术可将装置放置在室内，不必佩戴，不会有不适感。

(3) 家用弥散供氧 PSA 制氧机质量参差不齐，普遍制氧机运行寿命偏低，且制氧浓度随使用时间延长快速下降；膜分离制氧技术的装置通常使用寿命较长。

(4) 集中供氧 PSA 制氧系统价格比较昂贵，且存在能耗高、寿命较低等问题；而膜分离制氧技术装置能耗低，寿命长。

(5) 膜分离制氧技术适合安装在运行环境和条件相对恶劣、空间狭小的火车车厢里，膜分离设备动部件较少，运行非常稳定可靠，寿命长。

与变压吸附制氧技术相比，膜分离制氧技术的缺点如下。

(1) 鼻吸式 PSA 小型制氧机价格较低(1000～3000 元)、寿命较长(3 年以上)；而膜分离制氧技术的装置价格较高。

(2) 高端膜分离设备使用最核心的膜分离材料及组件，需从欧洲或美国进口，国内有厂家在研发生产膜分离富氧设备，但需进一步整合力量进行技术攻关。

4. 与电解水制氧技术相比的优缺点

与电解水制氧技术相比，膜分离制氧技术的优点如下。

(1) 电解水制氧技术需要消耗一定的电能，而且能耗较高；而膜分离制氧技术能耗较低。

(2) 电解水制氧技术存在燃爆危险，电解水制氧的同时也产生氢，氧气是助燃剂，氢气是可燃气体，两者在温度较高时极易发生燃爆，存在安全隐患；而膜分离制氧技术基本没有安全隐患。

(3) 电解水制氧技术中 KOH 和 NaOH 为强碱溶液，对设备具有腐蚀性，并且从电解槽逸出的氢气和氧气带有碱液，需经过多次洗涤和过滤，给气体净化带来一定的困难；而膜分离制氧技术对设备损害少，气体净化较容易。

(4) 电解水制氧效率低、设备体积大、控制复杂；而膜分离制氧技术设备体积小、控制简单。

与电解水制氧相比，膜分离制氧技术的缺点如下。

(1) SPE 电解水制氧技术具有很高的能量效率，相比来说，膜分离制氧技术能量效率较低。

(2) 高端膜分离设备使用最核心的膜分离材料及组件，需从欧洲或美国进口，国内有厂家在研发生产膜分离富氧设备，但需进一步整合力量进行技术攻关。

(3) 电解水制取的氧气纯度高，可以达到 99.9%；而膜分离制氧技术制取的氧气纯度较低，一般只有 40%左右(当膜材料为一般膜材料时)。

(4) 电解水制氧规模可以根据生产需要进行确定，可以通过增加电解池扩大规模，因此，其生产规模可大可小，具有机动性和灵活性；而膜分离制氧技术的生产规模不宜随意调整。

5. 与化学试剂法制氧技术相比的优缺点

与化学试剂法制氧技术相比，膜分离制氧技术的优点如下。

(1) 化学试剂法制氧所用的原料多为易燃易爆物品，存在安全隐患；而膜分离制氧基本不存在安全隐患。

(2) 化学试剂法制氧所用的原料大多需要使用特殊方法进行储存，否则可能会变质或产生安全隐患;而膜分离制氧基本不会考虑原料的储存和安全隐患问题。

(3) 化学试剂法制氧有时需要控制反应的速率，防止反应过于剧烈而发生爆炸；而膜分离制氧基本不用考虑这个问题。

与化学试剂法制氧技术相比，膜分离制氧技术的缺点如下。

(1) 化学试剂法制氧弥补了氧气不便储存、不便运输和不便补充的缺陷；而膜分离制取的氧气需要考虑氧气储存，运输和补充的问题。

　　(2) 高端膜分离设备使用最核心的膜分离材料及组件,基本上需从欧洲或美国进口,国内有厂家在研发生产膜分离富氧设备,但需进一步整合力量进行技术攻关。

　　(3) 化学试剂法产氧方法简单,使用方便;而膜分离制氧技术通常需要特定的装置和膜材料,使用不便。

　　(4) 化学试剂法制氧对于高空、水下、地下、有害气体污染的场所(防毒面具)、边远山区机械维修(氧焊)、医疗保健、病危人员急救及登山旅游等是一种简单有效的制氧方法;而膜分离制氧在这些情况下不太适用。

　　(5) 化学试剂法制氧在养殖种植业上还有着特殊的功效;而膜分离制氧则功效较低。

　　(6) 化学试剂法制氧可作为紧急氧源使用;而膜分离制氧一般不具备此功效。

4.5.2　膜分离制氧在西藏的应用前景

　　我国高原地区约占总国土面积的 26%,高原地区有着其独特的环境特点,首先是高海拔,随着海拔高度的增加,氧分压降低,造成高原缺氧,而处在缺氧环境中,人的脑组织首先受到损害,其感觉、记忆、思维等认知功能将会受到明显而持久的影响,人体的其他组织也会遭受不同程度的损害。所以说,氧气对于处在高原地区的人们来说是关乎生存和发展的,制造富氧环境是刻不容缓的。膜分离制氧技术具有操作方便、分离条件温和、能耗低、易于自动化等特点,被广泛应用。

　　西藏自治区是世界上隆起最晚、面积最大、海拔最高的高原,被称为"世界屋脊",被视为南极、北极之外的"地球第三极"。随着海拔增高、气压降低、空气密度减小,每立方米空气中的氧气含量逐渐减少,海拔 3000 米时氧气含量相当于海平面的 73%,海拔 4000 米时氧气含量为海平面的 62%~65.4%,海拔 5000 米时氧气含量为海平面的 59%,海拔 6000 米以上氧气含量则低于海平面的 52%。长期的缺氧环境给藏区居民的身心健康带来了巨大影响。开发低成本、高效率、长寿命、免维护的制供氧系统显得尤其重要。膜分离制氧技术可规模化应用,单价低,设备可以长期运行,维护成本低,非常适合西藏自治区集中供氧。而膜分离制氧技术也可以有多种应用场景。

　　在高原地区,人一旦长期处在密闭的空间,就容易产生头晕、耳鸣、眼花、四肢软弱无力等不良反应,为解决人们的氧气需求,富氧空调被广泛应用,其从根本出发改变空气中的含氧量,采用先进的富氧系统,通过空调中的膜分离富氧装置,从室外抽取含氧量仅有 21% 的空气,经过富氧膜处理后使含氧量达到 30% 以上,然后由特殊通道进入室内,提高室内的氧气浓度。富氧空调还有独立的换风系统,可以保持室内空气流通,有效地解决了密闭空间含氧量过低而造成的头晕、疲劳等不良反应。高原行车海拔起伏大，容易引起头晕、呼吸急促、困倦等高原反应，易造成行车事故。车载型膜分离制氧机具有易携带、使用方便、性能稳定、抗缺氧效果显著等特点。其抽取室外含氧量较少的空气，通过特殊的富氧膜处理使氧含量提高，由出气口供给司乘人员，使富氧浓度、富氧流量明显提高，司乘人员的血氧饱和度明显升高、心率降低，大大提高了司乘人员的健康水平，提高了高原行车的安全性。2006 年，进藏火车首次应用供氧系统，在车厢中设置膜分离制氧机，以弥散式的供氧方式，解决旅客的氧气需求，现如今，来到高原地区的火车车厢，大部分采用膜法制氧弥散供氧方式来为乘客营造富氧舒适的环境。

常用的膜利用物理原理分离制氧，所制得的氧气浓度不高，一般在 30%～50%，在相对氧气浓度要求较高的领域供氧时比较困难。近年来，新型膜材料取得了重大发展，其中有一种利用电化学原理分离制氧的新型膜材料，这类膜既能传导氧离子又能传导电子，在氧分压不均衡时会驱动氧离子运输，能够制得浓度接近 100%的氧气。所以，膜分离制氧所得氧气浓度的提升要依赖于高性能膜材料的发展，以下是对一些领域的展望。

(1) 独立应用于机载制氧。目前，受分离氧气浓度限制，我们并不能直接将膜分离制氧技术独立应用于机载制氧。但是基于膜材料的发展现状，一些很有应用前景的高性能膜材料，像促进输送膜、支撑熔岩膜、致密陶瓷膜已经达到了机载制氧系统的氧气要求浓度，虽由于各自的缺点不能立刻投入使用，但如果能解决这些问题，那么膜分离制氧技术独立应用于机载制氧就指日可待了。

(2) 与分子筛联合制氧。近年来，分子筛技术在国内外取得了重大进展，膜与分子筛联合制氧能进一步优化实验，提高所制得的氧气浓度。我们应想办法试验气体压力、流速、流量等因素是否对膜渗透氧以及其他气体有影响，以此来改善膜对目标气体的渗透率。同样，分子筛的选择也是应该考虑的问题，可以先用沸石分子筛吸附空气中的氮气，得到去除氮气的空气，再利用碳分子筛富集纯化上一步所得气体。这样就能大大提高所制得的氧气浓度。与分子筛联合的膜制氧系统在降低能耗、减小体积、提高氧气浓度方面都有很明显的优势。将两种方法结合能整合他们各自的优点。未来的膜和分子筛联合制氧将得到更好的发展以及更广泛的应用。

膜分离技术经过长达 50 年的发展，在很多领域都发挥着极其重要的作用。膜分离制氧技术起步较早，目前已经应用在制氧领域。一些高性能膜材料因其自身缺点并不能应用于工业来进行大规模制氧，并且所制得的氧气浓度不高，所以不能应用于大多数的制氧领域。但是，随着膜材料领域的高速发展以及更多联合制氧技术的发现与应用，膜分离制氧技术所得的氧气浓度得到了很大的提高，在不远的未来，膜分离制氧一定会取得更大的发展，在更多的分离制氧类型中发挥不可替代的作用。

参 考 文 献

[1] 刘应书, 张辉, 刘文海, 等. 缺氧环境制氧供氧技术[M]. 北京: 冶金工业出版社, 2010.

[2] 严希康. 膜分离技术及其在生物工程中的应用[J]. 中国医药工业杂志, 1995, (10): 472-478.

[3] Li N. Separating hydrocarbons with liquid membranes[P]. U.S. Patent:3410794, 1968.

[4] 程淑英, 龚莉莉. 膜分离技术应用现状与展望[J]. 化工技术经济, 1999, 2: 17-20.

[5] 吕爱会, 邓橙, 朱孟府, 等. 高原环境下制供氧技术研究进展[J]. 当代化工, 2018, 47(1): 105-108.

[6] 颜泽栋, 单帅, 申广浩, 等. 车载型膜分离制氧机高原实地应用效果评价[J]. 医疗卫生装备, 2016, 37(10): 13-15.

[7] 单帅, 罗二平, 颜泽栋, 等. 高原弥散富氧机的研制及高原实地应用效果评价[J]. 医疗卫生装备, 2016, 37(6): 12-15.

[8] 孟凡宁, 张新妙, 郦和生, 等. 聚酰亚胺基气体分离膜的研究进展[J]. 化工新型材料, 2020, 48(5): 7-11.

[9] Du N, Park H, Dal C M, et al. Advances in high permeability polymeric membrane materials for CO separations[J]. Energy & Environmental Science, 2012, 5(6): 7306-7322.

[10] Varganci C, Rosu D, Barbu-Mic C, et al. On the thermal stability of some aromatic-aliphatic polyimides[J]. Journal of Analytical and Applied Pyrolysis, 2015, 113: 390-401.

[11] Muntha S, Kausar A, Siddiq M. Progress in applications of polymer-based membranes in gas separation technology[J]. Polymer-Plastics Technology and Engineering, 2016, 55(12): 1282-1298.

[12] Yuan X, Wang Y, Deng G, et al. Mixed matrix membrane comprising polyimide with crystalline porous imide‐linked covalent organic framework for N_2/O_2 separation[J]. Polymers for Advanced Technologies, 2019, 30(2): 417-424.

[13] Salinas O, Ma X, Litwiller E, et al. High-performance carbon molecular sieve membranes for ethylene/ethane separation derived from an intrinsically microporous polyimide[J]. Journal of Membrane Science, 2016, 500:115-123.

[14] Sazali N, Salleh W, Ismail A, et al. Oxygen separation through P84 copolyimide/nanocrystalline cellulose carbon membrane: Impact of heating rates[J]. Chemical Engineering Communications, 2019, 4: 1-11.

[15] Widiastuti N, Gunawan T, Fansuri H, et al. P84/ZCC hollow fiber mixed matrix membrane with PDMS coating to enhance air separation performance[J]. Membranes, 2020, 10: 267.

[16] Tavasoli E, Sadeghi M, Riazi H, et al. Gas separation polysulfone membranes modified by cadmium-based nanoparticles[J]. Fibers and Polymers, 2018, 19(10): 2049-2055.

[17] Raveshiyan S, Karimi-Sabet J, Hosseini S. Influence of particle size on the performance of polysulfone magnetic membranes for O_2/N_2 separation[J]. Chemical Engineering & Technology, 2020, 43(12): 2437-2446.

[18] Arthanareeswaran G, Mohan D, Raajenthiren M. Preparation and performance of polysulfone-sulfonated poly(ether ether ketone)blend ultra filtration membranes Part I[J]. Applied Surface Science, 2007, 253: 8705-8712.

[19] Zhang Y, Shan L, Tu Z, et al. Preparation and charac-terization of novel Ce-doped

nonstoichiometric nanosilica/polysulfone composite membranes[J]. Separation & Purification Technology, 2008, 63(1): 207-212.

[20] Fang J, Chiu H, Wu J, et al. Preparation of polysulfone-based cation-exchange membranes and their application in protein separation with a plate-and-frame module[J]. Reactive & Functional Polymers, 2004, 59(2): 171-183.

[21] Chong K, Lai S, Lau W, et al. Preparation, characterization, and performance evaluation of polysulfone hollow fiber membrane with PEBAX or PDMS coating for oxygen enhancement process[J]. Polymers, 2018, 10: 126.

[22] Jusoh N, Keong L, Shariff A. Preparation and characterization of polysulfone membrane for gas separation[J]. Advanced Materials Research, 2014, 917: 307-316.

[23] Zahri K, Goh P, Wong K, et al. Graphene oxide/polysulfone hollow fiber mixed matrix membrane for gas separation[J]. RSC Advances, 2016, 6: 89130-89139.

[24] Madaeni S, Moradi P. Preparation and characterization of asymmetric polysulfone membrane for separation of oxygen and nitrogen gases[J]. Journal of Applied Polymerence, 2011, 121(4): 2157-2167.

[25] Roslan R, Lau W, Zulhairun A, et al. Improving CO_2/CH_4 and O_2/N_2 separation by using surface-modified polysulfone hollow fiber membranes[J]. Journal of Polymer Research, 2020, 27: 119.

[26] Nallathambi G, Baskar D, Selvam A. Preparation and characterization of triple layer membrane for water filtration[J]. Environmental Science and Pollution Research, 2020, 27: 29717-29724.

[27] Muhammad M, Yeong Y, Lau K, et al. Effect of spinning conditions on the fabrication of cellulose acetate hollow fiber membrane for CO_2 separation from N_2 and CH_4[J]. Separation and Purification Technology, 2019, 73: 1-11.

[28] Ahmad K, Anita B, Marijke J, et al. Novel hybrid ceramic/carbon membrane for oil removal[J]. Journal of Membrane Science, 2018, 559: 42-53.

[29] Larbot A, Alary J, Guizard C, et al. Hydrolysis of zirconium n-propoxide study by gas chromatography[J]. Journal of Non-Crystalline Solids, 1988, 104(2-3): 161-163.

[30] Hsieh H. Inorganic Membrane for Separation and Reaction[M]. Amsterdam: Elsevier, 1996.

[31] 孟锋, 同帜, 孙小娟, 等. 高岭土对黄土基陶瓷膜支撑体的性能影响[J]. 中国陶瓷, 2019, 55(9): 17-22.

[32] Ahmad A, Sani N, Zein S. Synthesis of a TiO_2 ceramic membrane containing $SrCo_{0.8}Fe_{0.2}O_3$ by the sol-gel method with a wet impregnation process for O_2 and N_2 permeation[J]. Ceramics International, 2011, 37: 2981-2989.

[33] Long J, Yaghi O. The pervasive chemistry of metal-organic frameworks[J]. Chemical Society Reviews, 2009, 38: 1213-1214.

[34] Haldoupis E, Nair S, Sholl D. Efficient calculation of diffusion limitations in metal organic framework materials: A tool for identifying materials for kinetic separations[J]. Journal of the American Chemical Society, 2010, 132(21): 7528-7539.

[35] Li J, Kuppler R, Zhou H. Selective gas adsorption and separation in metal-organic frameworks[J]. Chemical Society Reviews, 2009, 38: 1477-1504.

[36] Rowsell J, Yaghi O. Strategies for hydrogen storage in metal-organic frameworks[J]. Angewandte Chemie International Edition, 2005, 44: 4670-4679.

[37] Lee J, Farha O, Roberts J, et al. Metal-organic framework materials as catalysts[J]. Chemical Social Reviews, 2009, 38: 1450-1459.

[38] Zacher D, Shekhah O, Woll C, et al. Thin films of metal-organic frameworks[J]. Chemical Society Reviews, 2009, 38: 1418-1429.

[39] Rangnekar N, Mittal N, Elyassi B, et al. Zeolite membranes: A review and comparison with MOFs[J]. Chemical Society Reviews, 2015, 44: 7128-7154.

[40] Qiu S, Ming X, Zhu G. Metal-organic framework membranes: Fromsynthesis to separation application[J]. Chemical Society Reviews, 2014, 43: 6116-6140.

[41] Bloch E, Murray L, Queen W, et al. Selective binding of O_2 over N_2 in a redox-active metal-organic framework with open iron(II) coordination sites[J]. Journal of the American Society, 2011, 133: 14814-14822.

[42] Nikpour N, Khoshnevisan B. Enhanced selectivity of O_2/N_2 gases in co-casted mixed matrix membranes filled with $BaFe_{12}O_{19}$ nanoparticles[J]. Separation and Purification Technology, 2020, 242: 116815.

第5章 其他制氧技术

5.1 电解水制氧基本原理及制氧工艺流程

5.1.1 电解水制氧基本原理

1. 电解纯水

电解水制氧指的是在电解质溶液中插入正负电极，电极之间加直流电后，即在每根电极周围产生化学反应。在阳极 OH⁻离子发生氧化反应而产生氧气，而阴极的 H⁺离子发生还原反应产生氢气，电能转化为化学能，相应的化学方程式如下。

阴极：

$$2H^+ + 2e^- \rightarrow H_2 \qquad (5-1)$$

阳极：

$$4OH^- - 4e^- \rightarrow 2H_2O + O_2 \qquad (5-2)$$

总反应：

$$H_2O \xrightarrow{\triangle} H_2 + O_2 \qquad (5-3)$$

在电解水的过程中必须使用直流电，这样才能沿一定方向形成稳定电流。而交流电则会使水中的带电离子方向改变很快，不能形成稳定电流，达不到电解水的目的。

电解水制氧的优点是产生氧气的纯度相对较高，可以达到 99.9%，生产规模大小可以根据生产需要进行确定，生产过程仅耗用电能，不造成污染，主要应用在以下场合。

(1) 在需要高纯氧气的场合适用。如医药工业、医疗行业、食品工业等。

(2) 潜艇中的供氧。随着各国常规潜艇水下连续潜航时间的不断延长，新型潜艇的水下连续潜航时间甚至能达到几个月。在其他氧源供氧时间相对较短的情况下，电解水供氧是唯一能满足长时间潜航供氧的一种方法[1]。

(3) 空间站供氧。目前，国际空间站上工作的制氧系统为美国国家航空航天局研制的新型制氧机，每天最多可产生 9kg 纯氧，供 6 人使用，且可与燃料电池组合使用。

(4) 火焰焊接或切割。电解水制取的氧气和氢气，其燃烧时产生的高温火焰可用于焊接或切割，在工矿、机修、空调制冷、贵重金属冶炼等方面有广阔的应用前景。

(5) 电力充足的场合。电解水制氧最大的缺点是耗能太大，电解槽部分的直流电耗电量占了总电量的 90% 以上。家用电解水装置每产生 $1m^3$ 的氧气耗电量一般为 $13kW \cdot h$(标态)，其耗电量大的特点让消费者无法负担，因此，只有在电力充足(如风力、水电、太阳能等)的场合使用才有优势，例如，埃及在阿斯旺水库附近利用廉价的水力电能，建成了产气量达 $33000m^3/h$ 的电解厂。

同时，电解水制氧的同时也产生可燃气体氢气，氧气和氢气在温度较高时极易发生燃爆，虽然一些厂家采用专利技术进行脱氢，但是在长期使用过程中，由于设备老化或故障等因素，仍不能排除安全隐患。

2. 电解酸性或碱性溶液

目前，市场上流行一种电子双极式制氧机，其工作原理是把空气电极作为阴极，电极的透气膜把空气中的氧气传递到催化膜表面，经电化学反应，使氧气电离为负氧离子，负氧离子由于正极的引力而富集，负氧离子抵达正极后释放出电子还原为氧气，由于生成 OH^- 的反应已被催化膜的材料特性有效地抑制，氧气的合成能够被空气电极很好地完成，从而完美地实现了双极制氧。这种电解制氧方法为：将直流电源接入电解槽上，使原本位于电解槽组空气间隔层中的氧气，透过溶氧阴极进入电解液中，在电场作用下在阴极板内表面发生溶氧反应，反应式为

$$O_2 + 2H_2O + 4e^- = 4OH^- \tag{5-4}$$

继而又在阳极板上产生逆反应后释放出氧气，反应式为

$$4OH^- - 4e^- = O_2 + 2H_2O \tag{5-5}$$

在此过程中，空气中的氧气被溶氧阴极板有选择地吸收，在直流电场的作用下发生溶氧反应，电解槽中的电解液为碱性物质的水溶液(电解液为 K_2CO_3、KOH 或 $NaOH$ 的水溶液，或是它们的任意两种的混合水溶液，其中 K_2CO_3 的含量为 50%～80%；KOH 的含量为 20%～30%；$NaOH$ 的含量为 20%～32%)，并在阴极板和阳极板之间起到了溶氧桥梁的作用。在整个制氧过程中，电解液为反应提供了所需的氢氧根离子，其优点在于：碱性物质的水溶液低温下不易结晶。

电子式双极制氧与电解水相比，其优点为耗能较小。缺点为：其强酸或强碱环境与铅蓄电池无异，安全性差，需专业人员维护，制氧机寿命短，产氧量小，产生的氧气中含有酸性或碱性气体，对环境污染严重。

3. 聚合物电解质电解水

真正采用电解水原理制氧的是固体聚合物电解质(solid polymer electrolyte, SPE)电解水制氧技术。

SPE 电解水制氧技术是美国通用电气公司于 20 世纪 50 年代后期以空间应用为目的发展起来的制氧制氢新技术。60 年代初,技术人员首次将该技术应用于宇宙飞船的燃料电池上,取得了较大成功,70 年代初,电解水制氧方面开始应用该技术,即利用其向宇宙飞船或核潜艇提供氧气,或在实验室中用作氢气发生装置。目前,具有活化面积达 0.093m² 的 SPE 电解槽已研制成功。

参照美国的电解水制氧技术经验,英国、法国、瑞士、日本等国也相继开发出了自己的电解水制氧制氢装置。其中,英国采用了低压方案,使其操作更为简单,具有启动方便、无需压差操作和建造材料选用广泛等优点。1983 年,产氧能力达 28m³/h(标态)的样机研制成功,并经受了 5000h 的寿命实验。1987 年,这种低压电解水供氧装置系统已首次供给潜艇使用。日本政府启动了"WE-NET"计划,用于发展此项供氧技术,由富士电子协作研究与发展有限公司开发出了用于高性能电解水制氧装置的技术,其基础技术从 1994 年开始发展。1996 年,该公司研制了一台电极面积为 0.05m² 的实验 SPE 电解槽[电流密度为 1A/(cm² · h),小室电压为 1.53V]。目前,随着美国杜邦公司 Nafion 膜的改良以及美国陶氏化学公司 DOW 膜的成功研制,电解水制氧技术在军事、太空和工业应用等领域已经有了较大的发展。

4. SPE 电解水制氧原理

SPE 制氧是用固体聚合物电解质,即质子交换膜电解质替代原有的碱水电解中的液体电解质,将电催化剂颗粒直接附于膜上,形成膜-电极组件,水在阳极放电产生氧气及氢离子,如图 5-1 所示。由于溶液不存在电压降,而质子膜的选择性分离作用,该 SPE 制氧装置可将反应与分离融为一体,具有很高的能量效率。SPE 装置的核心是电解槽,由膜-电极组件、集电器、框架和密封垫等组成。其中,膜-电极组件和集电器构成了电解槽的核心部分,决定着电解槽的使用性能[2]。

膜-电极组件就是在膜两侧放上活性电极(催化物质),使膜与电极成为一个整体,即为膜-电极组件,电解水化学反应在该膜-电极组件上进行,它具有隔离和电极的双重作用,既能对产生的氧气与氢气进行隔离,又能发挥电解质的作用-导通质子,绝缘电子。

图 5-1 画出了 SPE 电解水装置的工作原理。去离子水被提供到膜-电极组件上,在阳极上发生反应析出 O_2、H^+和电子。在电场作用下,在阳极反应析出的 H^+穿过膜后到达阴极界面,在阴极,H^+和电子重新结合形成 H_2。

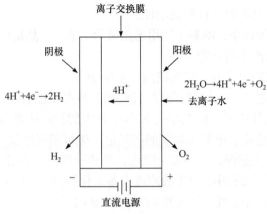

图 5-1　SPE 电解水制氧原理

SPE 膜-电极组件中的膜是一种非透气性膜-质子交换膜。它既是隔离物，又是电解质。其特征如下。

(1) 有较高的质子导通性，能够使氢离子通过。

(2) 能承受较大的压差，可以承受膜两侧近 6×10^5Pa 的压差，从而简化了压差控制，启动和停机迅速。且膜的良好的黏弹性，使其能够与催化剂较好地结合。

(3) 有较高的水合能力，能够避免局部干涸缺水。

(4) 膜材料的相对分子质量较大，材料的相互聚合交联程度高，可减弱高聚物在电解条件下的降解，有长的使用寿命。

(5) 气体(尤其是 H_2 和 O_2)在膜中的渗透性较小。

目前，能供 SPE 电解水制氧技术使用的膜主要有美国杜邦公司生产的 Nafion 膜、美国陶氏化学公司的 DOW 膜以及 Achai 化学公司、CEC 公司、日本氯气工程公司、加拿大 Ballard Adraned 材料公司等企业生产的膜产品，其中大部分为全氟磺酸膜。全氟磺酸膜从微观上可分为两部分：一部分是含有大量的磺酸基团($-SO_3H$)的离子基团群，另一部分是与聚四氟乙烯类似的憎水骨架，具有较好的化学稳定性和热稳定性。氢离子的导通是因为磺酸基团可传递水合氢离子($H^+ \cdot xH_2O$)，磺酸基在保持不变的情况下把这些水合氢离子传递到下一个磺酸基。水合氢离子穿过膜片，但膜片不产生游离的酸性或碱性液体，膜片是唯一的电解质，电解槽中的唯一液体是去离子水，所以称为固体聚合物电解质。

5. 电解水制氧的特点

电解水制氧的优点主要有三点。

(1) 制取的氧气纯度可以达到 99.9%，比其他制氧技术纯度高。

(2) 生产规模可大可小，规模可以根据需要进行确定，可以通过增加电解池扩大规模，因此，具有机动性和灵活性。

(3) 生产过程无污染，电解水耗用的能源为电能，产品是氧气和氢气，因此，在生产过程中不会产生污染物。

同时，电解水制氧也有一定的缺点，主要如下。

(1) 电能消耗过大，电解槽部分的直流电消耗占了总电能的 90%以上，家用电解水制 $1m^3$ 氧气耗能一般 $13kW \cdot h$，其能耗大的特点让普通消费者无法接受。

(2) 存在燃爆危险，电解水制氧的同时也产生可燃气体氢气，氧气和氢气在温度较高时极易发生燃爆，存在安全隐患，虽然一些厂家采用了专利技术进行脱氢，但是在长期使用过程中，由于故障或设备老化等因素，仍不能排除安全隐患。

(3) 为增强水的导电性，所加的 KOH 或 NaOH 为强碱溶液，具有腐蚀性，并且从电解槽逸出的氧气和氢气带有碱液，需经过多次洗涤和过滤才能使用，净化程序烦琐。

(4) 相比于其他制氧方法，电解水制氧效率相对较低、设备体积大、控制复杂。

5.1.2　SPE 电解水制氧工艺流程

SPE 电解水制氧工艺流程如图 5-2 所示，在电解槽中加入二次蒸馏水(此举措是为了防止 SPE 膜中催化剂中毒)，首先用循环泵将蒸馏水送入水预热器，预热后进入阳极室，在阳极上放电产生 H^+ 和 $O_2(H_2O-2e^- = 1/2O_2 + 2H^+)$。$O_2$ 混同一部分水经电解槽上部出口溢流进入气液分离器，分离后的气体，所带的水蒸气经冷

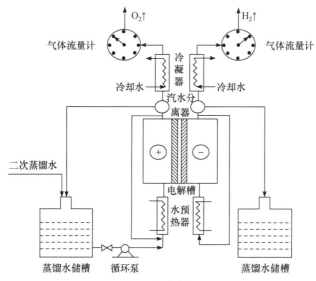

图 5-2　SPE 电解水制氧工艺流程

凝器冷却分离后，通过气体流量计，然后进行收集利用。阳极上产生的 H⁺夹带着3.5～4 个水分子，通过阳离子交换膜在阴极上放电产生氢气。产生的氢气同阴极室的水一起从阴极室上部出口溢流进入气液分离器，分离后的气体经冷凝器冷却分离所带的水蒸气后进入氢气流量计计量。分离出来的水经过排放或处理，形成无杂质离子后供循环使用。另外，在阴、阳极室均设有一个循环管路，其目的是通过恒温装置控制电解槽温度维持在 80℃左右，也便于气泡迅速排除。

5.2　光解水制氧基本原理及制氧工艺流程

5.2.1　光解水制氧基本原理

　　目前，光解水制氧成为制氧技术当中比较常用的方式，该方式有一定的可取性和优异性，所以这种制氧方式已被实验室广泛采用。其原因主要有三点。首先是制氧效率上，光解水制氧是直接使用光源对水分子进行分解，从而使其变成氧原子和氢原子，最后再通过转换输出设备，形成液态氧。这个过程虽然复杂，但是从实际的分解到最后氧的形态成型，过程都非常快，实验效率大为提高。其次是质量问题。从制氧的质量上来说，所有制备的氧气都是纯氧，但是残留不尽相同。光解水制氧可以将每一个氧原子转化为液态氧，不会出现过多的浪费问题。最后是环保方面，光解水利用太阳能和电能的共同作用产生氧气，能够实现太阳能到氧气的绿色转化，是实现高效分解水的可靠策略，光解水在给人类带来洁净高效的氧气的同时，还可以解决过度使用化石燃料所带来的环境问题。

　　图 5-3 是半导体光电化学(photoelectrochemistry，PEC)分解水的机理图。

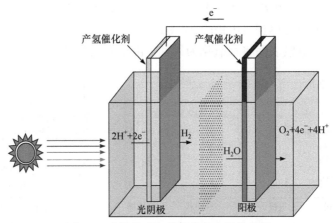

图 5-3　半导体光电化学分解水的机理图

反应式如下。

光激发：

$$hv \rightarrow e^- + h^+ \tag{5-6}$$

光阴极：

$$2H^+ + 2e^- \rightarrow H_2(g) \tag{5-7}$$

光阳极：

$$h^+ + H_2O(l) \rightarrow 1/2O_2(g) + 2H^+ \tag{5-8}$$

总反应：

$$H_2O(l) \rightarrow H_2(g) + 1/2O_2(g) \tag{5-9}$$

首先由光子能量大于或等于半导体带隙能量的太阳光照射光电极，光激发的半导体内产生光生电子和空穴(统称为光生载流子)，这些光生电荷会在内建电场驱动下进行分离和迁移，电子移动向光阴极表面，空穴移动向光阳极表面。最终，驻留在光阴极的光生电子发生还原水反应(氢气从水分子中分离出来)，而驻留在光阳极的空穴发生氧化水反应，析出氧气，每步的反应方程式如上所示。在该体系中，只有当电解液中的 p 型半导体光阴极的导带底比 H^+/H_2 电势有更大的负值，n 型半导体光阳极的价带顶比 O_2/H_2O 电势有更大的正值时，该体系才能实现无外加电压下太阳能分解水。氧化还原位点的物理分离使得半导体光电化学分解水光电解池比半导体粉末光催化分解水更高效、实用和安全，所以半导体光电化学分解水制氧技术一直是光催化领域的焦点。

如图 5-4 所示，目前 PEC 光电解池分解水主要有以下三种形式：图 5-4(a)是基于 n 型半导体光阳极，通过组装三电极体系实现全分解水的形式。当光阳极吸收比半导体带隙能量更高的光子能量时，将产生光生电子和空穴，导体上的光生电子通过外部电路转移到对电极(铂片或碳棒)表面将水还原为氢气，同时价带上空穴转移到工作电极表面将水氧化为氧气。由于光电化学反应的过电位的存在，

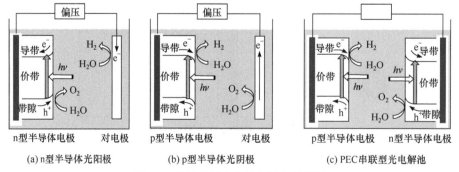

(a) n 型半导体光阳极　　　　(b) p 型半导体光阴极　　　　(c) PEC 串联型光电解池

图 5-4　半导体光电化学分解水示意图

即使 n 型半导体具有分解水的合适的能带位置，仍需要外接电源提供的偏压或电极之间的溶液 pH 值差(化学偏压)来促进电荷的有效分离。

如图 5-4(b)所示，基于 p 型半导体光阴极组装三电极体系时，两端电极的反应正好相反，在工作电极表面 e$^-$还原水释放氢气，而对电极上 H$^+$氧化水释放氧气。

p 型半导体需要具有比 H$^+$还原电势负值更大的导带才能作为光阴极，而只有在两电极之间继续施加一定的偏压，才能进一步分离载流子。图 5-4(a)、(b)的体系为了使电子与空穴有效分离参与反应都需要外部偏压，这必将产生能量消耗，并且不能真实地反映太阳能到氢能的转化过程。从节能角度讲，外加电压是不经济实惠的。使用 p 型光阴极很难在析氧平衡电位下获得负电流，因为目前可用的大多数 p 型半导体的价带顶比该电位具有更大的负值，它们不能在单一步骤全解水，此时对电极的电位不足以进行析氧反应。如果想达到只利用太阳能来分解水的目的，需要将 p 型半导体与匹配的 n 型光阳极组合起来。如果光阴极和光阳极的光电流达到了一定的平衡，那么两电极系统就可以在无偏压下实现水的分解。因此需通过导线将 p 型半导体光阴极和 n 型半导体光阳极串联成一个无辅助的光电化学光电解池，如图 5-4(c)所示。该体系有以下优点：可同时光照激发光阴极和光阳极自发进行析氢反应和析氧反应，使对能带电势的基本要求达到最小值；每个半导体仅需要提供半反应，所以两个半导体都可以选择较小的带隙，以此提高可见光的吸收能力；最吸引人之处在于，光电压仅由在半导体或电解液界面处光激发的光阴极和光阳极提供，无需额外电能就可实现全解水。

如图 5-5 所示，现阶段无辅助光电化学分解水的器件共有三种结构，第一种为上面提到的两光电极组成 PEC 串联光电解池，第二种为光伏(photovaltaic, PV)电池与光电极直接串联结构，第三种为光伏电池作为电源与电解槽直接串联结构形式。如图 5-5(b)中 PEC/PV 串联电池所示，当太阳能穿过前面 PEC 电极到达后面的 PV 板时，PEC 电极光激发输送的载流子与来自 PV 的载流子重新复合，剩余的载流子促进分解水的半反应，而 PV 板中剩余的电荷会转移到对电极表面进行分解水的另一半反应。在此器件中，PV 板提供的光电压被视作无辅助分解水的外部偏压。如图 5-5(c)中 PV/电解槽串联电池所示，PV 作为唯一的吸光设备来输送电荷载流子，然后将其转移到电解槽中。PV 设备提供直流电流，促进阴极处的还原反应和阳极处的氧化反应。若想实现无辅助分解水，需要 PV 电池提供大约 1.8V 的等效电压。目前，决定 PV/电解槽器件性能的关键因素是 PV 的开路电压以及 HER 和 OER 催化剂的过电位。虽然后两种串联构型实现无辅助太阳能分解水，具有一定可行性，但是光伏电池的制备比较烦琐，成本比较高，从多方面分析，该项技术现阶段难以规模化应用。

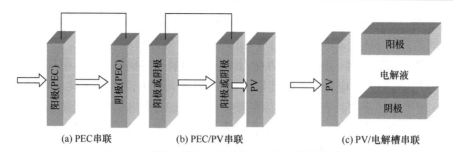

(a) PEC串联　　　　　(b) PEC/PV串联　　　　　(c) PV/电解槽串联

图 5-5　无外加偏压太阳能分解水的三种器件结构

5.2.2　光电极的制备

可作为光电极的半导体种类有很多，本部分将讨论三氧化钨作为光解水催化材料的制备及性能方面的有关问题。

采用固相烧结法制备掺杂 Ce 的 WO_3，按照质量分数为 0%、0.05%、0.1%、0.2%、0.3%、0.5%、1.0%、2.4%的比例，将一定量的 $Ce(NO_3)_3 \cdot 6H_2O$ 有机溶剂水溶液与 1.0gWO_3 混合，放入玛瑙研钵中研磨 30min 后在 200W 红外灯下缓慢烘干获得前驱体。然后将前驱体在 500～650℃范围内焙烧 4h，可获得不同 Ce 掺杂量的 WO_3 超细粉体光催化剂。

利用 XRD、XPS、DRS 和 PL 光谱对样品进行表征，通过与未掺杂 Ce 的 WO_3 样品的对比，考察焙烧温度和 Ce 掺杂含量对 WO_3 粒子性质以及光催化分解水析氧活性的影响。并探讨催化剂样品的 PL 光谱与其光催化分解水析氧活性的关系。实验表明，可见光辐射下掺杂 Ce 的 WO_3 光解水产氧速率高达 154μmol/(L·h)，在掺杂 Ce 的 WO_3 粒子体系中，可以利用 PL 光谱初步快速地评估样品的光催化活性，即 PL 光谱越强，其光催化活性越高，见图 5-6 与图 5-7。

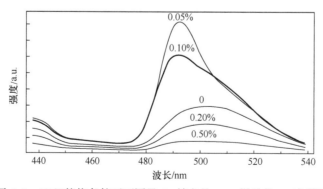

图 5-6　600℃焙烧条件下不同量 Ce 掺杂的 WO_3 样品的 PL 光谱图

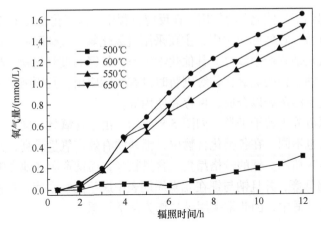

图 5-7　不同焙烧温度下 0.1%Ce/WO₃ 样品光催化分解水制氧活性

5.3　化学试剂法制氧基本原理及工艺流程

5.3.1　化学试剂法制氧基本原理

1. 化学氧源制氧

化学氧源制氧(或称化学制氧法)是经化学反应，使富氧化物分解供人们应用的一种氧气来源，所使用的富氧化合物称为化学氧源。化学氧源适合于在远离制氧工厂，没有充电电源，又不方便使用储氧高压氧瓶的环境和条件下。

使用化学氧源制氧，弥补了氧气不便储存、不便运输和不便补充的缺陷。该产氧方法操作简单，使用方便。对于高空、水下、地下工程、有害气体污染的场所(防毒面具)、边远山区机械维修(氧焊)、医疗保健、病危人员急救及登山旅游者等是一种简单有效的用氧方法，在养殖种植业上还有着特殊的功效。

2. 常用的化学氧源的分类

化学氧源根据产生氧气的方法不同可以分为两大类。一类是简单化合物，主要包括高锰酸钾、氧化汞、氯酸盐和高氯酸盐等，以加热发生分解反应产生氧气，在反应过程中，氧直接从-2价变为 0 价，是一种简单的氧化还原反应。另一类是与碱金属(Na、K 等)或碱土金属(Ca、Sr 等)对应的过氧化物、超氧化物和臭氧化物。这类富氧化合物一般是通过与水或二氧化碳发生反应产生氧气的，另外也可以通过加热产生氧气。但是，在这类化学反应中，水中的氢氧元素或二氧化碳中的碳氧元素价态都没有发生变化，只是与富氧化合物分解产生的副产物化合生成氢氧化物或碳酸盐，这种化合反应加速了富氧化合物的分解。因此，水或二氧化碳在反应中起到了"催化"的作用。在反应过程中,富氧化合物中的氧从−1价或−1/2价变为0价。在实际应用中,主要采用过氧化氢、过碳酸钠、过氧化钙、超氧化锂和超氧化钠来产生氧气。其他化学氧源,如锂的过氧化物、超氧化物,钙的超氧化物,钠、钾的臭氧化物等则暂时没有实际应用,其原因是该类氧源价格昂贵或性质过于活泼难以合成、保存和使用等。

　　化学氧源可分为若干子类,如图5-8所示。由于含氧量不同,化学氧源反应产生的氧气量也不同。在各类化合物中,锂盐的有效产氧量最高,其次为钠盐和钾盐,如表5-1所示。锂的价格昂贵,含量较少,而钠资源在地壳的存量较丰富(2.74%),价格低廉,并且钠与锂在元素周期表中属于同一主族,有着相似的理化性质,且产氧量适中,因此常采用钠盐作为化学氧源。

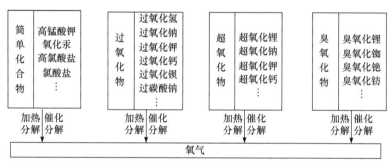

图 5-8　常用化学氧源分类示意图

　　对于同种阳离子的化合物,其产氧能力为:臭氧化物>超氧化物>过氧化物,高氯酸盐>氯酸盐。

表 5-1　主要产氧化合物

化合物	密度/(g/m³)	有效氧质量分数/%	化合物	密度/(g/m³)	有效氧质量分数/%
LiO$_3$	—	72.8	LiO$_2$	—	61.6
LiClO$_4$	2.43	60.1	CaO$_4$	—	46.0
LiClO$_3$	—	58.0	NaO$_2$	—	43.6
NaClO$_4$	2.53	52.0	KO$_2$	2.14	34.0
98%H$_2$O$_2$	1.43	46.1	CaO$_2$	2.92	22.2
KClO$_4$	2.52	46.0	Na$_2$O$_2$	2.80	21.0
NaClO$_3$	2.49	45.1	K$_2$O$_2$	2.40	15.0
KClO$_3$	2.32	39.2	液O$_2$	1.41	100.0

3. 过氧化物与超氧化物的制氧原理

氧是一种非常活泼的元素,很容易与几乎所有其他元素形成化合物(主要为氧化物)，并且，除了卤素，少数几种贵金属及惰性气体外，氧元素同所有元素都能在室温或加热的条件下直接化合。氧同其他元素形成化合物的时候，一般以原子氧(— O —)为基础，属于一般的无机化合物；如果以分子氧(— O — O —)为基础与其他元素形成化合物，称为无机过氧化合物；如果以超氧键(— O═O —)与其他元素形成化合物，称为无机超氧化合物。无机过氧化合物都有一个共同点——在遇热、遇水或遇其他化学试剂的时候，很容易反应放出氧，常见的过氧化物包括碱金属和碱土金属的过氧化物、过氧化钠和过碳酸氢。以过氧化钠和超氧化钠为例，其与水和二氧化碳的反应式如下：

$$2Na_2O_2 + 2H_2O \rightarrow 4NaOH + O_2\uparrow \tag{5-10}$$

$$2Na_2O_2 + 2CO_2 \rightarrow 2Na_2CO_3 + O_2\uparrow \tag{5-11}$$

$$4NaO_2 + 2H_2O \rightarrow 4NaOH + 3O_2\uparrow \tag{5-12}$$

$$4NaO_2 + 2CO_2 \rightarrow 2Na_2CO_3 + 3O_2\uparrow \tag{5-13}$$

过氧化物药剂吸收含水蒸气的二氧化碳后，易潮解、有腐蚀性。在空气湿度较大的环境下，反应效率显著降低，因此对高温高湿的海洋环境，过氧化物利用率较低。除此之外，过氧化物具有强氧化性，可以用来漂白纺织类物品、麦秆、羽毛等。过氧化物颗粒挥发到大气中，不仅对设备具有腐蚀性，对人体呼吸系统产生损伤，而且会给封闭舱室大气环境控制带来不利影响，故应密封保存。

过碳酸钠的产氧原理：过碳酸钠俗称固体双氧水，是过氧化氢与碳酸钠的合成化合物，分解后产生氧气、水和碳酸钠，其有效活性氧含量相当于 27.5% 的双氧水。二氧化锰在反应中起催化剂的作用，并不参与反应，在过碳酸钠制氧过程中，碳酸钠也不参与反应。因此，过碳酸钠产氧过程实际上就是过氧化氢的分解过程，其反应式如下：

$$2Na_2CO_3 \cdot 3H_2O_2 \rightarrow 2Na_2CO_3 + 3H_2O + 3/2O_2\uparrow \tag{5-14}$$

下面对其他过氧化物进行简单介绍。

1) 过氧化锂

过氧化锂(Li_2O_2) 是产氧量较高的一种过氧化物，极易溶解于水，生成相应的碱和过氧化氢(双氧水)，并发生热，过氧化氢遇热即释放出氧气。过氧化锂有产氧和除氯的作用，故可以用于净化密闭空间中人员代谢产生的气体，适用于潜水艇的水下工作和矿井救援等场合。过氧化锂遇水即生成双氧水，有强腐蚀性，在有水蒸气存在时，遇金属粉末可引起爆炸。过氧化锂本身不会燃烧，但与木料、纸张、油脂等有机物质在一起存放时极易点着起火。过氧化锂应储存于密封容器中，以免吸收空气中的水蒸气和二氧化碳，发生变质或爆炸。

2) 过氧化钙

过氧化钙(CaO_2)不溶于水，加热至 145℃时开始分解，超过 300℃时释放出大量氧气，一般采用添加酸类物质的办法把它用作紧急氧源。

3) 过氧化钠

过氧化钠(Na_2O_2)遇潮湿空气和二氧化碳即反应放出氧气。1906 年起，过氧化钠就用于隔绝式呼吸器内的空气再生剂。过氧化钠也可与氯酸盐或高氯酸盐混合，制成"氧烛"，作为紧急氧源使用。

4) 过氧化钡

过氧化钡(BaO_2)难溶于水，在加热超过 500℃时才能明显放出氧气。过氧化钡对人体呼吸有害，在空气中的允许浓度为 $0.5mg/m^3$。

5) 过氧化尿素

过氧化尿素[$CO(NH_2) \cdot 2H_2O$]也可在加热至 80℃时释出氧气。

6) 超氧化钾

超氧化钾(KO_2)是超氧化物中产氧量较高的产氧剂，1952 年，瑞士探险队攀登珠穆朗玛峰时使用的一种 2.25 千克重的隔绝式呼吸器，供氧时间为 45min，其内部盛装的就是超氧化钾产氧剂。

4. 家庭用化学制氧试剂

家庭用制氧机从原理上可以分为：家用制氧机、电子制氧机、化学药剂制氧机、富氧膜制氧机、分子权筛制氧机。其中，化学药剂制氧机中化学制氧试剂主要是过碳酸钠和 MnO_2，或者是过碳酸钠和芒硝($Na_2SO_4 \cdot 10H_2O$)。过碳酸钠与水反应产生氧气，随着反应的进行，反应液温度将逐渐升高，产氧速度骤增，反应很快完成，而且产氧气流始末小，中间大，极不平稳。MnO_2 作为一种催化剂，主要起到稳定化学反应速度的作用。为了使化学反应平稳进行，向 MnO_2 中加入聚乙烯醇或阿拉伯胶，制成不同形状和不同粒径的颗粒，或者将催化剂放于多孔容器中，使之逐步逸出。有一种复合催化剂，其作用随反应时间延长而逐渐减弱，使温升对反应速度的影响得到部分抵消。将过碳酸钠与过硼酸钠按一定比例混合配成产氧剂，过碳酸钠反应温度较低，前期起主要作用，反应产生的热促使过硼酸钠在后期继续反应。产氧后期温度较高，经过设置在水中的盘旋管路进行降温。

产氧剂主要成分除富氧化物之外，还含有一定量黏结剂和催化剂。黏结剂赋予产氧剂药粒一定的强度和透气性，使药粒经得起一定的挤压，在与湿气反应放氧过程中不至于黏结而阻碍氧气的进一步释放。为了加速过碳酸钠在水中的分解反应，可加入二氧化锰或铜、铁等金属盐类催化剂，但如果直接加入反应过快，需对催化剂做处理，使催化剂活性降低，反应速度减缓，一般是将聚乙烯醇水溶液按不同比例与二氧化锰混合，制成块状或圆柱状，在 130℃下烘干后使用。由于聚乙烯醇水溶液浓度不同，二氧化锰在溶液中固结成块状物时的分散程度也不同，从而使催化剂产生不同的抑制作用，达到控制反应速度的目的，使过碳酸钠的分解能够均衡进行。

产氧剂配方中富氧化物通常含量在 90%以上，黏结剂和催化剂分别为 5%和 1%左右。例如，专利 DE3320884 提出的配方是：过氧化钠 10%～20%、氢氧化铝 15%～25%、二氧化锰 5%～7%、铝粉 2.5%～3.5%，其余部分为超氧化钾。另一文献提到的配方为：二氧化钾 94%，石棉纤维 5%，氧氯化铜 1%，有效氧为 31.35%。

目前，国内外一些厂家将家庭产氧器设计为袋式，其结构分为内、外两袋，内袋为反应袋，外袋为湿化袋。产生的氧气经过滤垫过滤，进入外袋盛放的水中，通过洗涤并湿化后即可使用。外袋的水既可洗涤和湿化氧气，又可降低反应袋的温度，使反应趋于平稳。也可加入其他组分压成两种片剂，一种含催化剂比例大，叫作启动片，另一种含催化剂比例小，叫作催化片。通过调整两种片剂的用量可控制产氧速率。

另一种产氧器由内容器和外容器两部分组成，内容器是内部反应室，产生氧气；外容器是外部湿化降温室，内容器和外容器之间用膜隔开，上面盛放催化剂水溶液，下面装有产氧剂与吸收热的水合盐(如硫酸盐、硫代硫酸盐、二磷酸盐等)混合物。使用时，利用启动部件将中间隔膜刺破，上层催化剂水溶液流入下层发生反应产生氧气，其中水合盐可使温度保持在 30～50℃，防止反应过于剧烈。

也有研究人员在产氧器湿化室内部安装降温盘管，产生的氧气经过降温盘管后温度有所下降；或将产氧器设计为带有一定压力的容器，待反应发生后，可人为调节所生成氧气的流量大小。

5. 氧烛制氧

氧烛是一种可用于在缺氧环境中自救使用的化学氧源。催化分解氯酸钠氧烛。它以氯酸盐(如氯酸钠)或过氯酸盐为主料，以金属粉末为燃料，添加少量的催化剂、抑氯剂和黏结剂，经混合后干(湿)压制或浇铸而成。使用时简单启动后，便能沿块体轴向等面积自动燃烧，这种燃烧方式与蜡烛很相似，故称为"氧烛"。氧烛放出的氧气可以直接用于焊接或切割，经简单过滤后，可供人呼吸。由于氧烛是在产氧容器中释放氧气，产生的氧气可以达到一定压力。

氧烛是一种容易存放且使用方便的固体氧源。这些氯酸盐或过氯酸盐有效氧含量都很高，大约是同体积压缩氧(12MPa)的 7 倍，部分氯酸盐或过氯酸盐体积氧含量接近或高于液态氧的含量，如−183℃液氧密度为 1.40g/cm³，而 LiClO₃ 的有效氧为 1.45g/cm³。氧烛比较稳定，不会产生泄漏现象，而且具有产氧快速、产氧量大、设备体积小、重量轻、储存期长等优点，可作为密闭空间(潜艇、航天飞机、地下坑道等)常备或应急人员的呼吸用氧源，也可作为医疗急救及边远山区工业生产焊接用氧源,还可作为高原地区小客车内的紧急供氧氧源。目前,在航空、航海、野战供氧及民用等领域已被广泛应用。在国外,氧烛的研究与应用一直受到军界和工业界的极大重视。俄罗斯"和平号"空间站使用以 $LiClO_4$ 为主要成分的氧烛作为备用氧源,西方国家潜艇普遍采用氧烛供氧。在常规潜艇中它是唯一的供氧装置,在核动力潜艇中一般会将它作为应急供氧设备。

通过氯酸盐或过氯酸盐的热分解制备氧气,已有几十年的历史。第二次世界大战以前,美国曾试图以此作为飞行员呼吸用的氧源,但生成的氧气不能完全达到医用纯度标准,未得到实际应用。第二次世界大战期间,为保障处于缺氧状态下军事人员的氧气供给,配备符合军用标准的安全氧源成为亟待解决的问题。20世纪 40 年代,美国海军制定了采用氯酸盐分解制氧来供给潜艇用氧的计划,经过近 20 年的研制,美国海军终于利用氯酸盐类固体产氧剂制成了氧烛,使其成为了紧急氧源和潜艇在海底运行时的产氧器材。目前,每艘核潜艇装备 200 枚氯酸盐氧烛,氧烛被密封包装在铁皮罐内,在燃烧装置的上部装有过滤材料,以消除有害物质。使用时,撕开罐盖,将氧烛放入不锈钢材质的双烛燃烧器内,点燃后,依靠其组分中燃料产生的热量维持氧烛分解,放氧时间约 45min,产氧量约为3300L。1967 年,研究重点转移到飞机的紧急供氧系统,之后,氧烛陆续用于消防、矿井抢险和火箭发射基地等场景。目前,美国的氧烛大部分是美国矿山安全设备公司生产的。

继美国之后,英国、法国、德国和日本等国也先后投入大量人力、物力进行氧烛的研制工作。早在 1942 年,英国为潜艇训练研制了氯酸盐氧烛。与美国生产的氧烛相似,英式氧烛也是分离式。目前,英国 Bardyke 化学股份有限公司生产的氯酸盐氧烛,外形呈烛状,采用烟火技术启动,进行有控制地燃烧放氧。每个氧气发生器上配备两个过滤器,第一个过滤器用以消除盐烟,另一个含碳过滤器用以消除残余氯气。每枚氧烛放氧时间约 70min,产氧量约为 2000L。

与美国、英国不同,法国生产的氧烛为组合式,早在 20 世纪 30 年代就采用氯酸钾、炭、硅藻土、氧化铁等混合物的热分解产生氧气。50 年代,法国研制成功组合式方形氧烛,每支氧烛产氧量约为 2000L。近年来,氯酸盐氧烛发展迅速,法国 IDF 公司研制了直径为 120mm,长达 400mm 的圆柱形分离式氧烛,每支氧烛重约 10kg,产氧可达 2000L。IDF 公司同时设计了具有两个反应室,体积为 0.54m×0.52m×0.78m 的产氧器。该产氧器不但可以边产氧边供氧,也可将氧气在 9MPa压力下充入钢瓶使用。法国军队以及某些医院已经配备了这类产氧器。

奥地利 Daimber 公司的移动式固体氧装置,体积为 1.5m×0.635m×0.6m,重92kg,每支氧烛重 9.8kg,可产氧 2000L,已用于野战部队,也可供民用。

日本 Midori Angen 公司生产的手持式产氧器,直径 90mm,高 250mm,重900g,每次产氧 36L,可供氧 12min。

在我国,第一个氧烛配方专利于 1989 年诞生。专利将 Co_2O_3 或 Co_2O_3 与 MnO_2 的混合物作为催化剂,高岭土作为成形剂,Li_2O_2 作为除氯剂。20 世纪 90 年代生产出的氧烛产品,填补了我国空气再生装置领域的空白。2000 年,中国船舶工业总公司、解放军理工大学也分别研制出用于船舶的氧烛制氧装置,实现了我国潜艇部队空气再生装置的更新换代。

早期的氧烛普遍采用氯酸钾为氧源,因它有易受潮、不易点燃等缺点,后来改用氯酸钠至今。此外,氧烛中还加有燃料、催化剂、氯气抑制剂和黏结剂等。

氧烛的熔块传导、环境传导、辐射、对流等热交换环节均会造成一定的热损耗,氧气也要带走一部分热量,因此,为了给氧烛的燃烧提供所需的热量,需要向反应装置中加入一定量的燃料。常用的燃料有金属或非金属单质粉末,如铁粉、铝粉、硼粉、镁粉、锰粉等。它们在高温下与生成的氧气反应,生成相应的氧化物,同时放出大量的热量,该热量使氯酸钠的分解反应能够持续进行。选用何种燃料的主要考虑因素为其燃烧热的大小和燃料的成本、释放的有害物质和盐烟含量等问题,表 5-2 给出了几种燃料的燃烧性能。

表 5-2　几种燃料的燃烧性能

名称	符号	密度/(g/cm³)	燃烧产物	燃烧热/(kJ/g)
铁	Fe	7.86	Fe_2O_3	4.73
铝	Al	2.70	Al_2O_3	30.98
硼	B	2.45	B_2O_3	59.08
镁	Mg	1.74	MgO	24.74
锰	Mn	7.20	MnO	6.99
锰	Mn	7.20	Mn_3O_4	8.42
锰	Mn	7.20	Mn_2O_3	8.50
锰	Mn	7.20	MnO_2	9.46
硅	Si	2.40	SiO_2	31.28
钛	Ti	4.50	TiO_2	19.72

从表 5-2 中可以看出,金属 B 的热值最高,其次是 Al,最低的是 Fe。热值高的在配方中所占比例应相对少些,热值低的所占比例应相对多些。例如,在无催化剂(或燃烧促进剂)的配方中,若以 Fe 为燃料,用量需在 10%以上;若以 Al、B、Mg 或 Si 为燃料,用量则可大大减少,有些甚至加入 1%就可以满足需求。氧烛配方中燃料量的多少直接影响氧烛的性能。燃料量太少,氧烛就不能持续燃烧,引燃后短时间就会熄灭。反之,燃料量太多,一方面会使氧烛燃烧速度快,温度

高，引起副反应，导致氧气被污染；另一方面消耗氧气，降低产氧量。为降低氧烛的燃烧温度，提高有效氧的产量，近年来人们正探索着少燃料或无燃料氧烛的配方。

氯酸盐的热分解反应一般都发生在其熔点以上，在其中加入一定量催化剂不仅会提高其反应速率，而且能大大降低氯酸盐的分解温度，使得氧烛配方中燃料的用量可以相应地减少，这样氧烛的燃烧温度会比较低，燃烧比较平稳，烟雾和氯气产生的可能性降低，有效氧的含量相应提高。例如，5% $CoCl_2 \cdot H_2O$ 能使氯酸钠的分解温度从 450～520℃降低到 230～320℃，分解温度的降低，催化剂的作用机理，可能是接收了来自氯酸钠分子的一个或多个氧原子，形成 $NaClO$ 或 $NaClO_2$ 的中间体，从而降低其分解温度。

常用的催化剂包括 Mn、Cu、Ni、Fe 的氧化物及相应的盐类，有利于产生氧气的催化剂是过渡金属氧化物。某些碱金属过氧化物同样对氯酸盐的分解具有催化作用，如过氧化锂、过氧化钠等，但这些物质具有较强的吸湿性，给氧烛的加工、装配、储存带来很大的不便。此外，也可在配方中加入钴的氧化物，如 CoO、Co_2O_3、Co_3O_4 及 Co_2O_3 与 MnO_2 的混合物等，同样可起到降低温度的效果，而且使燃烧充分。但有些催化剂(如氯化物)在氯酸盐的热分解反应中会形成氯气、氯氧化物等。因此，在使用氯化物时要考虑因催化剂本身高温分解析氯，造成氧气中氯气含量增高等问题。

氧烛的主要成分是氯酸盐，它的纯度一般可达 99.9%以上，但还含有少量杂质，主要是氯化物。氯化物因水解作用生成氯化氢，而氯化氢在氧烛燃烧时会生成氯气、氯氧化物及次氯酸等，对应的化学反应式为

$$MCl + H_2O \rightarrow HCl + MOH(M\text{-}碱金属) \tag{5-15}$$

$$NaClO_3 + 6HCl \xrightarrow{\triangle} NaCl + 3H_2O + 3Cl_2 \tag{5-16}$$

$$5NaClO_3 + 6HCl \xrightarrow{\triangle} 5NaCl + 3H_2O + 6ClO_2 \tag{5-17}$$

$$NaClO_3 + 3HCl \xrightarrow{\triangle} NaCl + 3HOCl \tag{5-18}$$

氯酸盐氧烛包含有点火部件、氧烛芯体(或芯体)、绝热材料、过滤材料、导气管路和安全部件，如图 5-9 所示。点火部件包括撞针、点火装置、引火剂和闪光粉，撞针撞击点火装置，引燃引火剂，闪光粉随之被引火剂点燃。氧烛芯体由点火堆和氧烛体构成，闪光粉将点火堆点燃，在氧烛的点火端输入足够的热量并使氧烛体受热分解，在燃烧过程中氧烛处于热平衡状态并以稳定的速度向末端传递。所产生的氧气经烟雾过滤材料和化学过滤剂过滤后，通过单向阀从上部氧气导管输出。由于产氧过程温度较高，产生的氧压力一般可达几十个大气压，为了安全起见，在氧烛壳体上安装了安全阀，末端加装弹簧对烛体进行固定，氧烛壳

体内侧包覆了绝热材料。

　　氧烛的产氧部分因点火方式不同有较大差别，归纳起来，通常包括点火机、引火剂、点火剂和产氧药柱(氧烛主体)四部分，如图 5-10 所示。

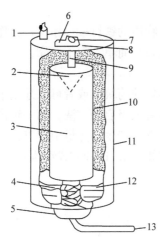

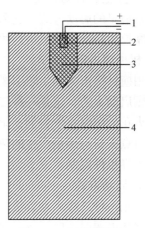

图 5-9　氧烛燃烧装置剖视图

1-安全阀；2-点火锥；3-氧烛体；4-支承弹簧；5-单向阀；
6-撞针；7-引火剂；8-点火装置；9-闪光粉；
10-绝热和烟雾过滤材料；11-壳体；12-化学过滤剂；
13-氧气导管

图 5-10　氧烛的结构

1-点火机；2-引火剂；3-点火剂；4-产氧药柱

　　点火机是引燃引火剂的工具，可以采用电打火。引火剂是引燃点火剂和混合物，点火剂是用来引燃药柱的混合物，其组分和产生的气体应与产氧药柱大致相同，点火剂容易被一种引火剂引燃，并且产生足够的热量引燃产氧药柱。

　　氧烛的点火药一般由可燃物及氧化剂组成，有些点火药还包括结剂及调速剂等。常用的可燃物主要为金属、非金属单质粉末，铝粉、铝粉、钛粉、硼粉等；常用的氧化剂主要有氯酸盐及过氧化物。如氯酸钾、高氯酸钾、过氧化钡等。当点火药被加热到一定温度时，点火药中的氧化剂与还原剂发生剧烈的氧化还原反应，产生的大量热量点燃氧烛。启动氧烛的点火药应具有成形性能好、反应迅速、火焰小、反应后残渣不变形以及尽可能小地引起二次污染等特点。点火药可以单独压制成形，也可与氧烛压成一体，与氧烛压成一体时，有如图 5-11 所示的三种形式。

图 5-11　点火药与氧烛压成一体时三种不同的形式

氧烛药块是不容易用明火点燃的，但一经点燃，整个药块就将持续地燃烧。为确保氧烛安全可靠地启动燃烧，必须设有点火系统。已有的氧烛启动方式有以下几种。

1) 摩擦生热启动方式

这是最早的启动方式，它采用一支涂有化学物质的铁钉——涂磷钉，作为化学火柴摩擦生热而点燃氧烛药块。这种启动方式较为简单，但不可靠。

2) 机械撞击启动方式

利用撞针撞击火帽生热引燃点火药，再点燃氧烛药块，或者可以采用手榴弹式拉火帽启动火药，这是一种二级启动方法。也有三级启动方法，第一级击发火帽产生火花，引燃点燃粉剂；第二级由点燃粉剂燃烧产生的热量引燃点火材料；第三级由点火材料燃烧产生的热量使氧烛药块燃烧产氧。这种方式结构较为复杂，但不受外界条件限制。

3) 电启动方式

这也是一种二级启动方法。它由电源和电点火器组成。电点火器一般为电阻丝，当接通电源时，电阻丝发热而引燃点火药，进而启动氧烛。这种启动方式结构简单，安全可靠，但需配备电源。

4) 水启动方式

点火药在水的作用下发生化学反应，同时产生大量的热量来启动氧烛。在这种启动方式中，点火药的制备工艺要求较高。该启动方式的启动装置在德国的OXY-SR-60B 自救器中得到了应用。

5) 利用化学反应热启动方式

利用两种或两种以上的化学物质之间的化学反应热来引燃氧烛药块，如水与碘酸盐混合发生反应，产生的反应热足够点燃氧烛药块，此法在生产、运输、储存碘酸盐混合物时，必须避免与水接触，否则就会失效。

5.3.2　化学试剂法制氧工艺流程

1. 高锰酸钾制氧工艺流程

高锰酸钾制氧是指通过加热高锰酸钾使其分解放出氧气的方法，其化学反应方程式如下：

$$2KMnO_4 \xrightarrow{\triangle} K_2MnO_4 + MnO_2 + O_2 \uparrow \tag{5-19}$$

高锰酸钾制氧是实验室常用的制氧方法，其装置如图 5-12 所示。

加热高锰酸钾制氧时，其操作步骤如下。

1) 检查系统气密性

用带有导管的橡皮塞塞紧试管，将导管置于水中，用双手握住试管，利用热

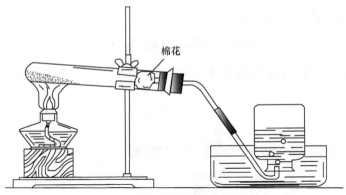

图 5-12　高锰酸钾制氧装置示意图

胀冷缩原理，使试管中的气体受热膨胀向外溢出，在水中形成气泡排出，双手离开后，试管冷却，试管内的气体压力降低，如果试管气密性良好，水会倒流入导管内形成水柱。

2) 装入试剂

取一窄条纸片对折，做成纸槽，用药匙取定量高锰酸钾放于纸中，然后将纸槽放于试管中，缓慢倾斜试管，此时需避免固体药品沾在管口或管壁上，最后将试管直立，试剂滑落至试管底部。

3) 连接装置

用一团棉花堵住试管口，防止高锰酸钾受热时进入导管，用带导管的橡皮塞塞紧试管，然后将试管放在台架上，根据酒精灯外焰调整试管的高度，最后，放好酒精灯。

4) 加热

在试管下方来回移动酒精灯，防止试管受热不均而炸裂，然后对准药品所在的部位加热。

5) 收集气体

集气瓶装满水倒置在水槽中，此时集气瓶中不能有气泡。试管内留有空气，在最初加热时，空气会膨胀挤出试管，在导管口观察到不连续的气泡，当导管口有连续气泡时产生的气体才是氧气。此时收集气体，直到集气瓶内的水排空，在水下用玻璃片盖住瓶口。然后移出集气瓶，将集气瓶瓶口朝上平放在桌子上。

6) 停止实验

先把导管移出水面，然后熄灭酒精灯，顺序不能颠倒，否则会引起水倒流入试管中，导致试管急剧冷却破裂。

2. 过氧化氢制氧工艺流程

过氧化氢(双氧水)是过氧化合物最基本的物质，具有产氧量较大和成本较低等优点。过氧化氢分解反应如下：

$$H_2O_2 \xrightarrow{MnO_2} H_2O + 1/2O_2 \uparrow \qquad (5\text{-}20)$$

双氧水在加入二氧化锰的条件下即可产生氧气，其产氧装置如图 5-13 所示。

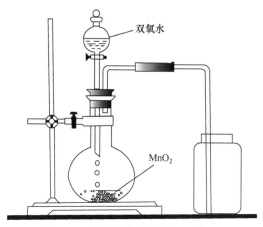

双氧水

MnO₂

图 5-13　过氧化氢制氧装置示意图

　　双氧水为无色透明液体，有微弱的特殊臭味，是很不稳定的物质，在遇热、遇碱性介质、混入杂质等多种情况下都会加速分解。温度每升高 5℃，它的分解速度就要增加 1.5 倍。即便是稀释成浓度为 35% 的双氧水，在 pH 值增加(例如储存在含碱玻璃瓶里)的情况下，超过 6h 就要发生急剧分解。双氧水中混入少量铁、铜、铝、银、铬、锰等金属粉末或它们的盐类，即便在室温下，同样要引起急剧分解，并有自促分解反应，压力急增，双氧水急剧分解的结果是爆炸。双氧水的蒸气浓度达到 40% 以上时，温度过高会有爆炸危险。另外，双氧水是强烈氧化剂，对有机物，特别是对纺织物和纸张有腐蚀性，与大多数可燃物接触都能自行燃烧。

　　为了抑制分解，双氧水都加有稳定剂，如磷酸、丙乙烯缩脲酸、乙酰苯胺、羟基喹啉、焦磷酸四钠以及锡化合物等。加有稳定剂的双氧水，对眼睛、皮肤、黏膜和呼吸道仍有强烈刺激和腐蚀作用。人的皮肤接触 8% 以上的双氧水稀释溶液，即发生白斑并伴有疼痛；接触 25% 以上的稀释溶液，即造成剧烈化学烧伤、还可并发眼结膜充血、视力模糊、呼吸困难、咽喉刺痛、胸痛、腹痛等症状；如果不慎溅入眼中，则会灼伤角膜，导致失明。

　　室内空气中双氧水的蒸气达到 50×10^{-6} 时，即可造成支气管炎和肺水肿；短时间暴露在 1000×10^{-6} 以上的双氧水蒸气中，有生命危险；吸入浓度达到 260mg/m³ 时，可在短时间内导致死亡。以双氧水作为制氧剂时，盛放双氧水容器的内部自由空间必然有一部分空气存在，只要液相中有双氧水存在，气相中的双氧水蒸气就不可避免地永远存在。也就是说，使用者首先吸入和连续吸入的气体中，必含有双氧水的蒸气，故如果没有经过极其彻底的净化，给用户造成的伤害是显著的。所以，双氧水作为产氧剂存在隐患甚多，尤其不适于家用。

3. 氧烛制氧工艺流程

氯酸盐制氧的工作原理是在有催化剂存在的条件下，加热分解放出氧气，其在适中温度下反应方程式如下：

$$4MClO_3 \xrightarrow{\triangle} 3MClO_4 + MCl \tag{5-21}$$

$$4MClO_4 \xrightarrow{\triangle} MCl + 8O_2\uparrow \tag{5-22}$$

在高温下的反应方程式如下：

$$2MClO_2 \xrightarrow{\triangle} 2MCl + 3O_2\uparrow \tag{5-23}$$

式中，M 为碱金属。

当反应温度大大超过其分解温度时，也会生成氯的氧化物 ClO_2。

氯酸盐加热分解时若有水存在、含有杂质或反应温度较高，则会产生氯气，化学反应式为

$$2MClO_3 \xrightarrow{H_2O} M_2O + 2.5O_2\uparrow + Cl_2\uparrow \tag{5-24}$$

专利 FR-PSA62d9/00 介绍了一种以压制块形式出现的生产呼吸氧的化学试剂，其组成为氯酸钠 92%、硅/镁 1 : 1 混合物 3%、氧化铜 1%、三氧化二镍 4%，硅/镁粉燃烧时放出的热量供给氯酸钠分解产生氧气，但氧化铜和三氧化二镍催化剂的存在，导致氯气的产生。

有时，在氯酸盐中也加入少量的过氯酸盐(也称高氯酸盐)，化学反应式为

$$MClO_4 \xrightarrow{\triangle} MCl + 2O_2\uparrow \tag{5-25}$$

氯酸盐分解所需热量由金属(Fe、Al、Mn 和 Mg 等)粉末燃烧提供，以镁粉为例，其化学反应式如下：

$$2Mg + O_2 \rightarrow 2MgO + 24.74kJ/g \tag{5-26}$$

5.4　电/光解水制氧与西藏太阳能和电能的协同发展

5.4.1　西藏地区太阳能的发展现状

因地势高、地形复杂、高空大气环流及太阳辐射等因素，西藏高原形成了低温、干燥、多风、缺氧、区域差异和垂直变化十分明显的高原气候。该地平均海

拔高,大气层稀薄且所含杂质和水汽少、干净清洁、透明度好,云量少、阳光通过大气层能量损失少,日照时间长、日照百分率高。南来的暖湿气流受高山的阻挡,使该地区晴天多阴雨少,即使在雨季,拉萨、日喀则及多数县也多降夜雨,白天日照充足。

西藏地区太阳高度角大,单位面积上所接受的辐射量多,其太阳年总辐射值居全国首位,是我国太阳辐射能最多的地方,比同纬度的平原地区多出 30%～100%。日照时数也是全国的高值中心,拉萨市的年平均日照时数约 3000h。西藏气象局提供的气象资料和太阳辐射数据资料列出的西藏部分地区太阳能资源数据见表 5-3。

表 5-3　西藏主要地区年日照时间及年平均直射数值

序号	地区	年日照时间/h	年均直射强度/[kW · h/(m² · a)]
1	拉萨	2992	2175.3
2	日喀则	3178	2478.3
3	贡嘎	3155	2164.2
4	泽当	2782	2148.2
5	定日	3390	2502.2

结合西藏地区的气候条件和地理条件、国家政策以及光伏发电的技术条件,发展大规模并网光伏电站有如下优势:①西藏地区具有独到的太阳能资源条件;②西藏人少地广,高山和空地较多;③中国太阳能电池制造技术已达到世界领先水平,先进、新型的光伏发电技术和产品有了长足进步;④政府对光伏市场给予投资补贴、上网电价补偿等激励政策。

从 20 世纪 80 年代中期开始,西藏陆续开展了以太阳能户用系统和离网型光伏电站为主的太阳能发电技术研究和推广工作。太阳能户用系统从最初的 10～20W/套发展到现在的 360W/套;离网型光伏电站从解决乡村基本生活用电问题发展到现在既解决照明、家电等生活用电,又能为办公、小型农畜产品加工提供生产用电,拓展了太阳能光伏发电的应用领域。20 多年来,西藏相继实施了"光明工程""科学之光计划""阿里光电计划""送电到乡工程""金太阳科技工程""无电地区电力建设项目"等专项太阳能建设项目,在边远无电地区建设了 400 多座光伏电站,推广了上万套太阳能户用系统,总功率超过 9000kW,解决了 30 多万人的用电问题。

近几年,西藏专项太阳能建设在并网光伏发电方面取得了飞跃性的进步。2011年 7 月 6 日,西藏日喀则市首个大型太阳能光伏电站一期 10MW 项目正式并网发电,其年发电量达到 2023 万 kW · h,可满足日喀则市 10 万户居民的用电需求(按每户年用电量 200kW·h 计算),该光伏发电项目无 CO_2、SO_2 等有害气体的排放,也无"三废"排放,每年节约标煤 9000t,每年减少 CO_2 排放约 17820t。这一成功案例,给西藏其他地区实现并网光伏电站增强了信心[3]。

　　近年来,西藏大力实施"金太阳科技工程",在研发新型折叠式太阳灶,示范推广太阳能供暖、太阳能沼气、风光互补发电和光伏并网发电等方面开展技术攻关和示范推广,尤其是在太阳能供暖、太阳能沼气技术和产品开发等方面,取得了较大进展,填补了西藏相关领域的空白。

　　数据显示,西藏已累计推广太阳能灶 39.5×10^4 台,按照 2009 年的数据推算,西藏每 10 人至少就拥有 1.36 台太阳能灶。风光互补发电总装机容量达到 220kW,推广太阳能户用系统 1×10^4 套,太阳能集中供暖面积达到 $1 \times 10^4 m^2$,在无电地区建设光伏电站 121 座。

　　西藏还实施"太阳能浮罩式沼气池在西藏农村的推广应用",为解决农牧民群众生活燃料问题开辟了新的途径。

　　西藏是世界上太阳能最丰富的地区之一,新能源资源极为丰富,太阳能资源居全国之首,年辐射量可达 $6000 \sim 8000 MJ/m^2$。西藏的太阳能丰富,是生活在这片土地上的人们取之不尽的财富。如今,西藏已成为中国太阳能应用率最高、用途最广的地区之一。

5.4.2　西藏地区电能的发展现状

　　"电力天路"的建成为西藏输电逾 2 亿千瓦时,青海电力调度中心统计数据显示,从 2011 年 12 月 9 日投入试运行,至 2012 年 3 月 22 日,青藏联网工程安全稳定试运行满 105 天,累计向西藏地区输送电能达到 2.57 亿千瓦时,发挥了重要的跨省区能源调配作用。据悉,试运行期间,青藏联网工程直流系统最高电压 400kV,最大输送功率 12.5 万千瓦。按照国家电网公司关于保障青藏联网工程安全运行的部署,国家电网公司西北分部强化调度,青海省电力公司、西藏电力有限公司全面落实精益化、专业化管理的要求,全力做好工程运行维护管理工作。

　　工程试运行后,直流输电系统各项运行技术指标良好,冻土基础整体保持稳定,设备总体运行平稳。2011 年冬季至 2012 年春季,往年困扰藏中地区的缺电状况得到根本改变,西藏从此告别限制用电的历史。

　　西藏自治区人民政府和国家电网公司于 2007 年 3 月 10 日在京签署共同组建西藏电力有限公司的协议,西藏电力公司从此改制为国家电网公司控股、自治区人民政府参股的有限责任公司。西藏电力有限公司成立后,继续享有政府给予原西藏自治区电力公司的所有优惠政策,继续发挥中央财政在西藏电力建设中的主渠道作用,西藏电力建设重大项目仍以国家统一安排为主,继续加大对西藏电力发展和重点电力项目在政策、资金等方面的支持,积极推进"西电东送"能源基地建设，促进西藏能源资源的合理、高效、有序开发。

5.4.3　电/光解水制氧与太阳能和电能的协同发展

全球能源短缺和随之而来的环境问题驱使科学家寻求可再生、清洁能源，以替代不可再生的化石燃料。而太阳能具有高能量值、绿色环保和燃烧无二次污染等优点，成为 21 世纪新能源的最佳候选之一。尤其在西藏地区，太阳能资源更为丰富，故更应对其加以利用。PEC 水分解是一种转化和储存太阳能的过程，是利用太阳能产生氧气的方法。

众所周知，高原低气压环境不仅对机电设备产生不利的影响，如内燃机功率、风机重量流量、锅炉热效率降低，高分子绝缘材料和防护涂料容易老化等，而且对于劳动者的影响也是最直接和最严重的。随着西部大开发战略的深入和国家投资力度的加大，越来越多的科研工作者和工程建设人员奔赴高原进行测绘、勘探、维修和施工。恶劣的高原气候极易导致人们的高原反应和高原病，因此，发展高原个体与群体制氧供氧设备，进行缺氧环境氧气增补具有重要的应用价值和现实意义。

国际标准规定,陆地海拔高度超过 1000m 的地区即为高原[4],习惯上称为"地理高原"。从生物学和医学角度看，高原是指海拔 3000m 以上的广阔地区，称为"医学高原"。"医学高原"是从高原环境对人类生存所产生的影响来考虑的，因为一部分人到达这个高度时，不能立即适应这里的以低气压、低氧为特征的高原环境，出现"高原反应"。如果超过这个高度，可能发生"高原病"。我国海拔 3000m 以上的高原有 250 万平方公里，占国土总面积的 26%，主要分布在西北、西南地区。自 20 世纪 50 年代初我军进入青藏高原以来，高原缺氧一直是困扰我国西部开发建设的绊脚石。最初，由于对高原缺氧认识不足，高原病的发病率达 64%～94%，死亡率达 20%～30%[5]，近年来，医疗条件的改善大大降低了高原病发病率，但仍保持在 10%左右。对急性高原病主要通过吸氧和高压氧疗进行救治，因此，在高原进行氧气增补是降低高原病发病率的重要措施。

从 20 世纪 50 年代开始，国家就着手高原地区的建设，并将其纳入国民经济发展计划。我国西部高原地区的建设是今后国家经济发展的重点，并且得到了国家政策的大力支持。但是，这些项目大部分在海拔 3000m 以上的高原地区，为开发建设增加了难度，海拔高度越高，开发可能性越小，因此，研究高原环境制氧补氧技术、开发相关配套设施是解决当前高原缺氧难题的主要措施。

电解水制氧是一种清洁的制氧方式，操作简单，规模可大可小，制取的氧气纯度高，可以达到 99.9%；规模可以根据生产需要进行确定，具有机动性和灵活性；生产过程无污染，由于电解水的产品是氧气和氢气，其耗用的能源为电能，因此，在生产过程中基本不产生废物。电解水制氧缺点是耗能较多，但是确有需要的情况下，可作为高原制氧的一种方式。

光解水制氧能够利用高原地区充足的太阳能，产生出人们所需的氧气，是值得大规模开发的制氧方式。

若能将电解水制氧技术、光解水制氧技术进一步在藏区发展提升，并与已取得较好成绩的太阳能和电能协同发展，藏区的能源利用水平将得到较大提高。

5.5　化学试剂法制氧在西藏的应用前景

化学试剂法是以化学试剂为原料制取氧气，在制氧过程中必然会有副产物产生，因此会对环境造成污染。不少学者用化学试剂制成氧烛，体积虽小，但储氧量大，比较适合为密闭空间供氧，如高原氧疗室。以化学试剂为原料制氧的成本比其他方法的制氧成本高，供氧方式有一定的局限，所以此方法的应用领域较窄，主要用于特定条件下的密闭空间供氧。

5.5.1　高原环境下航空地面制氧设备

随着我国周边形势的变化和我军主要潜在作战方向的转变，以及高原作战能力的提升需要，飞机进入高原机场甚至是无保障能力的高原民用机场的机会将会增多。航空兵部队对氧气的需求量急剧增加。氧气主要保证飞行人员(空勤人员)在 4000m 高度以上飞行时和跳伞后的呼吸用氧，以及飞机发动机空中停车启动补氧。现代飞机都配有机载氧气系统和储氧瓶，氧气系统所需的氧气(或液氧)主要由地面制氧设备生产[6]。

青藏高原地区海拔大部分都在 3000m 以上，大气含氧浓度比平原地区正常含氧浓度要低，大气中氧气的体积分数只有 12.6%～13.6%，平均气压只有海平面的 60%～70%。我国目前的航空制氧设备只适用于海拔 2000m 以下的地区。在高原环境中，海拔高、大气压下降、氧气含量明显下降以及环境温差变化大[7]等会极大地影响制氧设备的正常使用。为满足高原地区的航空兵部队用氧需求，对比分析了目前比较成熟的制氧技术，如表 5-4 所示。

表 5-4　多种制氧方法对比

对比项目	深冷法	变压吸附法	膜分离法	化学试剂法
流程复杂性	复杂，前处理工艺多	复杂，前处理要求严格	简单，前处理简单，产品氧气需进一步处理	氧烛使用较简单
投资	大	中等	较小	小
占地面积	大	中等	小	小

续表

对比项目	深冷法	变压吸附法	膜分离法	化学试剂法
操作要求	操作人员需办理特种作业证	无特殊要求，开机后可无人看管	无特殊要求，开机后可无人看管	点燃氧烛即可
产成品气时间	一般 7h 以上	一般 20min	一般 10min	一般 45min
产品纯度	>99.6%	93%	40%	>99%
调节性	可调	可调	可调	可调
氧气产量	50~10000m³/h	100~10000m³/h	>100m³/h	3300L/h
压力	0.02~0.50MPa	0.02~0.50MPa	0.1MPa	—
维修量	定期维护，需专门的维修力量	切换阀门多，动作频繁，有一定故障率和维修量	无活动部件，很少维修、保养，但膜易老化	无活动部件，很少维修、保养
介质寿命	较长，定期更换	分子筛粉化现象多	与膜的质量密切相关	略长于 45min
使用范围	提取氧气、氮气、液氧、液氮等	只能提取单一气体	只能提取单一气体	只能提取单一气体
机械噪声	运动噪声较大	电脑阀门多且切换频繁，故噪声大	静态分离，膜系统几乎无噪声	噪声较小

通过对比可知，化学试剂法氧烛制氧法操作简单，规模小，噪声小，亦是航空地面制氧可考虑的制氧方法之一。

5.5.2　野战医疗供氧

氧气是维持生命的第一要素，是战时军队药材供应的主要内容。伤员在救治的黄金时间能够及时吸氧，是降低死亡率，提高战伤救治能力的重要因素。现代野战医疗对氧气要求连续不间断供应，并且对其机动性、安全性有一定要求。

20 世纪 40 年代至今，美国等发达国家一直致力于单功能的氧烛制氧技术的研究，并作为应急供氧设备应用于核潜艇上[8,9]，氯酸盐氧烛是在氯酸钠或氯酸钾中加入燃料、催化剂、抑氯剂、黏结剂等制成。一般制成圆柱形，使用时将其引燃，释放出氧气。氧烛是一种容易储存和使用的固体氧源，它存储量大，类似于液氧的密度，大约是同体积压缩氧的三倍。氧烛比较稳定，不会发生泄漏现象，并且具有产氧迅速、设备体积小、无需动力、受环境影响因素小和有效存储时间长等优点，故适合野战中士兵携带供氧(把氧烛小型化)，野战急救车供氧等。

除以上情景外，包括氧烛在内的化学试剂制氧也可广泛应用于隧道供氧、矿井供氧、空调房供氧等，其在西藏的用途较为广泛。

参 考 文 献

[1] 任小孟, 谈杰. 潜艇中利用 SPE 电解水方法制氧的可行性分析[J]. 装备环境工程, 2008, (2): 35-38.

[2] 李军, 张香圃, 蒋亚雄, 等. SPE 电解水制氧(氢)技术的研究[J]. 舰船科学技术, 2003, 25(11): 21-23.

[3] 黄强, 廖文高. 西藏太阳能光伏发电的应用[J]. 工程设计与研究, 2014, 17(12): 46-49.

[4] 冯光卉. 青藏高原自然环境与高原病[J]. 青海师范大学学报(自然科学版), 2001, (3): 83-85.

[5] 李素芝, 杨永勤, 孙泽平. 高原病防治概况[J]. 西藏科技, 2002, (1): 6-7.

[6] 胡连桃, 冯仁斌. 航空四站保障学[M]. 徐州: 徐州空军学院出版社, 2007.

[7] 许翔, 周广猛, 郑智, 等. 高原环境对保障装备的影响及适应性研究[J]. 装备环境工程, 2010, 7(5): 100-103.

[8] Shafironich E, Mukasyan A S, Varma A, et al. Mechanism of combustion in low-exothermic mixtures of sodium chlorate and metal fuel[J]. Combustion and Flame, 2002, 128(1-2): 133-144.

[9] 孙高年. 化学制氧研究[J]. 低温与特气, 1997, 15(3): 54-58.

第6章　高原建筑室内弥散供氧技术

6.1　高原室内弥散供氧研究与应用概况

青藏高原地区空气稀薄，空气密度较小，大气中氧分压低，会导致各种高原病。因此补氧成为高海拔地区人群健康的重要保障，对长期高原移居人员的重要脏器具有显著的保护作用。为了使高海拔地区人民能在高原富氧环境下工作学习，提升工作效率和生活质量、保障身体健康，减少高原病的发生，可在高原建筑室内采取人工供氧措施快速形成富氧区域。

高原低气压环境补氧有多种方式，如鼻导管和呼吸面罩、增氧通风以及弥散供氧等。由于设备紧凑、便于人员活动等优势，弥散供氧日益成为高原低压供氧的主要方式。

建筑室内弥散供氧通过医用气体管道工程将高氧浓度气体分散供给弥散氧端，再向相对密闭的房间内输注，蔓延至房间的每个角落，形成人工富氧室，在该房间内创造出海拔 3000 米等效高度以下的氧分压环境。弥散供氧系统通过提高密封空间(比如卧室、办公室等)氧气浓度来改善人体所在的外环境，使人体沐浴在一个富氧的环境中，从而改善人体呼吸内环境，促进代谢过程的良性循环，以达到缓解缺氧症状、增进健康的目的。同传统的吸氧方式相比，高原建筑室内弥散供氧措施直接提高了室内空间的环境氧含量，补氧具有使用操作方便、安全可靠、管理可控、能耗小、维护成本低等显著优点，既可用于酒店、银行、商场等营业场所，又可应用于办公室、会议室和宿舍等，使人能在舒适、自由的环境中学习、工作和休息，具有较高的推广价值。

目前国内还没有完善的供氧系统设计、施工验收规范，仅是参照相关行业规范来进行验收。在进行建筑弥散供氧系统设计时，应采用与当地气候环境和经济状况相适应的技术标准，以达到最优的经济、社会效益。在人员居住或办公集中区应以分散控制、集中管理、资源共享为原则。高原建筑室内弥散供氧工程应设计合理、施工安装规范、材料质量达标、验收严格，以达到安全用氧的目的。

目前，国内主要针对常温常压下建筑室内气流组织进行了研究，而对低温、低压、低氧地区建筑供氧气流组织研究还较少。通常研究弥散供氧流场特性有三种途径：一是以实验拟合求得经验关系式；二是在给出射流断面上的流速分布基础上，以积分法求解；三是计算流体力学方法数值求解流动边界偏微分方程。以弥散供氧流动特性及其富氧效果来指导供氧设备和浓度监控设备设计安装。

建筑弥散供氧系统主要由氧源、控制装置、供氧管道、供氧终端和报警装置等组成。

6.1.1　供氧系统氧源

供氧氧源分为集中供氧、分散供氧和分布供氧等方式。采用方式应根据高原需氧建筑物规模、建设地点的能源条件、环保政策等相关规定综合论证。高氧浓度气体可以是液氧储罐、制氧机或汇流排供氧等方式中的一种或两种方式组合。集中供氧具有集中控制、统一管理、安全可靠、节省能源等优点；分散供氧具有操作灵活、可照顾个人生活习性等优点；分布供氧具有氧源集中、可分散供氧等优点。

集中供氧基站应建于空气洁净区域，并符合国家相关消防安全标准。集中供氧站应用耐火材料建造，采用轻型屋顶，但不得使用油毛毡，门窗应向外开。氧气站内设备布置应紧凑合理、便于安装、维修操作。设备间净距应大于 1.5m，设备与墙的净距应大于 1m，且净距应满足设备零部件抽出检修要求。设备双排布置时，两排间净距应大于 2m。氧气站内的各种气体压缩机应采取合理的防振、隔振措施，对其与有噪声和振动防护的其他建筑间的防护距离应符合国家标准《工业企业总平面设计规范》(GB 50187—2012)的要求。管道应有良好的接地。供氧基站内照明灯具必须采用防爆型。

分散供氧采用分体制氧机外机供氧，制氧机整机平均工作噪声应不大于65dB。供氧设备应适应高海拔高寒地区，安装在室外的设备适应温度一般应在−30～40℃之间。

建筑弥散供氧是指室内外气压差基本保持一致，满足室内人员的集体用氧量需求。供氧量的影响因素应考虑室内人员(数)对氧气的消耗、建筑物的密闭性、供氧终端不同出氧速度及压力、门窗开启频率以及室内富氧浓度等。

供氧室内人数可根据室内实际长居人数确定，无法确定时可参照办公室 4m²/人，会议室 2.5m²/人，教室 1.4m²/人估算。

高原低气压环境富氧室内供氧有关标准，通常为了既符合医学上安全要求，也使等效海拔的变化在人体适应范围，把室内氧浓度设定值等效海拔降低 1000～2000m，氧浓度提高并维持在 23%～25%。房间环境氧含量上、下限设定应满足供氧浓度生理学要求(表 6-1)。

表 6-1　高原弥散供氧空间的氧气浓度要求

海拔高度 /m	大气压		A 级		B 级		C 级	
	mmHg	kPa	氧气浓度 /%	生理等效高度/m	氧气浓度 /%	生理等效高度/m	氧气浓度 /%	生理等效高度/m
3000	525.8	70.1	>24.3	<1800	23.2~24.3	1800~2200	22.3~23.2	2200~2500
3500	493.2	65.8	>24.7	<2200	23.4~24.7	2200~2600	22.3~23.4	2600~3000
4000	462.2	61.6	>25.0	<2600	23.6~25.0	2600~3100	22.3~23.6	3100~3500
4500	432.9	57.7	>25.3	<3000	23.8~25.3	3000~3500	22.4~23.8	3500~4000
5000	405.2	54.0	>25.5	<3500	23.9~25.5	3500~4000	22.4~23.9	4000~4500
5500	378.7	50.5	>27.3	<3500	25.5~27.3	3500~4000	23.9~25.5	4000~4500

注：1mmHg=133Pa。

对于急进高原的人员，高原弥散供氧房间氧调宜采用 A 级；短居高原的人员，宜采用 A 级或 B 级；久居高原的人员，高原弥散供氧房间在宿舍等休息环境宜采用 B 级，办公等工作环境宜采用 B 级，困难条件采用 C 级。

在设计过程中，根据不同的用氧需求，需要达到的等效生理高度的氧气浓度，计算每小时氧气的供气量。

室内弥散口氧流量计算时应按照民用建筑密封等级进行修正，对会议室、教室等公共空间人员进出较多也要考虑门开启频率修正。

弥散供氧流量可按下式计算：

$$Q_1 = K \times \frac{V \times a\%}{R} \tag{6-1}$$

式中，Q_1 为房间氧含量每小时提升 $a\%$ 所需氧流量，m^3/h；V 为供氧房间面积，m^2；$a\%$ 为供氧房间每小时氧含量提升的体积百分数；K 为房间密封性修正系数。

供氧房间总需氧量还要考虑室内人员耗氧量。

弥散供氧系统控制装置应既能监测建筑室内氧浓度大于设定限值时自动关闭供氧终端；又能与消防进行联动，一旦发生火灾，系统能够立即停机并将管道内的氧气安全排放。控制系统包括气源切换装置，减压、稳压装置和相应的阀门、压力表等。

高原室内空间弥散供氧的气体应无毒、无害、无异味。

6.1.2　供氧管道设计及施工

供氧管道是将氧气从控制装置出口输送到各用氧终端。供氧系统中所用管道及零配件应采用经脱脂处理的不锈钢钢管或紫铜管；室内分支管应采用医疗级透明无味硅胶管。一般供氧管道的设计使用年限不应小于 30 年。

1. 供氧管道的敷设

供氧管道敷设处应通风良好，建筑物内供氧管道宜敷设在专用管井，且不宜与可燃、腐蚀性气体或液体、电气等共用管井。室内供氧管道宜明敷，表面应有保护措施。局部需要暗敷时应设置专用槽板或沟槽内，沟槽底部应与供氧装置或大气相通。供氧管道不应穿过不使用氧气的房间，在穿过墙、楼板以及建筑物基础时，应设置套管，穿过楼板的套管应高出地板面至少 50mm。且套管内供氧管道不得有焊缝，套管与供氧管道之间应采用不燃烧材料填充。供氧管道的安装支架应采用不燃烧材料制作并经防腐处理，管道与支架的接触处应作绝缘处理。

供氧管道之间、管道与附件外缘之间的距离不应小于 25mm，且应满足维护要求；供氧管道与其他气体、液体管道共架敷设时，应布置在其他管道外侧。各种管线之间的最小净距应符合下表规定供氧管道与其他架空管线的最小净距，如表 6-2 所示。

表 6-2　地下敷设供氧管道的间距规定

设施	水平净距/m	交叉净距/m
给水、排水管、不燃气管	0.15	0.10
保温热力管	0.25	0.10
燃气管、燃油管	0.50	0.25
裸导线	1.50	1.00
绝缘导线或电缆	0.50	0.30
穿有导线的电缆管	0.50	0.10

管道间安全间距无法达到要求时，可用绝缘材料或套管将管道包覆等方法隔离。埋地或地沟内的供氧管道不得采用法兰或螺纹连接，并应作加强绝缘防腐处理；埋地敷设的供氧管道深度不应小于当地冻土层厚度，且管顶距地面不小于0.7m，当埋地管道穿越道路或其他情况时，应加设防护套管。埋地敷设供氧管道与建筑物、构筑物等及其地下管线之间的最小间距，应符合国家标准《氧气站设计规范》(GB 50030—2013)中地下敷设氧气管道的间距规定。

2. 供氧管道管径的选择

供氧管道管径选择时，应考虑实际工况下的大气压和温度对供氧管道流量的影响，根据实际工况氧流量计算管道直径来选用。目前建筑室内多采用管径 6mm、8mm、10mm 医疗级透明无味硅胶管。

供氧管道尽量少转弯，转弯的偏转角度尽量小，分岔部气流与主管壁角度为

45°～60°；尽量避免管道通流面积的急剧改变。三通壁厚应不小于主管壁厚，三通肩部处的厚度应为直管壁厚的 1.4 倍；变径管应采用成品锻制，壁厚不小于主管壁厚。

供氧管道严禁采用折皱弯头，弯头及三通应采用标准成品件，弯曲半径不应小于公称直径的 5 倍，弯头内壁应平滑，壁厚不小于管道壁厚。焊接供氧铜管及不锈钢管材时，应在管材内部施工惰性气体保护，焊接现场应保持空气流通。氧气含量超过 23.5%的管道与设备施工时，严禁使用油膏。管材现场弯曲加工应在冷状态下采用机械方法加工，弯管不得有裂纹、折皱、分层等缺陷。供氧管道安装时应重新检查清洁度、油脂残留量。

3. 供氧管道应分段、分区以及全系统做压力实验及泄漏性实验

低压供氧管道应采用洁净空气做气压实验，实验压力为管道设计压力的 1.15 倍，并维持实验压力至少 10min，管道应无泄漏、外观无变形。泄漏性实验是采用管道设计压力，在未接入终端组件时进行 24h 的泄漏性实验，小时泄漏率不超过 0.05%。

供氧管道在安装终端组件前应使用干燥、无油的空气吹扫，在安装终端组件后应进行颗粒物检测。即在 150L/min 流量下至少进行 15s，使用含 50μm 孔径滤布、直径 50mm 的开口容器进行检测，不应有残余物。

集聚液氧、液态空气的各类设备、氧气压缩机和供氧管道应设导除静电的接地装置，设计要求接地电阻不大于 10Ω。

4. 管网系统调节

弥散供氧每个房间供氧口应具备开关与调节功能，管网应设分段阀门，以便于关断及检修。为确保供氧压力平衡，主供氧管网上应加装氧气分气包，氧气分气包上应安装压力表、安全泄放阀、排污阀，并在进、出气端安装手动切断球阀。

供氧管道中的切断阀宜采用明杆式截止阀、球阀及蝶阀。调节阀应按计算的流量系数值选择需要的口径，根据工作压力及调节的要求选用单座、双座或套筒式调节阀。氧气管道上的安全阀应采用全启式的安全阀。

供氧管道、终端、软管组件等应有耐久、清晰、易识别的标识。

6.1.3　弥散供氧终端的选择

弥散供氧终端分为固定式和可移动式两种，其中固定式主要有挂壁式和吸顶式等。弥散供氧终端既有控制器、显示器、出氧口三部分组成分体式，也有将三部分集成的一体式。

设计时可根据建筑室内空间大小和使用需求合理设置终端数量和出氧速率。

考虑出氧口气流噪声应满足建筑室内空间噪声要求，一般建议终端的出氧速率设置在 20L/min 以下，工作噪声应不大于 40dB。弥散终端的出氧口应远离明火以及远离人体活动位置。通常弥散供氧终端位置不宜设置在门窗附近，由于氧气密度大于空气，终端根据人体工作、休息等习惯布置宜在距离地面 1.2～1.7m 或吸顶布置。终端的信号控制线应考虑高原低温工况，采用耐低温硅橡胶护套电缆。

弥散终端应具备采用氧传感器不间断实时监测室内氧气含量以及室内氧含量上、下限控制设定等功能，可根据室内氧气含量自动通断供氧。建筑物室内存在火灾隐患时，氧气虽然自身不能燃烧，但具有极强的助燃性。因此室内氧气含量超过规定上限时，弥散终端可发出声光报警。高原地区弥散供氧房间的允许最大氧气浓度不应大于表 6-3 规定。弥散终端具有实时显示终端工作状态、室内氧气含量等数显功能，且数显功能屏幕灯光延时熄灭功能。

表 6-3　高原地区弥散供氧空间的允许最大氧气浓度

海拔高度/m	大气压力		允许最大氧气浓度%
	mmHg	kPa	
3000	525.8	70.1	25.7
3500	493.2	65.8	26.3
4000	462.2	61.6	26.8
4500	432.9	57.7	27.5
5000	405.2	54.0	28.1
5500	378.7	50.5	28.7

我国现行《室内空气质量标准》(GB/T 18883—2016)要求密闭空间内部二氧化碳浓度不应超过 0.1%，二氧化碳浓度过高将会影响人的正常生理反应，致使血液中碳酸浓度增大，酸性增强，产生酸中毒。因此，必须有通风换气措施，或者是加入新风系统，及时将室外新鲜空气混合后释放到室内来稀释二氧化碳浓度(外循环)；也可以在系统内设置二氧化碳吸附装置，主动吸附室内的二氧化碳(内循环)，将二氧化碳浓度控制在人体可以接受浓度范围。

现有的制氧设备制备出来的氧气一般非常干燥，容易对人体的呼吸道造成影响，而人体感觉比较舒适的湿度是 40%～60%，因此制氧设备出来的氧气通常需要经过湿化进行加湿。弥散终端应能实时自动监控室内湿度，部分弥散终端产品能够在湿度低于下限值时自动启动，当湿值达到设定上限值时自动停止。

6.1.4　建筑设计要求

建筑室内弥散供氧是通过医用气体管道工程将高氧浓度气体分散供给弥散氧端，再向相对密闭的房间内输注，蔓延至房间的每个角落，形成人工富氧室，从而提高室内人体动脉氧分压，相当于在低海拔高度的氧分压。

《建筑外门窗气密，水密，抗风压性能分级及检测方法》(GB/T 7106—2008)将建筑门窗气密性等级分为 1～8 级，级别越高，气密性越好。8 级窗在 10Pa 时单位开启缝长空气渗透量 ≤ 0.5m³/(m² · h)，单位面积空气渗透量 ≤ 1.5m³/(m² · h)。一般建筑物的密闭条件有限，压力达到一定值时，进气量与泄漏量相等，建筑室内外压差不大。因此建筑室内弥散供氧对建筑物的气密性要求不能过高。

弥散供氧终端氧流压力通常为当地压力，随着海拔的增加，弥散终端出氧量相对减少；海拔高度的增加将使氧气在空气中扩散系数变大，增加了氧气的扩散过程，使氧浓度弥散损失加大；在相同出氧流量情况下，海拔高度的增加也将因氧气扩散系数增大，使得形成的富氧面积减小。因此建筑设计中室内空间越大，密封性将越差，弥散供氧实际泄漏点就越多，氧气浪费也就越多，建筑室内氧浓度减小，弥散供氧经济性和实用性也就越差。建筑设计中应从实用性和经济性等方面考虑建筑空间对弥散供氧的影响。

6.1.5　制供氧设备的使用维护

为保证制供氧设备的安全正常运行，延长设备使用寿命，应定期对设备进行保养维护及检修。如大型 PSA 制氧机主要由空压机、冷干机、多级过滤器、制氧主机、增压泵和隔膜压缩机等组成，应按其说明书定期保养维修；还应经常检查控制器、电器件、氧分析仪是否正常，否则应及时维修或更换；应定期检查制氧机上的各个阀门及自动压紧系统等，若易损件、密封件等损坏应及时更换等。

设备维护前必须将氧气排空，并用无油干燥空气或氮气进行置换，使设备中的氧气含量符合有关规定要求。供氧管道、阀门等与氧气接触的一切部件在停用后再投入使用前必须进行严格除锈，必要时还需进行脱脂。

6.2　基于 Fluent 的高原低气压弥散供氧数值模拟

6.2.1　引言

高原有着特殊的自然环境，其特点是低压、低氧、气候干燥寒冷、风速大、太阳辐射和紫外线照射量明显增大。在高原环境下，随着海拔的升高，空气中的氧分压不断降低，人如果长期处在这种缺氧环境中，严重者可出现低氧血症。人的神经组织对内外环境变化最为敏感，因此在缺氧条件下，脑功能损害发生最早，损害程度也比较严重，且暴露时间越长，损害越严重，特别是对感觉、记忆、思维和注意力等认知功能的影响显著而持久。总体来说，在高原低氧环境条件下，人们会血压增高、心跳加快、甚至出现昏迷现象。而对抗缺氧的最好办法是供氧，以此减轻和消除由于缺氧所引起的各种症状。国内外研究均表明，缺氧地区建立富氧室可有效改善缺氧症状，已成为近年来高原低气压环境缺氧防护发展的趋势。建立富氧环境对长期高原移居人员具有显著的保护作用，尤其是对高海拔地区重要施工或重要军事作业实施前进行有效和充分的体力、脑力的应激准备，以及工作和活动后的体力和脑力快速恢复有着非常简便和可靠的实用价值。随着旅游业和工商业的快速发展，各地区的人员往来和联系日益加强，但是高原反应是每一个前往高原地区人员挥之不去的心病。通过高原富氧室的建立和普及，可显著提高高原地区旅游和工商业者的愉悦感受，从而促进高原地区各项事业的发展。

高原低气压环境补氧的方式有多种，如增氧通风、弥散供氧、个体背负式供氧等，而弥散供氧(是指氧气经供氧管路输往建筑物室内，以弥散的方式造成室内富氧环境)具有设备紧凑、不束缚人员活动范围等优点，日益成为高原低气压环境供氧的主要方式。然而，有关高原低气压环境弥散供氧设备布置和浓度监控设备安装的供氧特性相关研究还欠深入。研究此类流动问题通常有三种途径：一是以实验为主，求得实用的经验关系式；二是在给出射流断面上的流速分布的基础上，采用积分法求解；三是使用计算流体力学(computational fluid dynamics，CFD)方法数值求解流动边界层偏微分方程。随着计算机技术的发展，CFD 方法已被越来越多的研究者所采用。本章基于 Fluent 模拟研究高原低气压环境富氧室局部弥散供氧特性，以期为高原低气压环境局部弥散供氧设备布置，检测设备设计以及富氧安全标准制定提供参考。

6.2.2　国内外研究现状

1. 研究现状

医学研究表明，高原缺氧严重影响人的思维能力。海拔 1500m 时，人的思维能力开始受到损害，表现为新近学会的复杂智力活动能力受到影响；海拔 3000m 时，人们各方面的思维能力全面下降，其中判断力下降尤为明显；海拔 4000m 时，人们书写字迹拙劣、造句生硬、语法错误。在海拔 5000m 以上时，人们不能像平时那样集中精力专心做好一件事情。长期高原缺氧环境，很容易诱发高原性心脏病、高原性高血压等疾病，甚至会引发急性肺水肿等导致非正常死亡。以液氧气化方式对房间实施弥散供氧可有效解决高原缺氧问题。该方法抛弃了现场变压吸附式制氧的技术路线，通过液氧气化方式，在房间内形成弥散供氧。弥散供氧是一个热点问题，也是一个复杂的问题，国内外均未对其有更深入的研究，但是利用 CFD 方法进行组分运输的数值模拟来模拟污染物、天然气泄漏等的过程，为高原低气压环境弥散供氧进行 CFD 方法数值模拟提供了有效的思路。

岳高伟等[1]采用CFD方法，模拟两种基本通风方式室内气流组织的流动形式，研究了不同通风方式、不同送风速度对室内甲醛的浓度分布的影响。刘应书等[2]

结合青藏铁路风火山隧道施工，研究开发隧道掌子面弥散供氧与氧吧车相结合的综合供氧方法。应用该方法可将掌子面附近施工区域的氧分压提高 2～3kPa，确保隧道建设人员工休时及时吸氧。徐秀等[3]利用质量平衡方程建立了一次回风定风量系统室内 PM2.5 浓度模型，并对新风 PM2.5 浓度、新风量、室内污染源、过滤器效率、过滤器安装位置等因素对室内 PM2.5 浓度的影响进行了模拟分析。赵娜[4]等采用 Fluent 软件模拟了小孔高温燃气非定常自由射流特性，得到了射流沿轴向和径向速度、温度等流场参数分布规律；Stakic 等[5]模拟了长垂直管出口形成两相自由射流特性，认为采用 k-ξ 模型能很好地与实验结果吻合。Akbarzadeh 等[6]采用标准 k-ξ 和 k-ω 模型模拟了由矩形喷口形成的自由射流特性，认为标准 k-ξ 能有效地预测该射流特性。曲延鹏等[7]基于 Fluent 采用不同湍流模型研究圆形射流流动特性，认为标准 k-ξ 模型能得到较合理结果。祝显强等[8]通过对高原低气压进行弥散供氧运用 CFD 方法的 Fluent 进行数值模拟，得到了相同流量的富氧采用双出氧口弥散形成的富氧面积比单出氧口弥散形成的富氧面积少，且海拔越高富氧面积减少量越大的结论。张传钊等[9]分别研究送氧口个数、送氧口管径、送氧流量及送氧方式的不同对建筑空间室内的富氧特性及富氧效果的影响；利用实验及 CFD 模拟软件分别研究非空调工况下以及空调工况的送氧口个数、送氧口管径、送氧流量及送氧方式、不同的气流组织形式(同侧上送下回、异侧上送下回)等发生变化对密闭建筑缺氧房间的富氧特性及富氧效果的影响。焦振涛等[10]以 CNG 长管拖车在隧道环境下的突发性泄漏扩散事故为研究对象，基于流体动力学原理，运用 Fluent 构建泄漏扩散模型，研究隧道风速、泄漏口径、后车间距对天然气泄漏扩散浓度分布的影响。

2. 研究成果总结

(1) 弥散供氧流动主体段轴向最大速度和轴向氧气摩尔浓度均随轴向距离增加而衰减，在轴向 $x=0$～1.5m 范围内具有很大速度梯度和浓度梯度，拟合得到了不同海拔高度上轴向最大速度和最大氧气摩尔浓度随轴向距离变化关系，其中轴向最大速度关系式为 $u_m/u_0=(0.002+4.411)/(x/d)$。

(2) 不同海拔高度上不同出流速度下弥散形成的富氧区域形状是相似的，为"半椭圆"形区域，经拟合分析得到了富氧面积随出氧流量与氧气扩散系数变化关系式为 $\ln F=k_0-5.372\ln L-3.21\times10^4 D_{AB}+2.243\times10^5\ln LD_{AB}-4.393\times10^9 D_{AB}^2$，其中 $k_0=7.14m^2$[11]。

(3) 相同流量的富氧采用双出氧口弥散形成的富氧面积比单出氧口弥散形成的富氧面积少，且海拔越高富氧面积减少量越大。

(4) 送氧口个数、送氧口管径、送氧流量及送氧方式不同时的氧气轴向最大浓度分布随着轴向距离的逐渐增加呈递减趋势,且在距离送氧口轴向距离 0~0.55m 的范围内,氧气轴向浓度迅速降低,然后逐渐稳定并接近环境中的氧浓度。

(5) 送氧口个数、送氧口管径、送氧流量及送氧方式不同时形成的富氧范围差别很大。单送氧口时,送氧管径及送氧流量不同时所形成的富氧范围大体呈扁椭圆形状,且送氧管径相同时,送氧流量越大,所形成的富氧范围就越大。总送氧流量为 1m³/h 时,不同管径、不同送氧方式所形成的富氧范围大小依次是: 6mm 管径的双送氧口相背 45°送氧>6mm 管径的双送氧口竖直向前送氧>10mm 管径的双送氧口相背 45°送氧>6mm 管径的双送氧口相对 45°送氧>10mm 管径的双送氧口相对 45°送氧>10mm 管径的双送氧口竖直向前送氧。

(6) 在相同的总送氧流量及送氧方式下,分别采用管径 10mm 和 6mm 的送氧口进行送氧时,单送氧口竖直向前送氧所得到富氧面积比双送氧口竖直向前送氧所得到富氧面积大 20%左右;相同的送氧口流量、送氧口个数及送氧方式下,管径为 6 mm 的送氧口所得到的富氧面积比管径为 10 mm 的送氧口所得到的富氧面积大 60%左右。

6.2.3　Fluent 软件的简介与基本原理

1. Fluent 软件的简介

Fluent 是目前国际上比较流行的商用 CFD 软件包,在美国的市场占有率为 60%,凡是和流体、热传递和化学反应等有关的工业均可使用。它具有丰富的物理模型、先进的数值方法和强大的前后处理功能,在航空航天、汽车设计、石油天然气和涡轮机设计等方面都有着广泛的应用。

CFD 商业软件 Fluent,是通用 CFD 软件包,用来模拟从不可压缩到高度可压缩范围内的复杂流动。目前与 Fluent 配合最好的标准网格软件是 ICEM。Fluent 系列软件包括通用的 CFD 软件 Fluent、POLYFLOW、FIDAP,工程设计软件 FloWizard、Fluent for CATIAV5、TGrid、G/Turbo, CFD 教学软件 FlowLab,面向特定专业应用的 ICEPAK、AIRPAK、MIXSIM 软件等。

Fluent 软件包含基于压力的分离求解器、基于密度的隐式求解器、基于密度的显式求解器,多求解器技术使 Fluent 软件可以用来模拟从不可压缩到高超音速范围内的各种复杂流场。Fluent 软件包含非常丰富、经过工程确认的物理模型。由于采用了多种求解方法和多重网格加速收敛技术,Fluent 能达到最佳的收敛速度和求解精度。灵活的非结构化网格和基于解的自适应网格技术及成熟的物理模型,可以模拟高超音速流场、传热与相变、化学反应与燃烧、多相流、旋转机械、动/变形网格、噪声、材料加工等复杂机理的流动问题。

Fluent 软件的动网格技术处于绝对领先地位,并且包含了专门针对多体分离问题的六自由度模型，以及针对发动机的 2.5D 动网格模型。

2. Fluent 软件的特点

(1) Fluent 软件采用基于完全非结构化网格的有限体积法，而且具有基于网格节点和网格单元的梯度算法。

(2) Fluent 软件包含丰富而先进的物理模型，使得用户能够精确地模拟无黏流、层流、湍流。湍流模型包含 Spalart-Allmaras 模型、k-ω 模型组、k-ε 模型、雷诺应力模型。另外用户还可以定制或添加自己的湍流模型。

(3) Fluent 软件功能强，适用面广。包括各种优化物理模型，如计算流体流动和热传导模型(包括自然对流、定常和非定常流、层流、湍流、紊流、不可压缩和可压缩流等)、辐射模型、相变模型、离散相变模型、多相流模型及化学组分输运和反应流模型等。对每一种物理问题的流动特点，有适合它的数值解法，用户可对显式或隐式差分格式进行选择，可以在计算速度、稳定性和精度等方面达到最佳。

3. Fluent 软件的模块组成

1) 前处理软件

早期的 Fluent 只是一个求解器，还需要专门的前处理网格划分软件来输出网格。其中 ANSYS 公司的 ICEM CFD 进行网格划分，其功能十分强大。另外，诸如 Gridpro、hypermesh、pointwise、ansa 等前处理软件均能输出 Fluent 支持的网格文件。另外，在 Fluent 被 ANSYS 公司收购之后，ANSYS 公司将 tgrid 模块集成到了 Fluent 中，因此 Fluent 目前也具有划分网格的功能。

2) 求解器

Fluent 是基于非结构化网格的通用 CFD 求解器，针对非结构性网格模型设计，是用有限体积法求解不可压缩流及中度可压缩流流场问题的 CFD 软件。可应用的范围有湍流、热传、化学反应、混合、旋转流(rotating flow)及激波(shock)等。在涡轮机及推进系统分析都有相当优秀的结果，并且对模型的快速建立及激波处的格点调适都有相当好的效果。

3) 后处理器

Fluent 求解器本身就附带有比较强大的后处理功能。

4. Fluent 求解问题步骤

①确定几何形状，生成计算网格；②选择求解器，2D 或 3D；③选择求解的方程，层流或湍流；④确定边界类型及其边界条件；⑤求解方法的设置及其控制；⑥流场初始化并计算；⑦保存结果，进行后处理等。

6.2.4　氧气场数值模型

1. 基本假设

(1) 假设某富氧室长为 6m, 宽为 4m, 高为 3.6m。

(2) 在富氧室单送氧口位于侧墙壁面中心位置距地面高度 1.5m 处, 富氧气体由出氧口以射流形式进入富氧室内, 其组成为氧气和氮气二元理想气体混合物。

(3) 送氧口为圆形, 且流动轴向发展的长度不至于碰壁, 可用自由射流理论对此流动作出描述。

(4) 由于流动内部压差不大, 一般可按静压处理, 可设流体不可压缩。

(5) 设出氧口雷诺数 $Re > Re_c$。(Re_c 为临界雷诺数, 一般取 30, 流动为湍流射流, 湍流模型采用标准 k-ξ 模型。

2. 控制方程及模型常数确定

弥散供氧流动运动微分方程为

$$\frac{\partial u}{\partial x} + \frac{\partial v}{\partial y} = 0 \tag{6-2}$$

$$\frac{\partial u}{\partial t} + u\frac{\partial u}{\partial x} + v\frac{\partial u}{\partial y} = \frac{1}{\rho}\frac{\partial}{\partial y}\left(\mu\frac{\partial u}{\partial y} - \overline{\rho u'v'}\right) \tag{6-3}$$

式中, u 为 x 方向的速度; v 为 y 方向速度; μ 为运动黏度; $\overline{\rho u'v'}$ 为黏性附加项。

组分守恒方程为

$$\frac{\partial c_A}{\partial t} + u\frac{\partial c_A}{\partial x} + v\frac{\partial c_A}{\partial y} = \frac{1}{\rho}(D_{AB} + D_T)\frac{\partial}{\partial y}\left(\frac{\partial c_A}{\partial y}\right) \tag{6-4}$$

式中, c_A 为组分 A 摩尔浓度; D_{AB} 为组分 A 分子扩散系数; D_T 为湍流扩散系数。

湍流动能 K 方程和功能耗散率 ε 方程为

$$\frac{\partial K}{\partial t} + u\frac{\partial K}{\partial x} + v\frac{\partial K}{\partial y} = \frac{\partial}{\partial y}\left[\left(\frac{v_t}{\sigma_K} + v\right)\frac{\partial K}{\partial y}\right] + P - \varepsilon \tag{6-5}$$

$$\frac{\partial \varepsilon}{\partial t} + u\frac{\partial \varepsilon}{\partial x} + v\frac{\partial \varepsilon}{\partial y} = \frac{\partial}{\partial y}\left[\left(\frac{v_t}{\sigma_\varepsilon} + v\right)\frac{\partial \varepsilon}{\partial y}\right] + C_{\varepsilon 1}\frac{\varepsilon}{K}P - C_{\varepsilon 2}\frac{\varepsilon^2}{K} \tag{6-6}$$

式中, σ_K、$C_{\varepsilon 1}$、$C_{\varepsilon 2}$ 和 σ_ε 为模型常数, 其值分别取 1.0、1.44、1.92 及 1.3。

3. 不同海拔高度氧气扩散系数的确定

低压下富氧气体可按理想气体处理, 且认为富氧气体是由氧气和氮气组成的二元混合物, 氧气扩散系数可按下式计算:

$$D_{AB} = 0.001858T^{\frac{3}{2}} \frac{(1/M_A + 1/M_B)^{\frac{1}{2}}}{P\sigma_{AB}^2\Omega_D} \tag{6-7}$$

式中，T 为温度，K；M 为组分的摩尔质量，kg/mol；P 为绝对压强，kPa；σ_{AB} 为平均碰撞直径；Ω_D 为基于 Lennard-Jones 势能函数的碰撞积分。

可推导出不同温度、不同压力下组分扩散系数的相互关系：

$$D_{ABT_2P_2} = D_{ABT_1P_1}\left(\frac{P_1}{P_2}\right)\left(\frac{T_1}{T_2}\right)^{1.5}\frac{\Omega_{D,T_1}}{\Omega_{D,T_2}} \tag{6-8}$$

可计算得到20℃不同海拔高度上氧气扩散系数，见表6-4。

表6-4 不同海拔高度上氧气扩散系数

海拔高度/m	大气压/kPa	扩散系数/(m²/s)
0	101.325	2.043×10⁻⁵
3000	70.117	2.952×10⁻⁵
3500	65.892	3.142×10⁻⁵
4000	61.656	3.357×10⁻⁵
4500	57.854	3.578×10⁻⁵

4. 初始条件和边界条件

海拔为 3000m，室内大气压为 70.117kPa；送氧口的入口条件均为送氧速度 (V=1.5m/s)，假定送氧速度均匀分布，$V=Q\cdot A^{-1}$，Q 为送氧口的进口流量，A 为送氧口的截面积；固体壁面的速度条件为 $u=v=w=0$，固体壁面的温度条件为温度 $T=T_w$，T_w 为常数；气体温度为293K(20℃)；收敛条件为残差的绝对值小于 10^{-4}。圆形送氧口设置于侧墙壁面空调送风口中心位置，送出氧气体积分数为90%的氧气并以射流形式进入密闭建筑房间内，选择送氧口管径为 20mm，并以单送氧口的供氧方式进行送氧，来研究高原低气压条件下氧气弥散的特性，如表6-5所示。

表6-5 不同海拔高度高原弥散供氧氧浓度范围

海拔高度/m	大气压/kPa	室内氧浓度设定值/%	允许最大浓度/%
3000	70.117	24.02	25.7
3500	65.892	25.78	26.3
4000	61.656	27.71	26.8
4500	57.854	29.83	27.5

5. 网格划分与计算方法

对密闭建筑房间进行了非结构网格划分，入口单元尺寸为1mm，其他单元尺寸为 100mm, 网格数量为 100 万, 并通过了网格无关性检查。密闭建筑房间和送氧口的几何尺寸相差较大, 所以在送氧口附近采用局部网格加密处理。利用 CFD 软件 Fluent19.0 对前述控制方程进行求解, 方程离散采用有限体积法, 压力和速度的耦合算法采用 SIMPLE 方法, 收敛标准为离散化守恒方程的残差小于 10^{-4}。

6. 拟采用实验验证的方法

为验证数值模拟计算的准确性, 进行密闭建筑空间下的富氧特性实验。密闭建筑房间的供氧系统实验装置由变压吸附制氧装置、缓冲罐、氧化锆氧浓度检测器、转子流量计、氧浓度传感器、数据采集卡、上位计算机等组成。变压吸附制氧装置制取出的高浓度富氧气体通入缓冲罐, 经氧化锆氧浓度检测器检测其浓度后, 流经转子流量计控制其送氧流量, 再通过设置于侧墙壁面空调送风口的中心位置的圆形送氧口, 并以射流形式进入密闭建筑房间内。氧浓度传感器安置在固定支架上并进行吊装, 通过改变氧浓度传感器距送氧口的轴向距离来探测不同位置的氧气浓度, 就可以测得密闭建筑空间内任意轴向或径向位置处的氧气浓度。具体装置如图 6-1 所示。

实验开始时, 启动变压吸附制氧机, 待制氧机工作稳定后, 将富氧气体接入到缓冲罐, 打开球阀 5, 由氧化锆氧浓度检测仪可以测得缓冲罐中氧浓度, 待缓冲罐中氧气浓度稳定后, 打开球阀 4 和 7。由转子流量计测得弥散供氧的出氧流量, 调节球阀 5 使出氧流量至设定的值, 之后打开球阀 8, 进行实验; 由固定在固定支架横向细铁丝网上的氧浓度传感器探测氧气浓度, 通过移动该固定支架及氧浓度传感器在固定支架上距出氧口轴线径向距离, 即可测得弥散区域内不同轴向及径向位置处氧气浓度; 由数字风速仪测得弥散区域内不同位置处的速度。

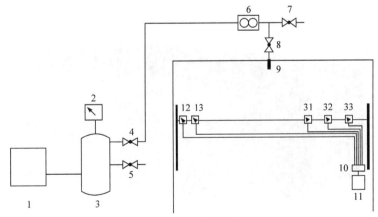

图 6-1　实验装置示意图

1-变压吸附制氧装置; 2-氧化锆氧浓度检测器; 3-缓冲罐; 4、5、7、8-球阀; 6-转子流量计; 9-圆形送氧口;
10-数据采集卡; 11-上位计算机; 12、13、31、32、33-氧浓度传感器

6.2.5 数值模拟过程

1. 建立几何模型

如图 6-2 所示，此几何模型的长为 6000mm，宽为 4000mm，高为 3600mm，在建筑中窗户及门为出口条件，送氧口为入口条件。其中，门的尺寸为长 1000mm，高 2000mm，窗户的尺寸为长 1000mm，高 1000mm，窗户底边距地面的距离为 1000mm，送氧口的尺寸为 $D=20$mm。

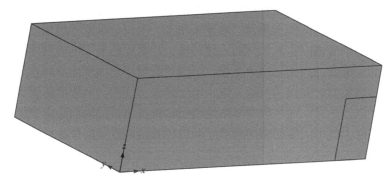

图 6-2　建立几何模型图

2. 网格划分

对密闭建筑房间进行非结构网格划分，如图 6-3 所示。入口单元尺寸为 1mm，其他单元尺寸为 100mm，网格数量为 100 万，并通过了网格无关性检查。密闭建筑房间和送氧口的几何尺寸相差较大，所以在送氧口附近采用局部网格加密处理。

图 6-3　网格划分结果图

3. 计算结果后处理及分析

计算结果如图 6-4 所示。

图 6-4　计算结果图

4. 模拟结果与分析

此初始条件为房间的长为 6m，宽为 3m，高为 3.6m，在建筑中窗户及门为出口条件。其中门的尺寸为长 1m，高 2m，窗户的尺寸为长 1m，高 1m，窗户底边距地面的距离为 1m，送氧口的尺寸 D=20mm，本工程对这一房间进行氧气弥散数值模拟，得到如图 6-5 所示区域为当海拔为 3000m，出氧速度为 15m³/h 时，能达到最适宜的室内氧浓度设定值(氧气体积分数为 24.02%～25.70%)室内的富氧区。

图 6-5　海拔 3000m 室内富氧区图

6.2.6　理想条件下供氧控制点数值模拟

1. 条件的选择

1) 海拔高度的确定

此次弥散供氧实验地址在西藏自治区拉萨市，拉萨市的平均海拔高度为

3650m，数值模拟海拔高度应与实际实验海拔高度相同才能得到较为准确的模拟结果，故海拔高度选定为 3650m。

2) 初始条件氧气浓度的确定

平原地区的每立方米空气中的含氧量在 250～260g，而西藏地区是 150～170g左右，拉萨的海拔是 3650m，经过换算后，拉萨每立方米空气中的含氧量是 195g，氧气体积的百分比是 13.24%。故初始氧气浓度设定为 13.24%。我们也可以根据海拔高度与氧含量对照表获知拉萨市氧含量，如表 6-6 所示。

表 6-6　海拔高度与氧含量对照表

海拔高度/m	氧含量/%	海拔高度/m	氧含量/%
0	20.8	3800	13.0
1000	18.5	3900	12.8
1500	17.4	4000	12.7
1650	17.0	4100	12.5
2000	16.3	4200	12.3
2500	15.3	4300	12.1
2600	15.1	4400	12.0
2700	15.0	4500	11.8
2800	14.8	4600	11.7
2900	14.6	4700	11.5
3000	14.4	4800	11.4
3100	14.2	4900	11.2
3200	14.0	5000	11.1
3300	13.8	5100	10.9
3400	13.7	5200	10.8
3500	13.5	5300	10.6
3600	13.4	5400	10.5
3700	13.2	5500	10.4

3) 制氧机供氧参数确定

此次制氧机采用流量 20L/h 的制氧机两台，制氧机制得的氧气浓度可达到93%左右。由于制氧会有损耗，制氧机实际流量为 15L/h。制氧机工作原理是利用分子筛物理吸附和解吸技术。制氧机内装填分子筛，在加压时可将空气中氮气吸附，剩余的未被吸收的氧气被收集起来，经过净化处理后即成为高纯度的氧气。分子筛在减压时将所吸附的氮气排放回环境空气中，在下一次加压时又可以吸附氮气并制取氧气。整个过程为周期性地动态循环过程，分子筛并不消耗。

4) 人均耗氧量的确定

由表 6-7 可知各种代谢模式下人体的耗氧速率，此次数值模拟取用平均值耗氧速率为 25L/h。

表 6-7　人体耗氧速率表

代谢模式	耗氧速率/(L/h)
睡眠	14.9 ± 1.1
静息	18.3 ± 1.2
轻度活动	26.4 ± 1.5
中度活动	49.5 ± 4.9
平均	25

5) 供氧浓度上下限确定

根据不同海拔高度范围的氧气浓度要求(表 6-8)可知：采用 B 级供氧等级，供氧浓度的范围为 23.9%～25.7%。

表 6-8　不同海拔高度范围的氧气浓度表

海拔高度/m	大气压/kPa	A 级		B 级		C 级	
		氧气浓度/%	生理等效高度/m	氧气浓度/%	生理等效高度/m	氧气浓度/%	生理等效高度/m
3000	70.1	>24.3	<1800	23.2～24.3	1800～2200	22.3～23.2	2200～2500
3500	65.8	>24.7	<2200	23.4～24.7	2200～2500	22.3～23.4	2500～3000
4000	61.6	>25.0	<2500	23.6～25.0	2500～3000	22.3～23.6	3000～3500
4500	57.7	>25.3	<3000	23.8～25.3	3000～3500	22.4～23.8	3500～4000
5000	54.0	>25.5	<3500	23.9～25.5	3500～4000	22.4～23.9	4000～4500
5500	50.5	>27.3	<3500	25.5～27.3	3500～4000	23.9～25.5	4000～4500

高原氧调供氧等级的选择如下。

(1) 对于急进高原的人员，高原弥散供氧空间氧调宜采用 A 级。

(2) 对于短居高原的人员，高原弥散供氧空间氧调宜采用 A 级，或者 B 级。

(3) 对于久居高原的人员，高原弥散供氧空间氧调的级别可按下列要求确定：①宿舍等休息及恢复环境，宜采用 B 级；②办公等工作环境，宜采用 B 级，难以实现时，可采用 C 级；③进行体育活动等较大劳动强度的环境(短时间)，宜采用

A 级，难以实现时，可采用 B 级。

2. 物理模型的建立及参数确定

(1) 假设某富氧室长为 6m，宽为 4m，高为 3.6m，如图 6-6 所示。

(2) 在富氧室单送氧口位于侧墙壁面中心位置距地面高度 1.5m 处，富氧气体由出氧口以射流形式进入富氧室内，其组成为氧气浓度为 93% 和氮气 7% 二元理想气体混合物。设定通风口模拟人体耗氧条件，在送氧口对面墙壁中心位置距地面高度 1.5m 设置通风口。

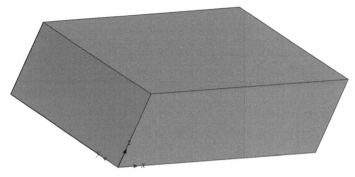

图 6-6 物理模型

(3) 送氧口为圆形，且流动轴向发展的长度不长，不至于碰壁，可用自由射流理论对此流动作出描述。

(4) 由于流动内部压差不大，一般可按静压处理，可设流体不可压缩。

(5) 设出氧口雷诺数 $Re>Re_c$(Re_c 为临界雷诺数，一般取 30)，流动为湍流射流，湍流模型采用标准 k-ξ 模型。

6.2.7 室内供气对比物理模拟实验

本实验通过安装两台 20L 的家用制氧机，为高 3.7 m、宽 4 m，长 3 m 的实验空间增氧，并在高 0~2.8m 范围内通过布置 60 个可任意移动位置的氧气浓度探测器，测定指定时间段指定条件下的氧气浓度。实验通过对一定数量测点的氧气浓度进行测量，找到氧气浓度随时间的变化情况，以此来反映氧气在一定时间段、一定影响因素下的弥散规律，找到影响氧气弥散的主要影响因素，分析不同因素对氧气弥散效果的影响，为弥散供氧在日常生活中的高效合理应用提供数据支持。实验的主要方法如下。

(1) 密闭整体空间下（全域），通过布设的氧气探测器测量整个密闭空间中氧气浓度的变化情况。测量并记录各个测点白天工作时段内 9:00~15:00、15:00~18:00

的氧气浓度变化情况,晚上休息时间段21:00至次日早7:00的氧气浓度变化情况,通过软件处理数据得到氧气浓度随时间的变化曲线,分析整个密闭空间氧气场的分布情况,了解并掌握通过制氧机增氧后氧气的弥散规律。

(2) 密闭局部空间下(局域),通过在出氧端口附近一定范围内布置氧气传感器测量指定范围内氧气浓度的变化情况。测量并记录各个测点白天工作时段内9:00~13:00、15:00~18:00 的氧气浓度变化情况,晚上休息时间段 21:00 至次日早7:00 的氧气浓度变化情况,通过软件处理数据得到氧气浓度随时间的变化曲线,分析局部密闭空间氧气场的分布情况,了解并掌握通过制氧机增氧后氧气的弥散规律。

1.实验条件及内容

考虑到弥散供氧形成流场大小及噪音的不利影响,选择 6mm 出氧口管径作为高原低气压环境富氧室局部弥散供氧出氧口基础管径,布置多个出氧口以满足多人供氧需求。模拟研究海拔高度分别为 0m、3000m、3500m、4000m 及 4500m,出氧流量为 $1.5\text{m}^3/\text{h}$ 和 $1.2\text{m}^3/\text{h}$ 时,以单出氧口及双出氧口弥散供氧特性,模拟条件及内容如表 6-9 所示。双出氧口出氧与单出氧口出氧具有相似性,故双出氧口物理模型是基于单出氧口物理模型进行模拟,仅改变双出氧口出流流量为原有出流流量的一半。

表 6-9　模拟条件及内容

出氧浓度	出流流量/（m³/h）	出流速度/（m/s）
90	1.50	14.74
90	1.20	11.79
90	0.75	7.37
90	0.60	5.89

2.模型验证

在获得网格无关解的基础上,为进一步确保数值模拟可靠性,将实验与数值模拟对应的弥散供氧轴向速度和富氧区域进行对比,如图 6-7 所示。研究表明,在轴向 $x=0.1\sim1.1\text{m}$ 范围内轴向最大速度模拟结果比实验结果略大,而在轴向 $x=1.1\sim2.7\text{m}$ 范围内实验结果比模拟结果略大,这是由于通风需要弥散供氧实验室内存在微小风速,微小风速使弥散流动速度较大时对流动起阻碍作用,然而速度较小时加强气流速度的脉动。总体上,轴向速度的模拟值和实验值相差较小,可认为数值模型可以很好地预测弥散供氧过程。

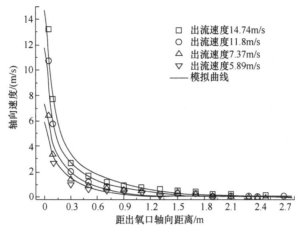

图 6-7 弥散供氧轴向最大速度分布

3. 实验结论

(1) 弥散供氧流动主体段轴向最大速度和轴向氧气摩尔浓度均随轴向距离增加而衰减。

(2) 不同海拔高度上不同出流速度下弥散形成的富氧区域形状是相似的，为"半椭圆"形区域。

(3) 相同流量的富氧采用双出氧口弥散形成的富氧面积比单出氧口弥散形成的富氧面积少，且海拔越高富氧面积减少量越大。

6.3　高原地区室内弥散供氧氧气浓度计算

6.3.1　高海拔环境对人体的影响

在高海拔环境中，高寒、低气压、含氧量低等因素对人员的正常生活和生产带来了很大的危害和影响，轻则导致人员双额部疼痛、心悸、胸闷、气短、厌食、恶心、呕吐口唇和甲床发绀等症状，严重时可导致肺水肿，甚至威胁到人的生命安全，极大影响了高海拔地区的安全工作和生产，而且对于长期在高原生活的人，高海拔环境可能会对人体呼吸系统、心血管系统等造成一定影响，进而出现高原性心脏病、高原性红细胞增多症、高原性的高血压、血栓栓塞性疾病等。

1. 高海拔环境与大气压、氧分压的关系

在自然科学的研究中，通常认为大气压和氧分压与多种环境因素有关系，如温度、湿度、海拔高度，这些环境因素的改变都将对大气压和氧分压产生一定的影响，其中又以海拔高度变化的影响最为显著。在一般理论环境中，海拔高度每升高 100m，大气压下降 5mmHg(0.67kPa)，氧分压也随之下降 1mmHg 左右(0.14kPa)。高海拔环境导致的低气压、低氧分压，是引起高原地区空气稀薄、氧气极度缺乏的主要原因。

1) 大气压

一般认为，在通常理论状态下大气压随着海拔高度的增加而降低，并且会呈现线性关系。在海平面附近，海拔高度每升高 100m，大气压强下降 670Pa。实际上，空气具有可压缩性，大气压强与海拔高度呈现出如下所示的非线性关系：

$$P = 101.325 \times \left(1 - \frac{h}{44329}\right)^{5.255876} \tag{6-9}$$

式中，P 为当地大气压强，kPa；h 为海拔高度，m。

2) 空气密度

海拔高度的升高会导致大气压强的降低，气压减小会引起空气中密度的降低，因此单位体积中的氧含量也将降低。通常认为海拔高度和空气温度是影响空气密度的主要原因，所以高海拔地区空气密度、海拔高度和温度的关系可以表达如下：

$$\rho = 1.293 \times \frac{P}{P_0} \times \frac{273.15}{273.15 + t} \tag{6-10}$$

式中，P 为当地实际大气压；P_0 为标准大气压，通常取值 101.325kPa；t 为当地温度，℃。

通过计算可得到不同海拔高度在某一温度下的空气密度及大气压，见表 6-10。

表 6-10　不同海拔高度下的大气压力及空气密度

海拔高度/m	大气压/kPa	空气密度/(g/m³)
0	101.3	1292
1000	89.87	1146
2000	79.50	1014
3000	70.11	892
4000	61.64	802
5000	54.02	719
6000	47.18	644
7000	41.06	573

3) 氧分压

在正常理想状态下，一般认为氧气体积浓度不随着海拔高度的改变而改变，根据玻尔兹曼分布重力场中气体分子密度随着海拔高度的升高而降低，且气体摩尔质量越大降低得越多，由于 O_2 的摩尔质量为 32 而 N_2 摩尔质量为 28，随着海拔的升高气体分压降低，氧气分压降低得更多，因此其体积百分比会减少，平原上 O_2 的体积百分比为 20.9%，但是随着海拔的升高体积百分比也会低于 20.9%。

氧气对人体机理的影响主要取决于氧分压的大小，而并非取决于它在空气中所占的百分容积。在海平面附近，空气在每平方米上所形成的压强为 101.3kPa (760mmHg)，在干燥空气中氧占 20.40%，故氧分压为 21.15kPa(159mmHg)。在一般理论状态下，通常认为氧气在空气中所占的体积比为固定值，则大气压强的减小同样会引起氧分压的下降。

在海平面处，大气压等于 760mmHg，即为

$$760mmHg=760×0.133kPa=101kPa≈0.1MPa$$

(1) 空气总压和分压。

混合气体中某单一气体的分压等于混合气体的总压力与该气体所占混合气体体积百分比的乘积。干燥的空气中氧气的分压=760×0.2098=159.5mmHg，即在海平面上大气氧分压约为 21.22kPa。

(2) 呼吸道气体分压。

不论是在人体内部还是人体外，空气压力总和是不变的，仍是 760mmHg，空气在经过呼吸道时被湿化，相当于人体吸入的空气湿度升高了。以人体正常体温 37℃计算，该温度条件下的水蒸气分压为 47mmHg，为了保持总压的平衡，其他气体的压强势必会降低。因此，进入呼吸道气体的氧分压，即气管气氧分压可用下式表示：

$$P_{to_2} = F_{io_2}(P_0 - 6.27) \tag{6-11}$$

式中，P_{to_2} 为气管气氧分压，kPa；P_0 为标准条件下的大气压；F_{io_2} 为干燥空气中的氧浓度，kPa；6.27 为 37℃条件下饱和水汽压，kPa。

由以上公式可知，大气压强和氧浓度是影响气管气氧分压的两大主要原因。通过以上两个公式计算出不同海拔高度的压力特性[12]，如表 6-9 所示。

2. 高海拔环境对人体的影响分析

高海拔地区的恶劣气候环境主要包括寒冷、干燥、低气压、含氧量低、紫外线强等，这些因素原因直接影响到人体的生理活动和疲劳程度，特别是高原的低气压和低含氧量对人体机能的影响非常大。气压一般随海拔高度的升高而有规律地降低，同时空气越来越稀薄，空气中氧分压和人体肺部氧分压也会减小，肺部氧分压的降低会使人出现缺氧症状。如果要保证体内血氧结合的顺利，通常要求动脉中的氧分压大于 7.98kPa，若不能满足这个最低限值，机体会因为缺氧导致高原疾病。

大气压降低会导致氧分压下降，平原世居者到达 3000 米以上地区时，肺泡气压和动脉血氧分压随之减小，毛细血管血压与细胞线粒体间氧分压梯度差缩小，这

会导致人体产生缺氧反应。如果是渐进高原，人体生理机能会有一个逐渐适应的过程，机体会产生相应的代偿变化来适应逐渐减小的氧分压，增大通气量，提升肺泡膜的弥散能力。通过加快体内循环来加速氧的输送等都属于此类代偿反应，这些代偿增强作用，可使进入肺泡组织中的氧气达到正常值。通常情况下，人体气管有一定适应环境的能力，当人体逐渐适应高原环境后可长时间处于高原环境中。一般认为，人类长期居住可适应的最大高度为 5000 米，但人员之间个体差异较大，适应能力弱者在 5000 米以下的高度就会失去适应能力，而出现高原适应不全症[13]。

通过对人体机能的分析，可了解影响人的身体工作能力的各种因素，若不考虑海拔高度所引起的心理因素的改变，可以认为有氧活动能力受到吸入气中氧分压下降的影响，限制了人们的工作能力。

为进一步明确高海拔环境对人体机能的影响，针对人体生理反应开展研究，主要包括不同海拔高度的血乳酸浓度变化和不同海拔高度的摄氧量变化两个方面。

1) 不同海拔高度的血乳酸浓度变化

通过研究可知，急进高原人员在承担相对较轻的工作负荷时，相比较平原地区血乳酸浓度有所增加，但在精疲力竭的工作中，血乳酸所达到的最高值与在海平面上的相近，如图 6-8 所示。

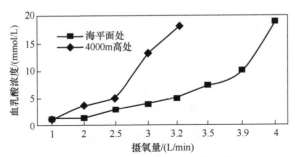

图 6-8　海平面与 4000m 高处人员的血乳酸浓度

通过以上分析可知，急进高原者在突然面临氧分压降低的情况时，人体会通过体内的代偿性反应来进行自我调节，比如呼吸频率加快、心排血量增加等，这些代偿反应虽然不能代偿氧分压降低的影响，但是增加了体内氧气运输的能力，使最大摄氧量下降。

2) 不同海拔高度的摄氧量变化

最大摄氧量或最大有氧能力是指在平原地区工作时，个人通过呼吸所能达到的最高摄氧量。不同海拔高度的摄氧量变化如图 6-9 所示。

消耗 1L 的 O_2 可以释放出大约 20kJ 的能量，也就是说人体释放能量的大小直接受到摄氧量的影响，而摄氧量的大小基本与劳动强度大小成正比。在进行超负荷剧烈劳动时，无氧代谢自始至终都起着重要的作用。海拔高度与最大摄氧量关系如图 6-10 所示。

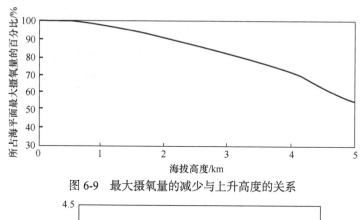

图 6-9　最大摄氧量的减少与上升高度的关系

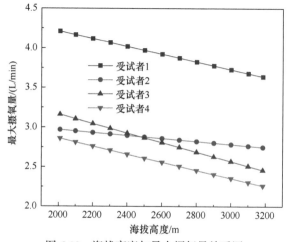

图 6-10　海拔高度与最大摄氧量关系图

从图 6-9 和图 6-10 中可以看出，最大摄氧量随海拔升高而递减，同时还与人体差异性有很大的关系。

6.3.2　高海拔地区人员缺氧特性

缺氧和低氧血症并非一个概念。低氧血症是指血液中氧含量低于正常的一种病理状态，由氧分压降低引起的称为低张性低氧血症，由血红蛋白减少引起的称为等张性低氧血症[14]。

缺氧是指由于组织、细胞得不到充足的氧，组织、细胞的代谢、功能和形态结构发生异常变化的病理过程。在这个概念中包含三个因素：①引起缺氧的原因既可能是组织不能获得足够的氧，也可能是获得了足够的氧，但由于功能障碍，利用率较低；②组织代谢、功能和形态结构发生异常变化；③缺氧自身并不是一种疾病，而是一种身体病理变化，这种病理过程存在于多种疾病之中，通常出现在高原、高空等特殊环境中。

1. 常用的血氧评价指标

组织、细胞氧的供应和利用状态可通过检测一些指标来反映。常用的血氧指标有血氧分压、血氧容量、血氧含量、血氧饱和度、P50、动-静脉血氧含量差等，通过测定这些指标可判断缺氧的原因、类型和缺氧的严重程度，应着重掌握这些指标的概念、决定因素(影响因素)和正常值范围。

2. 缺氧的类型、原因

人体通过呼吸功能将氧气吸入肺泡中，然后通过肺泡内血液循环，将氧气与血红蛋白相结合，再通过血液循环运送到人体各个组织、细胞被利用，其中任何一个环节都必须顺利进行，一旦发生障碍都会导致缺氧。尽管不同类型缺氧的发生机制和血氧变化特点也不尽相同，但是通常依据缺氧的诱因和血样浓度、氧分压的变化特点，可以将缺氧分为四种类型，如图 6-11 所示。

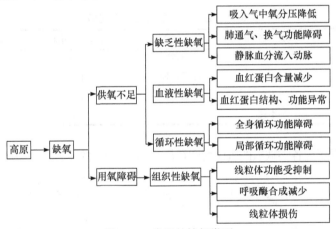

图 6-11 常见的缺氧类型

1) 乏氧性缺氧

乏氧性缺氧是指由于外界环境的改变，PaO_2 明显降低，引起的组织供氧不足。一般认为在 PaO_2 低于 60mmHg(8kPa)时，同样也会引起 CaO_2 以及 SaO_2 的明显下降，因此乏氧性缺氧也称为低张性缺氧。

2) 血液性缺氧

血液性缺氧是当血红蛋白在质或者量上发生改变时，导致 CaO_2 减少以及氧合血红蛋白结合的氧无法顺利释放出来所引起的组织缺氧。血液性缺氧主要是由于血红蛋白数量减少引起的，因此其 PaO_2 正常而 CaO_2 减低。

3) 循环性缺氧

循环性缺氧是指因为体内组织的血流量减少，血液携带的氧总量减少，从而导致组织所需氧供应不足所引起的缺氧，因此该类缺氧又称为低动性缺氧。

4) 组织性缺氧

组织性缺氧是指由于组织、细胞发生病变而引起的氧利用障碍所引起的缺氧。

上述四种缺氧类型中，各类型的缺氧原因也是不相同的，由此可以依据引起缺氧类型的不同原因对缺氧类型做进一步分类。乏氧性缺氧中，呼吸系统病变而导致呼吸功能障碍引起的缺氧称为呼吸性缺氧(respiratory hypoxia)；环境变化导致吸入的气氧分压或氧含量降低而引起者称为大气性缺氧(atmospheric hypoxia)；海拔高度增加引起的缺氧称为高原缺氧(high altitude hypoxia)。在血液性缺氧中，血红蛋白的数量不足，导致血氧结合率不高而引起的缺氧称为贫血性缺氧(anemic hypoxia)。循环性缺氧中，休克、心脏衰竭等疾病引起的全身性循环障碍导致的缺氧称为全身性循环性缺氧，而因为血管栓塞等导致的局部性循环障碍所引发的缺氧称为局部性循环性缺氧。

各类型缺氧的血氧变化特点见表 6-11。

表 6-11　各类型缺氧的血氧变化特点

缺氧类型	动脉氧分压	血氧量	血红蛋白氧饱和度	动静脉血氧差
乏氧性缺氧	降低	不变	下降	降低或不变
血液性缺氧	不变	降低或不变	不变	降低
循环性缺氧	不变	不变	不变	升高
组织性缺氧	不变	不变	不变	降低

为更清晰反应各类缺氧的机体变化特征，各类型缺氧的血氧变化曲线见图 6-12[12]。

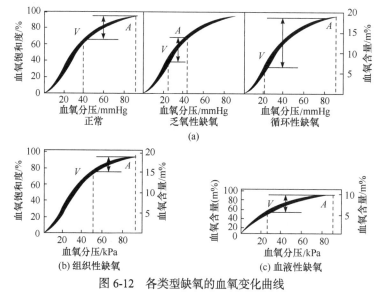

图 6-12　各类型缺氧的血氧变化曲线

6.3.3　高海拔地区临界供氧海拔高度确定

1. 基于人员舒适性和安全性的临界供氧海拔高度

人体吸入的氧量直接受到空气中氧浓度高低的影响，当空气中的氧浓度降低(或氧分压减小)时，人体的呼吸也会受到影响，氧浓度降低越多呼吸将越困难。氧浓度降低到一定程度时，人体将处于缺氧状态，工作效率降低，出现各种不适症状，严重缺氧会直接威胁居民生命安全[15]。人体缺氧症状与空气中氧浓度的关系见表 6-12。

表 6-12　急性缺氧症状与氧浓度的关系

氧体积浓度/%	主要症状
17	静止时无异常，劳动时呼吸频率上升，呼吸阻力大，心率升高
16	呼吸及心跳增快，头昏耳鸣，判断能力减弱，失去劳动能力
10~12	意识判断出现问题，长时间有生命危险
6~9	失去知觉，呼吸停止，心脏仅能维持短时间跳动，如不及时抢救就会导致死亡

通过表中氧浓度与缺氧症状的关系得出，为保证居民正常生活，必须保证居民呼吸充足的氧气，通过分析缺氧症状，可以得出当氧浓度降低到 16%时，居民会有存在缺氧危险的可能，当氧浓度降低到 12%，居民将出现严重缺氧现象。本节以存在缺氧可能性和出现严重缺氧的氧浓度为内容展开讨论，研究高海拔地区的临界供氧高度。

2. 基于空气密度改变的临界供氧海拔计算法

根据高海拔环境对人体机能的影响可知，维持人体某一劳动强度时，氧化产能是一定的。计算时采用如下假定。

(1) 人体在完成同一劳动时，所需要的氧气质量是一定的。

(2) 氧气体积浓度不随海拔高度的变化而变化。

(3) 除海拔高度以外的其他因素均相同。

基于以上几个假定，考虑平原与高原的空气密度不同，氧气含量也不相同，以氧气质量为基准值，可以得到非世居高原人群在高海拔环境体劳作时要求能适应的最大海拔高度，通过分析可建立如下等式：

海平面氧气密度 × 极限氧气浓度=标准氧气浓度 × 适应最高海拔高度

已知海平面氧气密度 1.429kg/m³，海平面空气密度 1.29kg/m³，平原地区存在缺氧危险可能的氧浓度是 16%，出现严重缺氧的氧浓度为 12%，理论情况下的标准氧气浓度 21%，同时将海拔高度与空气密度、密度与压强以及上述等式联立，考虑到在海拔升高的同时空气与氧气是同比变化，得到以下公式。

(1) 基于人员舒适性的临界供氧高度：

$$1.429 \times 16\% \times 1 = 1 \times 21\% \times \rho_{\text{氧}}$$

$$\rho_{\text{氧}} = 1.089 \text{kg/m}^3$$

$$\frac{\rho_{\text{氧高}}}{\rho_{\text{氧平}}} = \frac{\rho_{\text{空高}}}{\rho_{\text{空平}}} \rightarrow \rho_{\text{空高}} = \frac{1.089 \times 1.29}{1.429} = 0.98 \text{kg/m}^3$$

$$\rho = 1.293 \times \frac{P}{P_0} \rightarrow P = \frac{0.98 \times 101.325}{1.293} = 76.80 \text{kPa}$$

$$P = 101.325 \times \left(1 - \frac{h}{44329}\right)^{5.255876} \rightarrow h \approx 2500 \text{m}$$

(2) 基于人员安全性的临界供氧高度：

$$1.429 \times 12\% \times 1 = 1 \times 21\% \times \rho_{\text{氧}}$$

$$\rho_{\text{氧}} = 0.817 \text{kg/m}^3$$

$$\frac{\rho_{\text{氧高}}}{\rho_{\text{氧平}}} = \frac{\rho_{\text{空高}}}{\rho_{\text{空平}}} \rightarrow \rho_{\text{空高}} = \frac{0.817 \times 1.29}{1.429} = 0.738 \text{kg/m}^3$$

$$\rho = 1.293 \times \frac{P}{P_0} \rightarrow P = \frac{0.738 \times 101.325}{1.293} = 57.8 \text{kPa}$$

$$P = 101.325 \times \left(1 - \frac{h}{44329}\right)^{5.255876} \rightarrow h \approx 4600 \text{m}$$

通过对两种不同临界氧浓度对应海拔高度的关系的分析，可知在海拔超过2500m 时就会有出现缺氧症状的可能，而海拔超过4600m 以后将出现严重缺氧，结合既有成果对高原居民的高原反应统计的分析，得到人员可能出现缺氧症状的临界供氧海拔为 2500m，出现严重缺氧反应的临界供氧高度为 4600m[16]。

6.3.4　临界供氧海拔计算

当海拔高度低于 3000m 时，人体的血氧饱和浓度一般处于 90%以上，该阶段人员不会出现缺氧症状，只是呼吸、心率有轻度增加，称为"无明显变化范围"。当海拔高度在 3000～4000m 范围内，会有 1/3～1/4 的人表现出高原不适应，此时会出现呼吸、心率加快，组织器官缺氧，称为"代偿范围"。当海拔高度在 4500～6000m 范围内，人体生理机能可能发生障碍，称为"障碍范围"。当海拔高于 6000m 时，人员缺氧反应开始加重，主要表现为虚脱、昏迷，此时的血氧饱和浓度下降到低于 70%，这一高度通常被称为危险高度。

空气中的氧气被视为无辅助供氧措施下人体需氧的唯一来源。空气中能够给人体提供氧气的主要因素就是氧分压，而大气压和氧浓度是确定氧分压的最主要原因，可以表达为：空气中氧分压=大气压×大气中氧浓度。正常空气中氧气的体积浓度为 20.9%，在理论情况下，该浓度值不随海拔高度的变化而变化。因此，吸入气中的氧分压主要取决于大气压，大气压越高，氧分压也越高。呼吸道内的水蒸气在正常体温情况下是完全饱和的，在气管内水蒸气的分压为 47mmHg，因此，气管内的氧分压较大气中低，为(大气压–47mmHg)×20.9%。由于每次呼吸只能交换部分肺泡气，同时肺泡气中的氧又不断地向肺泡毛细血管中弥散，所以，肺泡气氧分压较气管内氧分压低约 1/3(表 6-13)。只有肺泡气中的氧才能弥散入血，肺泡气氧分压还与肺泡通气量和机体耗氧量有关。当肺泡通气量减小或机体耗氧量变大时，肺泡气氧分压降低，反之亦然。即：肺泡气氧分压(mmHg)=(大气压–47mmHg)×20.9%(耗氧量/肺泡通气量)。

表 6-13　不同海拔对应的大气压、吸入气氧分压、气管内氧分压与肺泡气氧分压的变化

海拔高度/m	大气压/mmHg	吸入气氧分压/mmHg	气管内氧分压/mmHg	肺泡气氧分压/mmHg
0	760	159	149	105
1000	674	141	131	90
2000	596	125	115	70
3000	530	110	100	62
4000	460	98	87	50
5000	405	85	74	45
6000	355	74	64	40
7000	310	65	55	35
8000	270	56	47	30

氧分压是氧气对人体影响的主要因素，氧气浓度的下降以及大气压力的减小都会引起氧气分压的降低，进而造成人体缺氧。在高海拔地区，氧气浓度相对较小，大气氧分压会随大气压的下降而下降，而当氧气浓度减少时，同样也可以等效为海拔高度升高。为更方便确定缺氧标准，在高原地区，衡量缺氧的程度用海拔高度比用氧气浓度更直观，所以可以把氧气浓度折算进海拔高度里，统一用海拔高度来表示氧气的含量[17]。

在海拔 11000m 以下范围的大气压力计算公式：

$$P = 101.325 \times \left(1 - \frac{h}{44329}\right)^{5.255876} \tag{6-12}$$

常用的气管气氧分压计算公式：

$$P_{to_2} = F_{io_2}\left(P_{to_1} - 6.27\right) \tag{6-13}$$

式中，P_{to_2} 为气管气氧分压；P_{to_1} 为某一海拔高度对应的标准气压。

连立上面两式，得到某一海拔在某一氧气浓度的空气可以与某一特定海拔的正常氧气浓度(21%)的空气相对应，海拔为 h_1 的氧气浓度与等效高度 h_2 之间的关系为

$$h_2 = a \times \left\{ 1 - \sqrt[b]{\frac{F_{io_1}\left[101.325(1-h_1/a)^b - 6.27\right]}{21.217455}} \right\} \quad (6\text{-}14)$$

式中，$a=44329$；$b=5.255876$。

(1) 基于居民舒适性的临界供氧高度为

$$h_2 = a \times \left\{ 1 - \sqrt[b]{\frac{F_{io_1}\left[101.325(1-h_1/a)^b - 6.27\right]}{21.21745}} \right\}$$

$$= 44329 \times \left\{ 1 - \sqrt[5.255876]{\frac{0.16 \times \left[101.325(1-0/44329)^{5.255876} - 6.27\right]}{21.21745}} \right\}$$

$$\approx 2700\text{m}$$

(2) 基于居民安全性的临界供氧高度为

$$h_2 = a \times \left\{ 1 - \sqrt[b]{\frac{F_{io_1}\left[101.325(1-h_1/a)^b - 6.27\right]}{21.21745}} \right\}$$

$$= 44329 \times \left\{ 1 - \sqrt[5.255876]{\frac{0.12 \times \left[101.325(1-0/44329)^{5.255876} - 6.27\right]}{21.21745}} \right\}$$

$$\approx 4950\text{m}$$

基于等效气管气氧分压原理，对两种不同临界氧浓度的计算分析，从理论上分析得到人员在海拔超过 2700m 时就会有出现缺氧症状的可能，而海拔超过 4950m 以后将出现严重缺氧，考虑到人员安全为本对以上缺氧高度保守取值，人员可能出现缺氧反应的临界供氧高度为 2500m，出现严重缺氧反应的临界供氧高度为 4500m。

综合以上两种临界供氧海拔高度的计算，最终确定了居民生活必须严格供氧的临界海拔高度为 4500m，而以施工人员舒适性考虑的临界供氧高度为 2500m。

依据氧含量守恒，虽然平原地区与高原地区氧气体积浓度都约为 20.9%，但是高原地区氧气密度 $\rho_{高氧}$ 显然低于平原地区的氧气密度 $\rho_{平氧}$ 通过向高原建筑室

内供氧，可使其氧含量（或氧气密度）达到平原地区水平，或使其模拟海拔高度降低到平原的海拔高度，单位体积所需供氧量计算公式如下：

$$V_{供氧} = \frac{(\rho_{平氧} - \rho_{高氧}) \times 20.9\% \times V_{单位}}{\rho_{高氧}} \qquad (6\text{-}15)$$

根据以上理论，可以计算使各海拔高度氧含量达到平原地区的供氧量，如表 6-14 所示。

表 6-14　不同海拔高度氧含量达到平原地区的供氧量

海拔/m	1000	2000	3000	4000	5000	6000	7000
供氧量/L	26.8	57.6	94.2	128.3	167.4	211.3	263.5

通过供氧，可提升不同海拔地区的氧含量，同时氧浓度也得到了提升，其提升结果如表 6-15 所示。

表 6-15　基于平原氧含量下各海拔高度的氧浓度提升

海拔/m	1000	2000	3000	4000	5000	6000	7000
氧浓度升高/%	2.68	5.76	9.42	12.83	16.74	21.13	26.35

通过以上计算分析得到：当海拔高度低于 2000m 时，为保证该地区氧含量与平原地区氧含量相同，所需要供应的氧气并不多，而当海拔超过 3000m 时，为使该区域氧含量与平原地区相同，每立方米供氧量将达到 100L，随着海拔高度的增加供氧量也基本呈线性增加，如图 6-13 所示[12]。

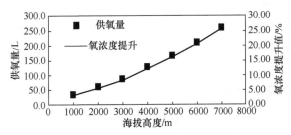

图 6-13　不同海拔地区达到平原氧含量所需供氧量及氧浓度上升值

6.3.5　高原地区居民室内的弥散供氧浓度计算

1. 海拔与大气压的关系

随着海拔升高，气温降低，大气压力减小，大约海拔每增加 200m，气温降低 1.3℃，气压下降约 2.35kPa，然而该变化并不是线性增长，具体对应如表 6-16

所示。

表 6-16　海拔高度、气温和气压的对照表

海拔高度/m	气温/℃	气压/kPa	海拔高度/m	气温/℃	气压/kPa	海拔高度/m	气温/℃	气压/kPa
−400	17.6	106.22	2600	−1.9	73.75	5600	−21.4	49.83
−200	16.3	103.75	2800	−3.2	71.91	5800	−22.7	48.49
0	15.0	101.33	3000	−4.5	70.11	6000	−24.0	47.18
200	13.7	98.95	3200	−5.8	68.34	6200	−25.3	45.90
400	12.4	96.61	3400	−7.1	66.62	6400	−26.6	44.65
600	11.1	943.2	3600	−8.4	64.92	6600	−27.9	43.43
800	9.8	92.08	3800	−9.7	63.26	6800	−29.2	42.23
1000	8.5	89.87	4000	−11.0	61.64	7000	−30.5	41.06
1200	7.2	87.72	4200	−12.3	60.05	7200	−31.8	39.92
1400	5.9	85.60	4400	−13.6	58.49	7400	−33.1	38.80
1600	4.6	83.52	4600	−14.9	56.97	7600	−34.4	37.71
1800	3.3	81.49	4800	−16.2	55.48	7800	−35.7	36.64
2000	2.0	79.50	5000	−17.5	54.02	8000	−37.0	35.60
2200	0.7	77.54	5200	−18.8	52.59	8200	−38.3	34.58
2400	−0.6	75.63	5400	−20.1	51.19	8400	−39.6	33.59

2. 居民室内弥散供氧计算实例

考虑到设备的实用性，以设备在拉萨使用为例进行计算，西藏拉萨地区的海拔约为 3600m，考虑到设备的经济性，以提升到 1600m 的氧含量为例进行计算。根据相关的实验测量数据，海拔高度、气温和气压的关系如表 6-16 所示。

(1) 分别计算 1600m、3600m 的大气压值折算到标准状态(0℃，101.325kPa)时的压力值。

根据理想气体状态方程：

$$P_a/T_a = P_N/T_N$$

推导出：

$$P_a = P_N T_a/T_N \qquad (6\text{-}16)$$

式中，P_a 为折算到标准状态(0℃，101.325kPa)时的压力值，kPa；P_N 为使用状态下的压力值，kPa；T_N 为气体在使用状态下的温度修正，T_N=273+使用温度，K；T_a 为标准状态下的绝对温度，273K。1600m 时，查表 6-16 得 4.6℃时，大气压为 83.52kPa，代入公式(6-16)得

$$P_{a1600} = \frac{83.52 \times 273}{273 + 4.6}$$
$$= 82.1 \text{kPa}$$

3600m 时，查表 6-16 得 -8.4℃时，大气压为 64.92kPa，代入公式(6-16)，有

$$P_{a3600} = \frac{64.92 \times 273}{273 - 8.4}$$
$$= 67 \text{kPa}$$

(2) 计算出 1600m 和 3600m 海拔时的大气氧含量，由于大气氧含量与大气压成正比，有

$$P_a / P_o = \eta_a / \eta$$

推导出：

$$\eta_a = P_a \times \eta_o / P_o \qquad (6\text{-}17)$$

式中，P_o 为标准状态的压力值(压力常数：101.325kPa)；η_a 为使用海拔状态下的氧含量(g/m³)；η_o 为标准状态下 0m 的氧含量(测量常数：299.3g/m³)。

将公式(6-16)计算出的 P_a 值代入公式(6-17)，则可分别计算出 1600m 和 3600m 时的大气氧含量。

1600m 时，有

$$\eta_{a1600} = P_{a1600} \times \eta_o / P_o$$
$$= 82.1 \times 299.3 / 101.325$$
$$= 242.5 \text{g/m}^3$$

3600m 时，有

$$\eta_{a3600} = P_{a3600} \times \eta_o / P_o$$
$$= 67 \times 299.3 / 101.325$$
$$= 197.9 \text{g/m}^3$$

(3) 计算海拔为 3600m 时室内氧分压提升到 1600m 时氧分压水平所需要达到的氧纯度。标准状态下的氧气密度为 1429g/m³，由前面计算得知，当海拔为 1600m 时，1m³ 的空气含 242.5g 氧气，折算成标准状态下的氧气体积为

$$V_0 = 242.5 / 1429 = 0.1697 \text{m}^3$$

式中，V_0 为折算到标准状态(0℃，101.325kPa)时的氧气体积值，m³。

根据理想气体状态方程，有

$$P_0 V_0 = P_a V_a$$

推导出：

$$V_a = P_0 V_0 / P_a \tag{6-18}$$

式中, V_a 为折算到海拔状态时的氧气体积值, m³。将 V_0 代入式(6-18), 折算成3600m时的氧气体积, 有

$$V_{a3600} = 0.1697 \times 101.325/67$$
$$= 0.2566\text{m}^3$$

(4) 根据以上计算结果可知, 在3600m的情况下要达到1600m下的氧分压的值, 其室内的氧气纯度(体积比)要控制在25.66%以上。这个纯度值可以作为设备实验和自动控制的参考值[18]。

(5) 计算弥散制氧机的氧气流量。由以上氧含量计算结果可知3600m的氧分压要达到1600m的氧分压的水平, 必须增加的氧气量($\Delta\eta$):

$$\Delta\eta = \eta_{a1600} - \eta_{a3600} = 242.5 - 197.9 = 44.6\text{g/m}^3$$

假设单个房间面积15m², 净高3m, 则需氧量等于15×3×44.6=2007g, 标准状态下的氧气密度为1429g/m³, 换算成标准状态下的体积等于 2007/1429=1.404m³; 假设3h的弥散空间氧浓度提升时间, 30%的持续弥散泄露量(实验数据), 以及两人的耗氧量(平均每人每小时耗氧量 22L), 90%的供氧纯度, 在 0℃, 101.325kPa条件下所需氧气流量 Q 为

$$Q = \left[1.404 \times (1 + 30\%)/3 + 2 \times 0.022 \right]/0.9 = 0.725\text{m}^3/\text{h}$$

根据以上计算, 初步确定弥散氧设备试制样机产氧气量为1.0m³/h(0℃, 101.325kPa)。

6.3.6 高原地区公共室内弥散供氧浓度计算

1. 弥散供氧方式下需氧量的计算方法

1) 计算模型建立

考虑到工程应用的实际情况, 在建立高原地区公共室内弥散供氧实际计算模型时, 对相关参数做合理的假设和取舍。简便起见, 假设新风、排风、供氧及人体耗氧的温度、压力状况相同, 以上参量的密度在数值上差别不大, 可近似取相同的值, 这样有关气体质量的平衡方程就可用体积平衡方程代替。

以公司大型办公区域、大型商场、工业厂房操作间、博物馆、食堂、大型会议厅、学校教室、客车座舱等人员较集中区域的大型公共室内场所(具有一定密闭性的环境控制系统)为控制体, 采用控制体积法进行氧量平衡的分析。

高原地区公共室内进氧量包括新风氧量和人工氧源供氧量两部分, 室内出氧量包括排风氧量和人体消耗氧量, 室内开始供氧后, 要求室内氧气分压始终保持必要的氧分压水平, 则供氧过程中商场内的含氧量应始终是不变的, 即含氧量变

化值为零[19]。

于是得到任一时刻或海拔高度的总氧量平衡方程：

$$N_X V_X + V_{O_2} - N_P V_P - V_{RO_2} = 0 \tag{6-19}$$

则有

$$V_{O_2} = N_P V_P + V_{RO_2} - N_X V_X \tag{6-20}$$

式中，V_{O_2} 为供氧量，m^3/h；V_X 为新风量，m^3/h；V_P 为排风量，m^3/h；N_X 为新风中氧气的容积浓度，为常数 20.95%；N_P 为排风中氧气的容积浓度，%；V_{RO_2} 为人体消耗的氧气量，m^3/h。

2) 计算模型的简化及计算公式的推导

针对工程实际对计算模型进行必要的简化，从模型的各相关参数入手，结合相关的标准进行合理的公式简化。

正常人坐着(间歇性走动)时的二氧化碳发生量约为 $0.018m^3/(h\cdot人)$，呼吸熵按 0.85 计算，由外界摄入的氧量约为 $0.018/0.85=0.021m^3/(h\cdot人)$。可见人体自身消耗的氧气仅相当于 $0.1m^3/(h\cdot人)$ 的新风对应的氧气量，远小于人体卫生要求新风量，说明人体消耗氧气的相对量很小。因此将这一项从式(6-20)右侧忽略掉，并将式(6-20)改写为

$$V_{O_2} = N_P V_P - N_X V_X \tag{6-21}$$

关于进风量和排风量的关系。上面指出，在设计条件下室内的氧气含量应稳定在一定水平，但由于在某一海拔的室内气压是恒定的，因而室内的空气质量也应是恒定的，这也就决定了进风量与排风量的关系，从而近似得出室内，进风量等于排风量[10]：

$$V_P = V_J \tag{6-22}$$

这样，将关系式 $V_P = V_J = V_X + V_{O_2}$ 代入式(6-21)，得

$$V_{O_2} = \frac{(N_P - N_X)V_P}{1 - N_X} \tag{6-23}$$

排风中氧气的容积浓度 N_P 的确定，若富氧送风(含高氧浓度的空调送风)与商场内空气能均匀混合，并将平均氧气分压作为满足人体呼吸要求的控制参数，则完全可以用排风的氧气分压作为平均氧气分压来表征座舱内的氧气分压。即

$$N_P = \frac{P_0}{P_N} \tag{6-24}$$

式中，P_0 为氧气分压，kPa；P_N 为室内大气压，kPa。

将式(6-24)代入式(6-23)，得

$$V_{O_2} = \frac{\left(\dfrac{P_0}{P_N} - N_X \right) V_P}{1 - N_X} \tag{6-25}$$

这样，就得到了工程上实用的需氧量表达式。

3) 公式的物理意义

针对高原地区公共室内弥散供氧，采用控制体积方法并进行了必要的简化而推导出的需氧量表达式，不易看出它的直观物理意义。如果将 $V_P = V_J = V_X + V_{O_2}$，代入式(6-25)，可整理出如下表达式：

$$\frac{P_0}{P_N} = \frac{V_{O_2} + N_X V_X}{V_{O_2} + V_X} \tag{6-26}$$

等式左边表示高原地区公共室内弥散供氧要求达到的氧分压，右边表示新风与氧气混合后的氧分压。只要总进风的平均氧气分压达到了人体需要的水平，就可认为室内的空气含氧量能满足人体呼吸需要。因此可以说，稳态条件下，富氧送风的氧分压、室内平均氧分压以及排风氧分压三者是一致的，对氧分压的监测应在此基础上进行。

2. 算例与结果分析

1) 标准工况下的需氧量计算

由弥散供氧的原理可知，室内外气压基本保持一致，$P_N = P_W$，代入式(6-25)，得到需氧量表达式为

$$V_{O_2} = \frac{\left(\dfrac{P_0}{P_W} - N_X \right) V_P}{1 - N_X} \tag{6-27}$$

大气压力随海拔高度 $(H \leqslant 11\text{km})$ 的变化规律为

$$P_W = 101.3 \times \left(1 - 2.257 H \times 10^{-5} \right)^{5.256} \tag{6-28}$$

式中，H 为海拔高度，m。

公式(6-28)折算成标准工况(101.3kPa，20℃)需氧量为

$$V_{O_2(N)} = \left(\frac{P_0}{P_W} - N_X \right) V_P \frac{P_W}{101.3} \frac{273}{(273+20)} \frac{1}{(1 - N_X)} = 0.0092 V_P \left(P_0 - N_X P_W \right) / (1 - N_X)$$

2) 标准工况下需氧量计算结果

假定高原地区公共室内的供氧水平相当于海拔 3000m 时的氧气分压，即

$$P_0 = 14.7\text{kPa}$$

根据计算公式计算需氧量，计算结果见表 6-17。

表 6-17　高原地区公共室内标准状况下的需氧量随海拔高度变化的计算结果

海拔高度/m	大气压/kPa	排风量/(m³/h)					
		600	800	1000	1200	1400	1600
3000	70.08	0.13	0.17	0.21	0.25	0.30	0.34
3500	65.73	6.49	8.65	10.82	12.98	15.15	17.31
4000	61.61	12.52	16.69	20.86	25.04	29.21	33.38
4500	57.69	18.25	24.34	30.42	36.51	42.59	48.67
5000	53.99	23.67	31.55	39.44	47.33	55.22	63.11
5500	50.47	28.82	38.42	48.03	57.63	67.24	76.84

根据表 6-17 中的数据，需氧量、海拔高度和排风量三者的变化关系如图 6-14 所示：1~6 分别代表排风量取 600m³/h、800m³/h、1000m³/h、1200m³/h、1400m³/h 和 1600m³/h 时，高原地区公共室内需氧量随海拔高度的变化关系。

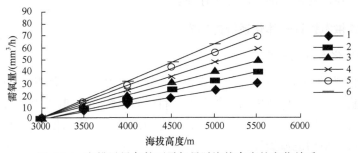

图 6-14　变排风量条件下需氧量随海拔高度的变化关系

根据表 6-17 需氧量的计算结果和图 6-14 直观的曲线变化趋势可以看出，①随着海拔高度的增加需氧量几乎是成比例增加，而且排风量越大要求供氧量亦越大，二者成正比关系，一定排风量时，在沿线最高海拔处所需供氧量最大；②计算结果是以供氧水平相当于海拔 3000m 的氧气分压水平为前提的。高原地区公共室内供氧系统应对氧流量和排风量进行协调控制，以保证氧含量满足人体舒适度的要求[21]。

6.3.7　结论

(1) 在弥散供氧方式下，根据表 6-17 的计算结果，在供氧水平假定为海拔

3000m 高度时，在排风量取为 800m³/h；在海拔 5000m 的高度上，制氧设备的产氧能力至少为 32m³/h 才能满足商场的最大需氧要求。高寒的气候环境要求商场需要较大的空调负荷，而要维持人体的热舒适性，需氧量不能通过减少排风量的方式无限制减少，降低空调负荷不能通过牺牲需氧量来实现。因此，在确定排风量时，必须将需氧量与空调负荷这两个因素有机地结合起来考虑。

(2) 对于弥散供氧方式下需氧量的计算，是以工程实际背景为前提，结合建筑物设计标准的规定，对数学模型进行合理的简化而得出理论公式。随着社会的进步，相关的建筑物设计标准会有所提高。因此，在进行需氧量计算时，应根据实际情况，对计算公式进行合理的修正，以便得到合理准确的计算数值。

6.4　建筑供氧设计一体化

建筑供氧设计一体化是指在不改变建筑特性及使用的前提下，将供氧系统与建筑紧密地集合在一起，不改变建筑的整体性，从而做到供氧系统与建筑的有机结合。但是建筑供氧一体化并不是简单叠加，是需要将两者结合在一起形成一种同时具有两者特色的新产物。在建筑的设计过程中，需要将供氧系统的特性、要求等作为建筑设计要素的重要组成，并且不对原有建筑功能造成影响，确保供氧系统是作为建筑物构成的一部分而存在。

6.4.1　建筑供氧设计一体化系统的构成

1. 一体化系统的构成

图 6-15 为供氧系统示意图。建筑供氧设计一体化的构成优点是：在满足建筑和供氧的基础上，降低整体的工程造价；将供氧系统和建筑空间结合在一起，对建筑空间的最大化利用；在建筑施工的同时预留供氧系统的位置，避免后期施工对整体建筑的结构造成破坏。

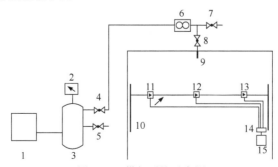

图 6-15　供氧系统示意图

1-变压吸附制氧机；2-氧化锆浓度检测仪；3-缓冲罐；4,5,7,8-球阀；6-浮子流量计；9-出氧口；
10-固定装置；11,12,13-氧浓度传感器；14-数据采集装置；15-上位计算机

2. 高原地区建筑形式

高原弥散供氧关系所有高原地区人民的生活，根据建筑物的形式及功能，可以把它分为以下几类。

(1) 地下超市及停车场。

(2) 高层建筑：包括建筑高度在 30m 或超过 30m 的建筑物。

(3) 普通民用住宅。

(4) 特定公共建筑，如医院、学校等特殊使用场所。

针对不同的建筑物种类应当采取不同的供氧方法，根据拉萨市的供氧形式，建筑物在进行施工设计时应考虑建筑沉降、风荷载造成的水平位移、附加压力的影响、高原冻胀作用造成的影响[22]。

3. 建筑物供氧需注意的问题

随着西藏经济的发展，高原城市区域不断扩大，楼层高度不断增加，弥散供氧需求日益明显，因此，在进行高层建筑弥散供氧管道设计时，必须把高层建筑面临的各种问题作为重点内容考虑，这关乎施工人员及使用者的安全。通过对建筑的合理设计，可在不影响建筑的使用功能的同时，更好解决弥散供氧的各类问题。

1) 建筑沉降

高大的建筑物在使用过程中，在地基的承载能力及建筑物的自重影响下，会产生一定的沉降，这给供氧管道造成巨大的影响，使设计及施工难度增大。不均匀沉降问题如果处理不好，容易造成管道破裂、折断等，特别是供氧管道及燃气管道容易引发安全事故。

解决不均匀沉降问题需要重视供氧管道的优化调整，可以利用弹性补偿弯头或柔性金属管进行补偿，从而有效减小沉降造成的切应力影响，在安装柔性金属软管时应使其处于自然舒展状态，不能使其弯曲和扭曲。

2) 风荷载导致的水平位移

青藏高原海拔高，空气稀薄，植被缺少，以戈壁及草原为主，由于没有植被的阻挡作用，风力大，风速高。高层建筑在受到风荷载作用时，特别是在台风等恶劣气候条件下，会具有一定的风动力特性，在风作用的加速度下，建筑物会产生一定的水平位移。此外，地震动的作用也会使建筑物产生水平位移。

对于风荷载造成的水平位移，应当严格校核管道的震动频率与建筑物的固有震动频率，通过增减管道的固定点来消减水平位移产生的影响。

3) 附加压力的影响

氧气的相对分子质量为 32，空气的平均相对分子质量为 29，因此在传输氧气的时候会增加一些附加压力，普通建筑的高度较低，受到附加压力的影响较小，可以忽略，但是高层建筑所承担的附加压力较大。

目前，有两个消除附加压力的方法。第一种方法通过计算管道的水力，达到加强管道阻力的目的，这种方法会提高局部阻力，难以保证供氧系统的压力，所以还需要在管道上加设调压器，从而保证供氧压力值；第二种方法是将低压调压器科学地安装在供氧管上，或者将低压调压器设置在立管的横支管上，从而有效消除附加压力所带来的影响。

4) 低温冻胀作用

有着"世界第三极"及"亚洲水塔"之称的青藏高原平均海拔超过 4000 米，而海拔每增加 1000 米，气温降低约 6℃，所以青藏高原地区年平均气温比其他同纬度地区低得多，且海拔高，气压低，空气稀薄，太阳辐射强，昼夜温差大。由于气体分子的特殊性，温度不同时，其体积和压力不一样，在进行弥散供氧时，气体的热胀冷缩作用导致供氧量不足。若处理不好这个问题，容易造成管道变形、挤压破裂等情况，引发安全事故[9,22]。

解决此类问题的方法是在储存及运输氧气的装置上设置保温隔热材料，克服因温差引起的管道变形或破裂，以确保足够的供氧量。

6.4.2　供氧管道设计

输氧管道[23]的设计贯穿整个弥散供氧的过程，管径设计偏细、变径不合理和管道泄漏会导致供气系统供气压力和气体流量不足。根据不同的供氧需求设计不同的管道，在保证供氧量的同时，满足工艺流程要求和遵循规范要求的基础上，做到经济、安全、可靠。

1. 供氧管道材料性能比较

在对供氧管道进行设计时，应当对管道材料进行比较，充分考虑供氧管道的燃烧机理，管道的允许流速和压力，抗氧化、抗腐蚀能力等，并且在施工过程中严格控制工艺，确保在日后的安全。

氧气是强助燃气体[24]，当温度达到钢管燃点时，铁与氧就进行燃烧反应。供氧管道金属材质依据不同的压力和使用场所进行选择。供氧管道的燃烧与氧气的纯度和压力有关：纯度越高，燃烧速度越快；压力越高，管道越易燃烧。铁在氧气中一旦燃烧起来，其燃烧热非常大，温度急剧上升，呈白炽状态。燃烧生成物为熔融状态的氧化铁。只要氧气继续供给，燃烧就会连续进行。供氧管道发生的安全事故，一般为着火燃烧和燃爆。着火源是供氧管道燃烧的必要条件之一，供氧管道有几个产生着火源的因素。

1) 固体颗粒碰撞及摩擦

在供氧管道中，固体物质的形态、颗粒大小与氧气的流速等有关。固体颗粒被氧气携带在供氧管道中流动，与管道壁摩擦、碰撞，导致管道壁发热，这与氧气流动速度的快慢有关，氧气流速越快，摩擦生热就越多，就越容易达到可燃物质的着火点，因此限制气体的流动速度显得至关重要。

2) 绝热压缩

当供氧管道阀门开启时，阀后原来处于低压的氧气受到阀前高压氧气的急剧压缩，在理论上可能产生接近于绝热压缩的温度。

3) 静电感应

当干燥的氧气携带有微小的金属颗粒或者尘埃时，极容易产生静电。而且在高原上极端天气情况造成的雷击也可以产生静电。

综上，解决着火源是必要的，结合《氧气及相关气体安全技术规程》(GB 16912—1997)及《氧气站设计规范》(GB 50030—2013)，可以采用以下几个方法进行解决：①在制氧时，尽量避免固体颗粒的进入；②在对管道进行加工时，严格控制工艺，如弯头内壁应平滑，无锐边、毛刺及焊瘤，管道分叉口及弯头应当在工厂预制并除去毛刺等抛光工作；③经过打磨焊接的供氧管道应当进行除尘、脱脂处理工作；④供氧管道的连接，应采用焊接，但与设备、阀门连接处可采用法兰或丝扣连接，丝扣连接处，应采用一氧化铅、水玻璃或聚四氟乙烯薄膜作为填料，严禁用涂铅红的麻或棉丝，或其他含油脂的材料；⑤当每对法兰或螺纹接头间电阻值超过 0.03Ω 时，应设跨接导线，对有阴极保护的管道，不应作接地，导除静电的接地装置是防止引起着火的一项重要安全措施，《氧气站设计规范》(GB50030—2013)中已将其列为强制条款。

几种常见的金属材料测试性能[25]如表 6-18 所示。

表 6-18　常见金属材料的性能比较

| 金属名称 | 空气中常压下燃烧温度/℃ | 不同氧气压力下燃烧温度/℃ | | | 抗燃烧能力(级次) | 燃烧速度(级次) | 热导率/[W/(m·K)] | 导热性 | 耐腐蚀性 |
		3.0MPa	7.0MPa	12.6MPa					
铜	1003~1085	886~904	836~854	806~824	1	4	106~407	+++	+++
不锈钢	1367~1380	/	/	/	2	2	24.5	--	++
低碳钢	1278~1290	1106	1018	92.8	3	3	48	--	--
铁	931~948	826~842	741~758	592~630	/	/	/	--	--
铝	661~678				4				

1) 铜管

由表 6-18 可以看出，铜的抗燃烧等级最高，导热率最大，抗腐蚀性能好。铜是人类使用最早的金属之一，其燃烧前会先熔化，并且在着火能消散之后就马上停止燃烧。铜的价格较高，强度不高，且焊接性不好，为提高焊接性可采用脱氧铜、白铜，但是脱氧铜、白铜的造价更高。

2) 低碳钢和不锈钢管

碳钢管燃烧温度稍低，燃烧速度快，抗燃烧性能差。不锈钢燃烧温度比碳钢高，着火较困难，但一旦燃烧起来比碳钢的燃烧速度更快。碳钢管和不锈钢管在着火能消散之后仍继续燃烧，直到供氧不足难以维持燃烧或由于热量消散使反应温度低于燃点时，燃烧才会停止。不锈钢管的抗燃烧能力介于碳钢和铜管之间。当有足够的氧气且燃烧热不能急速消散时，碳钢管和不锈钢管都会在氧气中扩散燃烧。

3) 铝管

铝的着火点低，在氧气中燃烧迅速，而且硬度不高，一般不选做供氧管道。

2. 供氧管道的流速

关于供氧管道里氧气的流速，世界各国长期沿用在氧气压力 ≤ 3.0MPa 下，允许流速 ≤ 8m/s，中国在 1988 年以前规范规定也是如此。自德国《氧气在钢管中容许流速的研究》报告发表后，世界各国认识到氧气在钢管中的流速是可以提高的，因此，许多国家均修改了供氧管道规范，提高了流速。我国《氧气及相关气体安全技术规程》(GB 16912—1997)规定的氧气允许流速见表 6-19。

表 6-19　氧气允许流速

设计压力/MPa	管材	规定流速/(m/s)
≤ 0.1	—	按管道系统允许压力降确定
(0.1, 1.0]	碳钢 不锈钢	20 30
(1.0, 3.0]	碳钢 不锈钢	15 25
(3.0, 10.0]	不锈钢	4.5
(10.0, 20.0]	不锈钢 铜基合金	4.5 6

3. 供氧管道材料选择

1) 管道材料选择

不锈钢管道最初是应用在给水系统中的，含铬量大于 10.5%，含碳量小于 1.2%。其中铬的含量代表不锈钢的耐腐蚀性能，铬可以与氧反应形成铬富氧化层，这层钝化膜将外界的空气隔绝，阻止腐蚀的发生。综合其着火点高，耐腐蚀性强的特点，供氧管道采用不锈钢材料更为安全。

2) 阀门材料选择

避免使用快开型阀门或快闭型阀门。不推荐使用闸阀，因为闸阀阀座处一般带有凹槽，凹槽处容易聚集固体颗粒，吹扫时不易吹扫干净，容易产生安全隐患。工作压力>0.1MPa 时，严禁采用闸阀；按照《氧气站设计规范》(GB 50030—2013)规定，材料选用如表 6-20 所示。

表 6-20　阀门材料选用要求

设计压力/MPa	材料
<0.6	阀体、阀盖用可锻铸铁、球墨铸铁或铸钢阀杆用碳钢或不锈钢、阀瓣采用不锈钢
[0.6, 10]	用全不锈钢、全铜基合金或不锈钢与铜基合金组合
>10	采用全铜基合金

注：① 设计压力≥ 0.1MPa 的管道或流量调节阀的材料，宜采用不锈钢或铜基合金或以上两种的组合。
② 阀门的密封填料宜采用聚四氟乙烯或柔性石墨材料。

3) 法兰垫片选择

法兰垫片用于管道法兰连接，为两片法兰之间的密封件，不同的介质、压力及温度直接影响到法兰垫片的选型。依照《氧气站设计规范》(GB 50030—2013)，供氧管道法兰用垫片选材应符合表 6-21 规定。

表 6-21　法兰垫片的选择

设计压力/MPa	垫片
< 0.6	聚四氟乙烯垫片、柔性石墨复合垫片
0.6~3.0	缠绕式垫片、聚四氟乙烯垫片、柔性石墨复合垫片
3.0~10	缠绕式垫片、退火软化铜垫片、镍及镍基合金片
>10	退火软化铜垫片、镍及镍基合金片

6.4.3　房间供氧设计及安全措施

在高原地区空气稀薄，氧分压较低，研究表明，海拔每增加 1000m，大气压降低约 11.5%，空气密度减小 9%。初入高原的人员没有经过适应训练，会因为缺氧而产生头晕等反应，伴随着人们对美好生活的追求，对高原缺氧地区进行供氧势在必行。

1. 房间供氧设计

相同条件下，氧气的相对分子质量为 32，空气的相对分子质量为 29，氧气的相对密度略大于空气的相对密度，所以，弥散式出氧口一般设置在房顶或者墙壁顶部。氧气是强助燃气体，氧含量的高低影响着可燃物质的燃烧速度，氧气含量越高，可燃物质燃烧速度越快，所以在弥散供氧区域应禁止明火，房间内必须贴有禁止吸烟等标志。

根据《高原地区室内空间弥散供氧氧调要求》(GB/T 35414—2017)将高原地区的供氧分为 A、B、C 三个等级，不同级别高原弥散供氧空间氧调的生理等效高度范围的氧气浓度应符合表 6-22 的要求。

表 6-22　不同海拔高度范围的氧气浓度要求

海拔高度/m	大气压/mmHg	A 级		B 级		C 级	
		氧气浓度/%	生理等效高度/m	氧气浓度/%	生理等效高度/m	氧气浓度/%	生理等效高度/m
3000	536.82	>24.1	<1800	23.0～24.1	1800～2200	22.2～23.0	2200～2500
3500	505.34	>24.4	<2200	23.6～24.4	2200～2500	22.2～23.6	2500～3000
4000	475.34	>25.1	<2500	23.6～25.1	2500～3000	22.2～23.6	3000～3500
4500	446.80	>25.1	<3000	23.6～25.1	3000～3500	22.2～23.6	3500～4000
5000	419.65	>25.2	<3500	23.7～25.2	3500～4000	22.3～23.7	4000～4500
5500	393.86	>26.8	<3500	25.2～26.8	3500～4000	23.7～25.2	4000～4500

对于急进高原的人员[居住低海拔(海拔 3000m 以下)地区人员乘飞机、火车等交通工具在数小时内直达并暴露到高海拔(海拔 3000m 以上)地区]，高原弥散供氧空间氧调宜采用 A 级。

对于短居高原的人员(居住低海拔地区人员到高原地区停留至少 3 个月)，高原弥散供氧空间氧调宜采用 A 级，或者 B 级。

对于久居高原的人员(居住高原地区，或低海拔地区人员到高原居住 3 个月及以上)，高原弥散供氧空间氧调的级别可按下列要求确定：①宿舍等休息及恢复环境，宜采用 B 级；②办公等工作环境，宜采用 B 级，难以实现时可采用 C 级；③进行体育活动等较大劳动强度的环境(短时间)，宜采用 A 级，难以实现时可采用 B 级。

高原地区弥散供氧空间的最大允许浓度不应大于表 6-23 的规定。

表 6-23　空间弥散供氧最大允许浓度

海拔高度/m	大气压/kPa	允许最大浓度
3000	70.1	25.7
3500	65.8	26.3
4000	61.6	26.8
4500	57.7	27.5
5000	54.0	28.1
5500	50.5	28.7

在对房间进行供氧时，根据不同海拔的劳动强度最小用氧需求(表 6-24)，以及需要达到的不同等效生理高度的氧浓度，计算出需要往房间投放氧气的每小时供氧气量。

表 6-24　不同劳动强度在不同海拔高度最小耗氧量　　　　(单位：L/min)

劳动强度/m	很轻	轻	中等	重	很重	极重
0	<0.5	0.5	1	1.5	2	2.5
1000	<0.6	0.6	1.1	1.7	2.3	2.8
2000	<0.6	0.6	1.3	1.9	2.5	3.2
3000	<0.7	0.7	1.4	2.2	2.9	3.6
4000	<0.8	0.8	1.6	2.4	3.2	4
5000	<0.9	0.9	1.8	2.7	3.6	4.5

谢文强[12]认为人员可能出现缺氧反应的临界供氧高度为 2500m，出现严重缺氧反应的临界高度为 4500m，即考虑人员舒适性的临界供氧高度为 2500m。此时设该等效生理高度为 H_1，H_1 处的大气压力计算值为 P_1，则在 H_0 处的氧气质量含量

$$m_1 = \rho \lambda_1 \times 20.9\% \qquad (6\text{-}29)$$

式中，$\lambda_1 = P_1/P_0$。

需要将目标地点的氧气浓度提升至 H_1 处(基于人员舒适性的临界供氧高度)的氧气浓度，则需要在此空间内投放的氧气质量 $m_0 = m_1 - m$。至此，可得投放氧气的每小时供气气量

$$Q = \frac{m_0 V}{\rho t} \qquad (6\text{-}30)$$

式中，Q 为每小时需要投放的氧气气量，m^3/h；m_0 为需要投放的氧气质量含量，g/m^3；V 为需要供氧的空间体积，m^3；ρ 为氧气密度，g/m^3；t 为将氧气浓度达到

要求时需要的时间，h。

以上计算均是考虑在门窗紧闭的条件下。

以拉萨市(海拔 3650m)一间 25m² 的房间为例，其层高 3m，有 3 个人从事轻度劳动，要求 1.5h 内达到等效海拔 2500m 处氧气浓度。其计算过程如下。

(1) 海拔 2500m 大气环境部分参数(设计标准为达到此海拔高度含氧量水平)。

① 海拔高度：2500m。

② 大气压力：0.737atm[①]。

③ 空气中氧气体积百分比：20.9%。

④ 每立方米空气中氧气质量含量：

$$1m^3 \times 0.737atm \times 20.9\% \times 1429g/m^3 (氧气密度) = 220.113g/m^3$$

(2) 海拔 3650m 大气环境部分参数。

① 海拔高度：3650m。

② 大气压力：0.6366atm。

③ 空气中氧气体积百分比：20.9%。

④ 每立方米空气中氧气质量含量：

$$1m^3 \times 0.6366atm \times 20.9\% \times 1429g/m^3 (氧气密度) = 190.128g/m^3$$

对海拔 3650m 室内空间投加氧气时使之达到 2500m 大气含氧量水平时，每立方米空气需要投加氧气质量：

$$220.113 - 190.128g/m^3 = 29.985g/m^3$$

则可得

$$Q_1 = \frac{29.985 \times 75}{1429 \times 1.5} = 1.0492m^3/h$$

室内人员总最小耗氧量为 136.8L/h，记为 Q_2，即 $Q = Q_1 + Q_2 = 1.1860m^3/h$。

即一个 25m²，层高为 3m 的房间内，3 个人从事轻度劳动要达到舒适水平的供氧，需要制氧效率略高于 1.1860m³/h 的制氧机。

2. 压力损失

实际生活中，所有的流体都是有黏性的，但是空气的黏性很小，所以在日常生活中一般不予理会。在进行弥散供氧时，管道壁的摩阻力会造成一定的压力损失，使其供氧效率降低。

[①] 1atm=101325Pa。

　　压力损失又称压力降、简称压损，表示装置消耗能量的大小的经济技术指标，反应流体经过管道所消耗的机械能。根据弥散供氧装置的特点，可以将压力损失分为两类：沿程压力损失和局部压力损失。沿程压力损失是指氧气沿着等直径的管道进入用户家庭时氧气与管道壁的摩擦引起的压力损失，其影响因素包括供氧距离、供氧管道直径；局部压力损失是指氧气流过弯头、接头、管道截面等突然扩大或缩小的截面时，由于氧气流动方向和速度的突然变化，在局部形成的漩涡以及与管道壁的相互碰撞和剧烈摩擦而产生的压力损失，其影响因素包括管道弯头、出氧口的形状与大小。

　　供氧过程中压力损耗的方式如下。

　　1) 供氧距离与管道直径

　　不同的供氧方式对供氧距离有不同的需求，如采用深冷法制氧适用于小区集中供氧，供氧距离较长；家用小型制氧机供氧距离短，所需管道少，供氧压力减少就小一些。供氧管道的粗细在一定程度上影响压力损耗。

　　沿程损失可用如下公式进行计算。

　　由圆管层流的流量公式：

$$Q = \frac{\pi d^2 v}{4} \tag{6-31}$$

　　得 ΔP_λ 为沿程压力损失：

$$\Delta P_\lambda = \frac{128 \mu I}{\pi d^4} Q \tag{6-32}$$

　　将 $u = V\beta$，$Re = \dfrac{uv}{V}$，$Q = \dfrac{\pi d^2 v}{4}$ 代入，得

$$\Delta P_\lambda = \frac{64}{Re} \frac{l}{d} \frac{\rho v^2}{2} = \lambda \frac{l}{d} \frac{\rho v^2}{2} \tag{6-33}$$

式中，ρ 为液体密度；d 为圆管直径；v 为该点的断面平均流速；l 为圆管的长度；Re 为雷诺数，表示惯性力与黏滞力之比；λ 为沿程阻力系数，理论值为 $\lambda = 64/Re$，考虑流体流动产生温度的影响，对金属管道取 $\lambda = 75/Re$，对橡胶软管取 $\lambda = 80/Re$。

　　2) 管道弯头及出氧口

　　在管道弯头处，氧气形成漩涡与管道壁剧烈摩擦产生压力损失，氧气弥散口的形状和大小也会产生压力损失，如弥散供氧口为方形或者圆形，这些压力损失统称局部损失，可以用如下公式进行计算：

$$\Delta P_\xi = \xi \frac{\rho v^2}{2} \tag{6-34}$$

式中，ξ 为局部压力损失系数，一般由实验确定；v 为 ξ 点对应的断面平均流速。

　　一般情况下，供氧设施中包含笔直管道以及弯头、分流三通等装置，即整个

装置的压损包括沿程压力损失和局部压力损失。总压力损失可以采用以下公式进行计算：

$$\Delta P = \sum \Delta P_\lambda + \sum \Delta P_\xi = \sum \lambda \frac{1}{d} \frac{\rho v^2}{2} + \sum \xi \frac{\rho v^2}{2} \tag{6-25}$$

在进行计算时应当充分考虑各种情况，根据现实条件进行计算。

3. 安全措施

1) 安全控制系统

在自动模式及氧气供给的状态下，室内氧气纯度达到设定氧气纯度高限时，控制器中断氧气供给，室内氧气纯度低于设定氧气纯度底线时，控制器打开控制阀门，恢复对室内的氧气供给(如设定值高限为 25%，底线为 22%，室内氧气纯度高于 25%时，氧气控制器发出信号，氧气阀门关闭，中断氧气供给；室内氧气纯度低于 22%时，氧气控制器发出信号，氧气控制阀打开，恢复对室内的供氧)。在手动模式下，用户可以按照需求对氧气供给进行控制，并且当氧气纯度高于设定安全值之后自动关闭供氧阀门。

在自动或手动模式下，若室内环境温度高于设定安全值，氧气控制器中断氧气供给(如室内环境温度设定安全值为 40℃，当室内温度超过 40℃时，氧气控制器发出信号，氧气控制阀关闭)。

2) 氧气浓度报警装置

氧气报警系统是用户必须安装的，它由氧化锆氧浓度检测仪、紧急切断装置、排气装置组成。氧气报警系统应有备用电源，防止在停电情况发生时，报警系统停止工作。

3) 紧急断气阀

紧急切断阀设置在引入口处并与事故风机连锁，切断阀闭合后自动打开事故排风系统，将泄漏的气体及时排出室外，从而避免室内的氧气浓度达到上限值。

参 考 文 献

[1] 岳高伟, 陆梦华, 贾慧娜. 室内污染物扩散的通风优化数值模拟[J]. 流体机械, 2014, 42(4): 81-85.
[2] 刘应书, 崔红社, 刘文海, 等. 高海拔地区隧道施工供氧技术研究[J]. 矿冶, 2005, (1): 5-7.
[3] 徐秀, 张泠, 吕晓慧. 风量调节方式对室内污染物浓度的影响分析[J]. 安全与环境学报, 2017, 17(5): 1952-1956.
[4] 赵娜, 余永刚, 刘东尧, 等. 小孔流量发生器喷口流场特性的数值模拟[J]. 弹道学报, 2010, 22(2): 81-85.
[5] Stakic M B, Zivkovic G S, Sijercic M A. Numerical analysis of discrete phase induced effects on a ges flow in a turbulent two-phase free jet[J]. International Journal of Heat and Mass Transfer,

2011, 54(11/12): 2262-2269.

[6] Akbrazadeh M, Birouk M, Sarh B. Numerical simulation of a turbulent free jet issuing from a rectangular nozzle[J]. Computational Thermal Sciences, 2012, 4(1): 1-22.

[7] 曲延鹏, 陈颂英, 王小鹏, 等. 不同湍流模型对圆射流数值模拟的讨论[J]. 工程热物理学报, 2008, (6): 957-959.

[8] 祝显强, 刘应书, 曹永正, 等. 高原低气压环境局部弥散供氧特性[J]. 应用基础与工程科学学报, 2016, 24(2): 378-390.

[9] 张传钏, 刘应书, 王浩宇, 等. 密闭建筑空间缺氧环境下富氧特性研究[J]. 工程科学学报, 2018, 40(11): 1380-1388.

[10] 焦振涛, 赵建平. CNG 长管拖车隧道泄漏扩散 CFD 仿真研究[J]. 工业安全与环保, 2020, 46(9): 16-19.

[11] 刘应书, 祝显强, 曹永正. 弥散供氧流动特性及其富氧效果[J]. 工程科学学报, 2015, 37(10): 1370-1375.

[12] 谢文强. 巴朗山高海拔隧道施工期供氧标准及设计方法研究[D]. 成都: 西南交通大学, 2015.

[13] 李嵬, 喻波, 田贵全. 高原弥散供氧的设计[J]. 医用气体工程, 2018, 3(4): 15-17.

[14] 中华人民共和国住房和城乡建设部. 医用气体工程技术规范: GB50751—2012[S]. 北京: 中国计划出版社, 2012.

[15] 洮春干. 医用供氧技术[M]. 北京: 化学工业出版社, 2004..

[16] 贾斌斌, 康瑞, 袁冬, 等. 医用气体系统常见问题及应对措施[J]. 中国医学装备, 2020, 17(11): 175-178.

[17] 国家质量监督检验检疫总局. 高原地区室内空间弥散供氧（氧调）要求: GB/T35414—2017[S]. 北京: 中国标准出版社, 2017.

[18] 住房和城乡建设部. 医用气体工程技术规范: GB50751—2012[S]. 北京: 中国计划出版社, 2012.

[19] Cheng C X, Sun F C, Zhou X Q, et al. Experimental and numerical analysis of secondary disasters induced by oxygen rich combustion[J]. Mining Science and Technology (China), 20211, 21(6): 897-901.

[20] 张健鹏. 高原缺氧防治探索研究中的一些思考[J]. 医学与哲学(临床决策论坛版), 2008, (5): 48-49.

[21] 谢永宏, 钱桂生, 金发光, 等. 不同气体吸入对高原缺氧犬血流动力学及血气的影响[J]. 第四军医大学学报, 2005, (6): 537-540.

[22] 张雪苹. 民用飞机缺氧生理学与供氧问题研究[J]. 科技信息, 2013, (16): 483-484.

[23] 牟镭, 郝敬之. 高层建筑燃气供应设计中的问题及控制措施[C]. 中国土木工程学会燃气分会, 深圳, 2015.

[24] 马超. 高层建筑燃气供应设计中的问题及控制策略刍议[J]. 中国建筑金属结构, 2020, (11): 68-69.

[25] 贾德训. 对氧气管道安全问题的探讨[J]. 钢铁技术, 2002, (3): 45-49.

第7章 集中及弥散供氧智能控制技术

7.1 集中与弥散供氧智能控制基本原理

高原海拔高、气压低、昼夜温差大、高寒干燥等特殊地理气候环境，使得高原制氧效率难与平原相比；高原弥散供氧及控制终端的传感器等电子元件也面临"高原反应"，这些使得高原制供氧技术面临严峻的挑战。现在的供氧智能控制技术又可分为集中供氧技术和弥散供氧技术[1]。

7.1.1 集中供氧

集中供氧系统是将氧气气源集中于一处，气源的高压氧气经减压后，通过管道输送到各个用气终端，在各个用气终端处设有快速插接的密封插座，插上用气设备(氧气湿润器、呼吸机等)即可供气。

集中式供氧的主要特点在于：供氧站内的供氧方式可选用医用制氧机、液氧储罐及汇流排供氧三种方式之一或其中两种方式组合；氧气汇流排系统设置了氧气欠压声光报警装置，且可实现供氧的自动或手动切换；氧气稳压箱内采用双路设计，保证了供氧的连续性；每个区设置一台监测计量仪，自动监测供氧压力及用氧量；输氧管路全部采用经过脱脂处理的无氧紫铜管或不锈铜管，且所有连接附件均采用氧气专用品。

根据集中供氧的主要特点可以得出，集中式供氧目前主要用于医院病房、急救室、观察室和手术室等处的氧气供给。

集中供氧系统由气源、控制装置、供氧管道、用氧终端和报警装置等部分组成。

(1) 气源可以是液氧，也可以是高压氧气瓶。当气源是高压氧气瓶时，可根据用气需要选用2~20个氧气瓶。氧气瓶分为两组，一组供氧，另一组做备用。

(2) 控制装置包括气源切换装置，减压、稳压装置和相应的阀门、压力表等。

(3) 供氧管道是将氧气从控制装置出口输送至各用氧终端。

(4) 用氧终端设在病房、手术室和其他用氧部门。在用氧终端安装有快速插拔式密封插座，使用时只需将供氧设备(氧气湿润器、呼吸机等)的接头插入插孔内，即可供氧，并保证密封可靠；不用时，可以拔下供氧设备的接头，也可关闭手动阀门。根据医院的不同需要，用氧终端也有不同的结构形式。一般安装在墙上，分暗装(镶嵌在墙内)和明装(突出于墙外，盖以装饰罩)两种；手术室和其他病房的终端有壁装式、移动式和吊塔式等几种形式。

(5) 报警装置安装在控制室、值班室或用户指定的其他位置。当供氧压力超出使用压力的上下限时，报警装置即发出声、光报警信号，提醒有关人员采取相应措施[2]。

7.1.2 弥散供氧

弥散供氧系统通过提高密封空间(比如卧室、办公室等)的氧含量(氧浓度)来改善人体所在的外环境，使人体沐浴在一个富氧的环境中，从而改善人体呼吸内环境，促进代谢过程的良性循环，以达到缓解缺氧症状、增进健康的目的。

弥散式制氧系统的氧源——制氧主机是以空气为原料，以沸石分子筛为吸附剂，用变压吸附法制取氧气。变压吸附法是利用沸石分子筛独特的吸附选择性和高效的吸附能力对空气中的氮、氧进行分离从而制取氧气的方法。沸石分子筛具有加压时对氮的吸附容量增加，减压时对氮的吸附容量减少的特征。因此，用对沸石分子筛加压时吸附氮，减压时，氮从沸石分子筛中解吸出来实现变压吸附制氧。

与其他吸氧方式相比，弥散供氧可直接提高人体所处环境的氧含量，且可连续24小时不间断吸氧，不需要佩戴各种呼吸面罩或者呼吸喷嘴，解除了传统吸氧的各种束缚，使人体在一个舒服、自由的条件下进行氧保健。

作为制氧设备的吸附剂——专用沸石分子筛独特的强吸附性能，能吸附空气中的有毒性气体(如 SO_2、NO 等)，起到净化空气的效果。

制氧专用空压机，让制氧设备实现真正的低压无油，使分子筛不粉化、不污染，极大地延长分子筛的使用寿命，制氧专用分子筛能够连续不间断运转十年以上不粉化，极大地节省了运行成本和维修保养费用，效率更高，使用更安全、更便捷。

整个制氧过程为物理吸附过程，无化学反应，对环境不造成污染，绿色环保，且使用操作方便、安全可靠、能耗小[3]。

7.2 高效、智能化控制终端的设计与制造工艺流程

7.2.1 硬件控制总体结构

弥散供氧智能化控制系统要求具有智能化等特点，设备的开启可以通过控制面板的开关切换工作状态，而且设备的手动开关在装备以后置常开状态，只有在意外情况需要停机时才通过手动干预停机，其余时间通过两个氧气瓶的氧气变送

器的阈值信号触发。系统正常运行时，触摸屏上能够实时地显示系统运行状态；发生设备故障时，触摸屏显示故障的相关信息，如发生的时间、故障的部位等[4]。

弥散供氧控制器通过数据采集模块收集环境参数信息，并将之与设定的阈值进行分析比较，判断出是否需要控制调控设备进行调节，然后再将数据通过 WiFi 通信模块传输给远程监控端的控制管理软件，用于存储和实时显示；另一方面，控制器接收来自监控端的数据和控制指令，从而实现对温室环境的智能调控。数据采集模块在收集环境状态时会有大量数据产生，这要求控制器具备很强的数据处理功能且拥有较大容量的存储芯片。控制器还要与监控端的软件进行网络通信，所以还要求控制器能够易于进行网络功能的扩展。兼顾成本、功耗和稳定性等约束条件，以 STM32 控制器为例，阐述弥散供氧控制器的设计与制造工艺。

STM32 是一个 32 位的微控制器系列，基于 ARM Cortex 内核的 32 位微控制器和微处理器 STM32 产品家族，为 MCU 和 MPU 用户开辟了一个全新的自由开发空间，并提供了各种易于上手的软硬件辅助工具。STM32 MCU 和 MPU 集高性能、实时性、数字信号处理、低功耗、低电压于一身，同时保持高集成度和开发简易的特点[5]。

图 7-1 为基于 ARM Cortex 内核的 32 位 MCU 和 MPU 的产品族。

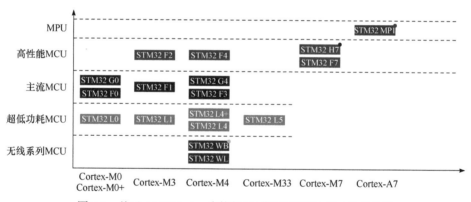

图 7-1　基于 ARM Cortex 内核的 32 位 MCU 和 MPU 的产品族

在 STM32 F105 和 STM32 F107 互连型系列微控制器之前，意法半导体公司已经推出 STM32 基本型系列、增强型系列、USB 基本型系列、互补型系列。新系列产品沿用增强型系列的 72MHz 处理频率；内存包括 64~256KB 闪存和 20~64KB 嵌入式 SRAM。新系列采用 LQFP64、LQFP100 和 LFBGA100 三种封装，不同的封装保持引脚排列一致性，结合 STM32 平台的设计理念，开发人员通过选择产品可重新优化功能、存储器、性能和引脚数量，以最小的硬件变化来满足个性化的应用需求[6]。

意法半导体公司在 2007 年 6 月发布了 STM32 F1 系列微控制器,经过十余年的发展,STM32 F1 系列微控制器已成为所有基于 ARM Cortex-M3 内核的控制器中最受欢迎的系列产品。这在很大程度上得益于该控制器系列使用了 CM3 内核,这是一款为嵌入式应用而专门开发的内核。该系列产品在 CM3 架构的基础上进行了多项改进,为提升控制器的性能,提高了代码密度的 Thumb-2 指令集,又大幅度提高了中断响应的速度,并且所有的新增功能在行业领域内都具有最低的功耗水平。意法半导体公司开发 STM32 系列产品的目的就是为了使用者在选用微控制器时有更多的选择。它提供了一套完整的 32 位产品系列,在保证低电压、低功耗和高性能的同时,又具有开发简单和集成性高的特点。在设计一些功耗低而功能复杂的嵌入式系统时,STM32 微控制器是个理想的选择。

弥散供氧智能化控制系统,以 STM32 F4 系列充当 CPU。STM32 F4 是由意法半导体公司开发的一种高性能微控制器系列。其采用了 90nm 的 NVM 工艺和 ART 技术。ART 技术使得程序零等待执行,提升了程序执行的效率,将 Cortext-M4 的性能发挥到了极致,使得 STM32 F4 系列可达到 210DMIPS@168MHz。自适应实时加速器能够完全释放 Cortex-M4 内核的性能;当 CPU 工作于所有允许的频率(≤168MHz)时,在闪存中运行的程序,可以达到相当于零等待周期的性能[7]。STM32 F4 系列微控制器集成了单周期 DSP 指令和浮点单元(floating point unit, FPU),提升了计算能力,可以进行一些复杂的计算和控制。STM32 F4 系列微控制器具有如下显著优点。

(1) 兼容于 STM32 F2 系列产品,便于 ST 的用户扩展或升级产品,而保持硬件的兼容能力。

(2) 集成了新的 DSP 和 FPU 指令,168MHz 的高速性能使得数字信号控制器应用和快速的产品开发达到了新的水平。提升控制算法的执行速度和代码效率。

(3) 具有先进技术和工艺。

① 存储器加速器:自适应实时加速器(ART Accelerator™)。

② 多重 AHB 总线矩阵和多通道 DMA:支持程序执行和数据传输并行处理,数据传输速率非常快。

③ 90nm 工艺。

(4) 高性能。

① 210DMIPS@168MHz。

② 由于采用了 ST 的 ART 加速器,程序从 FLASH 中运行,可以达到相当于零等待周期的性能。

③ 多达 1MB FLASH (将来 ST 计划推出 2MB FLASH 的 STM32F4)。

④ 192KB SRAM:128KB 内存在总线矩阵上,64KB 内存在 CPU 专用数据

总线上，其高级外设与 STM32 F2 兼容。

⑤ USB OTG 高速 480Mbit/s。

⑥ IEEE1588，以太网 MAC 10/100。

⑦ PWM 高速定时器：168MHz 最大频率。

⑧ 加密/哈希硬件处理器：32 位随机数发生器。

⑨ 带有日历功能的 32 位 RTC：小于 1μA 的实时时钟，1 秒精度。

(5) 更多的性能提升。

① 低电压：1.8～3.6V VDD，在某些封装上，可降低至 1.7V。

② 全双工 I2C。

③ 12 位 ADC：0.41μs 转换/2.4Msps(7.2Msps 在交替模式)。

④ 高速 USART，可达 10.5Mbit/s。

⑤ 高速 SPI，可达 37.5Mbit/s。

⑥ Camera 接口，可达 54MB/s。

图 7-2 给出了 STM32 F405 芯片的实物图、STM32 F407 实物图、STM32 F417 实物图。

(a) STM32 F405　　　　(b) STM32 F407　　　　(c) STM32 F417

图 7-2　几种典型 STM32 F 芯片的实物图

弥散供氧智能化控制系统的硬件架构由 CPU、现场传感器、通信模块、显示模块、存储模块、电源管理模块、开入和开出模块等组成，其硬件构成如图 7-3 所示。

其中 STM32 微控制器主要对氧气因子数据进行判断、分析，得出需要调节的氧气因子，进而控制调控设备进行调节；数据采集模块将传感器采集的数据通过相应的接口传递给控制器；触摸屏模块的设计主要为了提高室内的人机交互能力，实现现场控制；通信模块将氧气因子数据通过网络传输给远程监控端，同时接收远程监控端的指令给控制器；控制输出模块利用继电器实现调控设备的自动化控制；供电系统为整个硬件系统提供电能[8]。

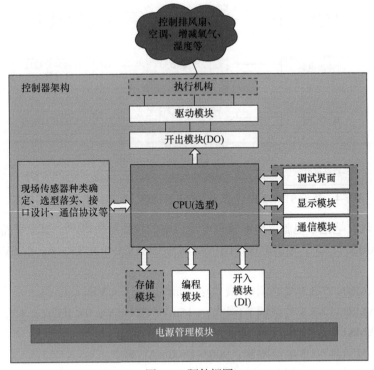

图 7-3　硬件框图

7.2.2　STM32 微控制器核心电路设计

市场上一些现成的 STM32 控制器功能和结构过于冗杂，且价格较高，所以本书选择合适的主控芯片，并设计了控制器的核心电路原理图，为后面制作 STM32 控制器的 PCB 板提供原理支持。

从完成系统所需的 I/O 口数量、数据接口类型、成本和扩展性方面考虑，选择资源配置丰富的 STM32 F417 作为 STM32 控制器的主控芯片[9]。在 STM32 微控制器的最小系统电路的基础上加入所用到模块的接口电路一起构成核心电路，包括电源电路、时钟源电路、启动电路、JTAG 调试电路、复位电路、存储芯片接口电路、RS485 接口电路和 WiFi 通信模块接口电路，其构成逻辑如图 7-4 所示，它表示基于 STM32 F417 充当主控芯片的嵌入式系统的典型成组框图。

1. 电源电路

此芯片资源配置表可知主控芯片的工作电压为 2～3.6V，通常选用 3.3V 作为工作电压，供 I/O 端口等接口使用。可以采用 USB 供电方式。

选择 AMS1117-3.3 充当电源，此电源是一种输出电压为 3.3V 的正向低压降稳压器，适用于为高效率线性稳压器、开关电源稳压器、电池充电器、小型计算机系

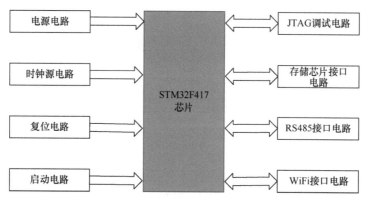

图 7-4　基于 STM32 F417 充当主控芯片的嵌入式系统的典型成组框图

统接口终端、笔记本电脑、电源管理电池供电的仪器等供电[10]。其显著特点如下。

(1) AMS1117-3.3 输出电压范围：3.267～3.333V(0<IOUT≤1A，4.75V≤VIN≤12V)。

(2) AMS1117-3.3 线路调整(最大)：10mV(4.75V≤VIN≤12V)。

(3) AMS1117-3.3 负载调节(最大)：15mV(VIN=5V，0≤IOUT≤1A)。

(4) AMS1117-3.3 电压差(最大)：1.3V。

(5) AMS1117-3.3 电流限制：900～1500mA。

(6) AMS1117-3.3 静态电流(最大)：10mA。

(7) AMS1117-3.3 纹波抑制(最小)：60dB。

如图 7-5 所示，USB 接口提供的 5V 电压经过 AMS1117-3.3 降压芯片得到 3.3V 电压供给 STM32 主控芯片。图中 SW1 为拨动开关，划片在左时电源关闭，在右时电源打开；D4 为红色 LED 灯，用来显示电源状态。

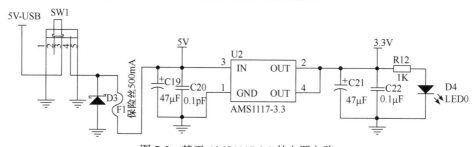

图 7-5　基于 AMS1117-3.3 的电源电路

2. 时钟源电路

时钟系统对于控制器而言是非常重要的，控制器中的所有功能都是在时钟节拍下进行的。STM32 内部时钟按照频率的大小不同可分为高速时钟和低速时钟两种。其产生方式也有两种[11]。

(1) 内部 RC 振荡器产生。因为内部 RC 振荡器产生的时钟缺乏稳定性，所以大都使用外接晶振方式产生时钟。

(2) 外接晶振方式产生。核心电路外接两个晶振作为时钟源，一个晶振频率 8MHz 是高速外部(high speed external, HSE)时钟，如图 7-6 所示，经过 7 倍频后得到系统时钟 SYSCLK。系统时钟在经过 APB1 预分频器后得到 PCLK1 时钟供给低速外设使用，如 I2C 接口、串口；再经过 APB2 预分频器后得到 PCLK2 时钟给高速外设使用，如 I/O 口和 ADC 接口。另一个为低速外部(low speed external, LSE)时钟，如图 7-7 所示，晶振频率为 32.768kHz，主要为内部的实时时钟提供时钟源[12]。

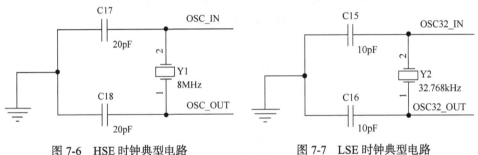

图 7-6　HSE 时钟典型电路　　　　　图 7-7　LSE 时钟典型电路

3. 复位电路

为了保证控制器在运行时能够稳定可靠，设计了复位电路，如图 7-8 所示。因为 STM32 是低电平复位的，所以在设计复位电路时也应设计成低电平复位，图中 R1 和 C6 组成低电平上电复位。当控制器在运行时出现故障，通过复位按钮 RESET 可使 STM32 控制器随时返回到初始状态。

4. 启动电路

控制器内起始程序可以从主闪存存储器、系统存储器、SRAM 区启动，这主要取决于主控芯片的 BOOT1 和 BOOT0 引脚电平的高低，在系统复位以后，第 4 个系统时钟上升沿到来时，BOOT 引脚的值被锁存。用户可以通过设置 BOOT1 和 BOOT0 的引脚状态来选择启动方式，启动模式设置端口的电路，如图 7-9 所示。

5. JTAG 调试电路

JTAG 主要用于控制器内部程序的仿真与调试，采用在线编程时也要用到 JTAG 接口，在线编程可以加快开发进度。STM32 系列微控制器内核集成了 JTAG/SWD 调试端口，它将 5 引脚的 JTAG 接口和 2 引脚的 SWD 接口结合在一起。

JTAG 调试接口电路原理图，如图 7-10 所示。

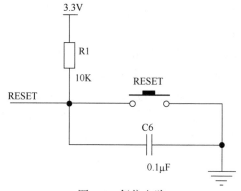

图 7-8　复位电路

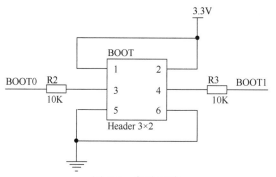

图 7-9　启动电路

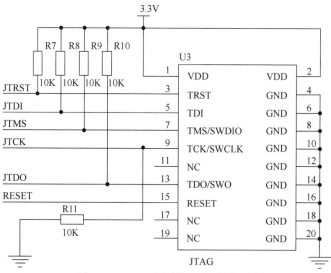

图 7-10　JTAG 调试接口电路原理图

6. 存储芯片接口电路

控制器在收到数据采集模块传递来的数据后会对这些数据进行存储，还要将监控端发送来的环境状态设定值写入存储区，所以对存储器的容量有较高的要求。需要外扩存储芯片以满足正常工作的要求。本书采用 FLASH 芯片 W25Q64，此芯片是华邦公司推出的大容量 SPI FLASH 产品，其容量为 64MB。该 25Q 系列的器件在灵活性和性能方面远远超过普通的串行闪存器件。W25Q64 将 8MB 的容量分为 128 个块，每个块大小为 64KB，每个块又分为 16 个扇区，每个扇区 4KB。W25Q64 的最小擦除单位为一个扇区，也就是每次必须擦除 4KB。所以，这需要给 W25Q64 开辟一个至少 4KB 的缓存区，必须要求芯片有 4KB 以上的 SRAM 才能有很好的操作。

W25Q64 的擦写周期多达 10W 次，可将数据保存达 20 年之久，支持 2.7～3.6V 的电压，支持标准的 SPI，还支持双输出/四输出的 SPI，最大 SPI 时钟可达 80MHz。W25Q64 特征简述如下。

支持标准、双输出和四输出的 SPI；

高性能串行闪存，其性能高达普通串行闪存性能的 6 倍；

80MHz 的时钟操作；

支持 160MHz 的双输出 SPI；

支持 320MHz 的四输出 SPI；

40MB/S 的数据连续传输速率；

高效的"连续读取模式"；

低指令开销；

仅需 8 个时钟周期处理内存；

允许 XIP 操作；

性能优于 X16 并行闪存；

低功耗，温度范围宽；

单电源 2.7～3.6V；

4mA 有源电流；

–40～85℃的正常运行温度范围；

灵活的 4KB 扇区构架；

扇区统一擦除(4KB)；

块擦除(32KB 和 64KB)；

1～256 个字节编程；

超过 10 万次擦除/写循环；

超过 20 年的数据保存；

高级的安全功能；

软件和硬件写保护；

自上至下，扇区或块选择；

锁定和保护 OTP；

每个设备都有唯一的 64 位 ID；

节省空间的封装模式；

8-pin SOIC 208-mil；

8-pin PDIP 300-mil；

8-pad WSON 8x6-mm；

16-pin SOIC 300-mil。

该芯片通过 SPI 接口和 STM32 芯片进行连接。SPI 是一种高速的、全双工、同步的通信总线，并且只占用四根引脚，节省了芯片的引脚，同时为 PCB 板的布线节省了空间。FLASH 芯片 W25Q64 的典型接口电路如图 7-11 所示。

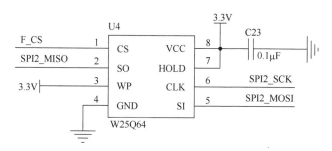

图 7-11　存储芯片 W25Q64 接口电路

7. RS485 接口电路

在弥散供氧智能化控制系统中，STM32 控制器通过 RS485 与外部设备进行通信，用来实现对温室内调控设备的现场控制，下面以 SP3485 为例进行介绍。

SP3481 和 SP3485 是一系列 3.3V 低功耗半双工收发器，它们完全满足 RS-485 和 RS-422 串行协议的要求。这两个器件与 Sipex 的 SP481、SP483 和 SP485 的管脚互相兼容，同时兼容工业标准规范。SP3481 和 SP3485 符合 RS-485 和 RS-422 串行协议的电气规范，数据传输速率可高达 10Mbps(带负载)。SP3481 还包含低功耗关断模式。SP3481 和 SP3485 的驱动器输出是差分输出，满足 RS-485 和 RS-422 标准。空载时输出电压的大小为 0～3.3V。即使在差分输出连接了 54Ω 负载的条件下，驱动器仍可保证输出电压大于 1.5V。SP3481 和 SP3485 有一根使能控制线(高电平有效)。DE(Pin3)上的逻辑高电平将使能驱动器的差分输出。如果 DE(Pin3)为低，则驱动器输出呈现三态[13]。

SP3481 和 SP3485 收发器的数据传输速率可高达 10Mbps。驱动器输出最大 250mA ISC 的限制使 SP3481 和 SP3485 可以承受–7.0～12.0V 共模范围内的任何短路情况，保护 IC 不受到损坏。

SP3481 和 SP3485 接收器的输入是差分输入，输入灵敏度可低至±200mV。接收器的输入电阻通常为 15kΩ(最小为 12kΩ)。–7～12V 的宽共模方式范围允许系统之间存在大的零电位偏差。SP3481 和 SP3485 的接收器有一个三态使能控制脚。如果 RE(Pin2)为低，接收器使能，反之，接收器禁止。

SP3481 和 SP3485 接收器的数据传输速率可高达 10Mbps。两者的接收器都有故障自动保护特性，该特性可以使得输出在输入悬空时为高电平状态。

RS485 的典型接口电路如图 7-12 所示，因为 RS485 电平不能和 STM32 控制器芯片的 TTL 电平直接匹配，图中使用 SP3485 芯片用来将 RS485 电平转换为 TTL，其中 R14 为匹配电阻。

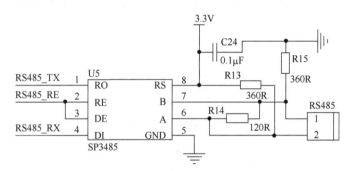

图 7-12　RS485 的典型接口电路

8. WiFi 接口电路

在弥散供氧智能化控制系统中，控制器通过 WiFi 模块接入网络，将室内环境参数信息和设备运行状态等信息用网络通信的方式传送给远程监控端。ESP8266EX 集成了 32 位 Tensilica 处理器、标准数字外设接口、天线开关、射频巴伦、功率放大器、低噪放大器、过滤器和电源管理模块等，仅需很少的外围电路，可降低其所占 PCB 空间。ESP8266EX 内置超低功耗 Tensilica L106 32 位 RISC 处理器，CPU 时钟速度最高可达 160MHz，支持实时操作系统和 WiFi 协议栈，可将高达 80%的处理能力留给应用编程和开发。

ESP8266 模块通过串口和控制器连接，利用内置的 TCP/IP 通信协议，实现串口数据与 WiFi 信号之间的转换。ESP8266 的典型接口电路(含电源)，如图 7-13 所示。

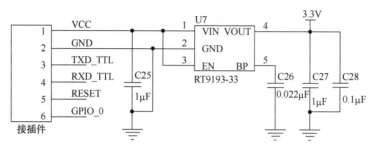

图 7-13　ESP8266 的典型接口电路(含电源)

7.2.3　控制器 PCB 板的制作

前面主要讲述了控制器核心电路原理的设计,接下来,借助 AltiumDesigner14 软件,阐述绘制核心电路原理并设计控制器的 PCB 板。因为控制器工作于相对复杂的电磁环境,必须具备一定的抗干扰能力,这里采用 4 层 PCB 板。整个 PCB 板的设计流程如图 7-14 所示。

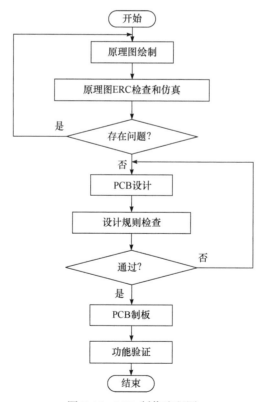

图 7-14　PCB 制作流程图

第一步：绘制原理图。原理图由各种元器件和导线构成，放置元器件的原则是根据信号的流向放置，从左到右或从右至左。先放置关键的元器件，之后放置电阻、电容等外围元器件，再对这些元器件进行连接，连接分为两种，一种通过导线进行连接，另一种使用网络标号进行连接。绘制原理图有两个目的。

(1) 可以为后面设计 PCB 板提供元件的基本信息。

(2) 帮助使用者看懂设计的原理。

第二步：原理图的电气规则检查(electrical rule check, ERC)检查和仿真。在原理图完成之后用软件自带的 ERC 功能对常规的电气性能进行检查，避免常规性错误；再对原理图进行电路仿真，根据输出信号的状态判断原理图设计的准确性，可以减少设计失误，提高电路设计的可靠性。如果 ERC 检查和仿真有误，则返回第一步。

第三步：PCB 板的设计。这一步包括 PCB 封装、布局、布线。PCB 封装是元件实物映射到 PCB 上的产物，封装制作一定要精准，一般按照规格书上的尺寸创建封装；布局一般采用先大后小的原则，先放置主控部分的芯片，再放置体积较大的元件，尽快将封装好的元件对齐，做到整齐美观；布线时应遵循优先信号走线的原则，对重要易受干扰的信号进行包地处理，电源主干道加粗走线，走线距离不要过近。

第四步：设计规则检查。为了确保设计的 PCB 板能够正常工作，当其设计完成之后，都会进行设计规则检查，系统会根据设计规则对元件的布局、布线、导线宽度、元器件间距、过孔类型等进行检查。如果没有通过，则返回第三步。

第五步：PCB 制板。将元器件实物在对应位置进行焊接。

第六步：功能验证。对制作好的 PCB 板通电进行功能验证。

典型的控制器 PCB 板的设计图如图 7-15 所示。

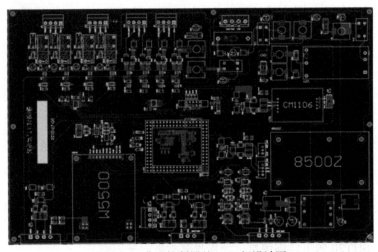

图 7-15　典型控制器的 PCB 板设计图

7.2.4　数据采集模块

数据采集模块，属于系统整体结构中的环境状态感知层环节，主要完成对室内环境参数信息的实时采集，包括空气温湿度传感器、CO_2 浓度传感器和氧气传感器。为了保证数据传输的可靠性和稳定性，各传感器通过相应的接口直接和 STM32 控制器连接[14]。

1. 空气温湿度传感器

对空气温湿度的采集选用型号为 SHT20 的数字传感器，如图 7-16 所示。

图 7-16　温湿度传感器 SHT20 实物图

温湿度传感器 SHT20 芯片同时集成了能隙温度传感元件和电容式湿度传感元件，另外芯片内还含有 A/D 转换器、放大器和数字处理单元，会自动将模拟量转化为数字量输出，具有功耗低、响应快、稳定性强的特点，传感器通过 I2C 总线和控制器连接。传感器 SHT20 的典型接口电路图，如图 7-17 所示。

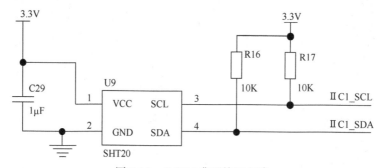

图 7-17　SHT20 典型接口电路

有关 SHT20 的更详细信息，请参见其参数手册。

2. CO_2 浓度传感器

对室内 CO_2 浓度的检测使用型号为 CM1106 的气体传感器，如图 7-18 所示，该型传感器使用非色散红外原理对温室内的 CO_2 浓度进行检测。为了保证测得结果的准确性，该型传感器内置了温度补偿模块，具有卓越的线性输出特性，使用寿命长。同时，有多种输出方式，选择串口输出，使用前将传感器置于 CO_2 浓度为 400ppm 的环境下运行 20min 以上进行零点校准。

图 7-18　二氧化碳传感器 CM1106 实物图

传感器 CM1106 的典型接口电路图，如图 7-19 所示。

有关传感器 CM1106 的更详细信息，请参见其参数手册。

3. 气压传感器

对室内气压的检测在弥散供氧控制中是很有必要的，气压传感器选择 BME280，如图 7-20 所示，它是一款基于博世 APSM 工艺和创新的电阻式测量技术的小尺寸、高性能压力和温湿度传感器，非常适合空间有限的移动设备，如智能手机、平板电脑、智能手表和可穿戴设备等场合，可在室内弥散供氧设备中选择这个传感器。

气压传感器 BME280 的典型接口电路如图 7-21 所示。

有关气压传感器 BME280 的更详细信息，请参见其参数手册。

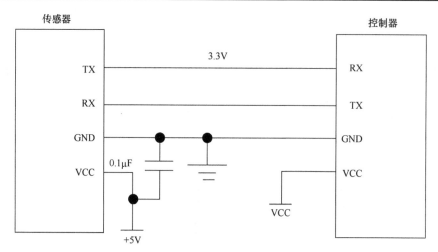

图 7-19　传感器 CM1106 的典型接口电路

图 7-20　气压传感器 BME280 实物图

4. 氧气传感器选型

　　氧气传感器选择 8500 系列的传感器，弥散氧气传感器 8500Z 的管脚示意图如图 7-22 所示。弥散氧气传感器 8500Z 的实物如图 7-23 所示，它是一种用来检测某设备排气中氧的浓度，并向电子控制单元(electronic control unit, ECU)发出反馈信号，再由 ECU 控制喷油器喷油量的增减，从而将混合气的空燃比控制在理论值附近的传感器。其工作原理与干电池相似，传感器中的氧化锆元素起类似电解液的作用。

　　弥散氧气传感器 8500Z 的基本工作原理是：在一定条件下(高温和铂催化)，利用氧化锆内外两侧的氧浓度差，产生电位差，且浓度差越大，电位差越大。大气中氧的含量为 21%，浓混合气燃烧后的废气实际上不含氧，稀混合气燃烧后生成的废气或因缺火产生的废气中含有较多的氧,但仍比大气中的氧气含量少得多。

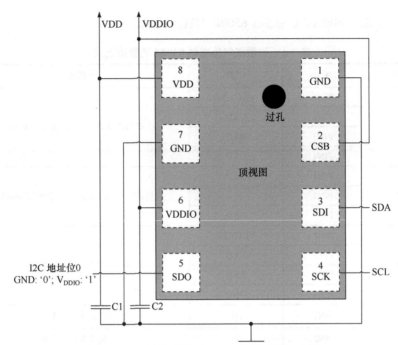

图 7-21　气压传感器 BME280 的典型接口电路

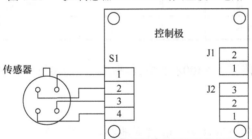

图 7-22　氧气传感器 8500Z 管脚示意图

图 7-23　氧气传感器 8500Z 的实物图

表 7-1 给出弥散氧气传感器 8500Z 的管脚定义。

表 7-1　弥散氧气传感器 8500Z 的管脚定义

接口	序号	引脚	描述
J1	PIN1	VCC3.3V	串口(XH-4 插座，间距 2.54mm)
	PIN2	TXD	
	PIN3	RXD	
	PIN4	GND	
J2	PIN1	12VDC	电源接口(XH-3 插座，间距 2.54mm)
	PIN2	—	
	PIN3	GND	
J3	PIN1	VCC3.3V	串口(间距 2.54mm 排针)
	PIN2	TXD	
	PIN3	RXD	
	PIN4	GND	
S1	PIN1	H+	传感器加热正电极
	PIN2	H−	传感器加热负电极
	PIN3	S+	传感器输出信号正极
	PIN4	S−	传感器输出信号负极

有关弥散氧气传感器 8500Z 的更详细信息，请参见其参数手册。

7.2.5　触摸屏模块

为了方便用户在温室现场能够直观地看到环境参数值，并且能够手动去控制执行设备的运行，可以选择型号为 SDWe070C05C 的 VGUS4.3 组态屏，提高现场的人机交互能力[15]。

图 7-24 为组态屏 VGUS4.3 的实物图。其总体参数如表 7-2 所示。组态屏 VGUS4.3 是 SDW-PlusII 系列，具有 800×480 分辨率，400 流明，工作电压为 5V，具有 1 个 USB 接口用于程序的下载，能够与 RS232/RS422/ RS485 端口通信。在设计 STM32 控制器的核心电路时，专门外扩了 RS485 的接口电路，用于和触摸屏进行通信。组态屏的接口定义如图 7-25 所示，其尺寸如图 7-26 所示。

组态屏 VGUS4.3 的接口参数如下：①串口波特率，1200bps～115200bps；②串口电平，默认为标准 TTL/CMOS，短接跳线 J17 设置为 RS-232 电平；③数据格式，1 个起始位，8 个数据位，无校验位，1 个停止位。插座型号为 SMD2.0-8P 带锁扣(间距为 2.0mm)+FPC1.0-10 下接。

图 7-24 组态屏 VGUS4.3 的实物图

表 7-2 组态屏 VGUS4.3 的总体参数

参数	数据
尺寸/分辨率	7 英寸/800×480(可以软件设置 90 度旋转显示)
显示色彩	64K 真彩色
背光类型/寿命/亮度	LED/20000h/400(cd/m²)(软件 100 级连续可调)
可视角度 L/R/U/D	70°/70°/50°/60°
工作温度/存储温度	−20～70℃/−30～80℃

图 7-25 组态屏 VGUS4.3 的接口定义

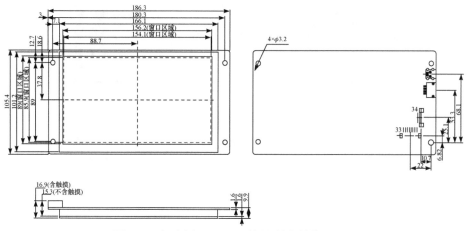

图 7-26　组态屏 VGUS4.3 的尺寸图(单位：mm)

有关组态屏 VGUS4.3 的更详细信息，请参见其参数手册。

7.2.6　通信模块

使用型号为 ESP8266 的 WiFi 模块，如图 7-27 所示，它实现控制器与远程监控端之间的通信。

ESP8266 作为一款 WiFi 网络通信模块，具有运行稳定、价格便宜等特点，该模块不仅能够独立运行，也可作为子模块搭载于其他控制器运行。本书将 ESP8266 模块通过串口和控制器连接，利用内嵌的 TCP/IP 通信协议，来实现串口数据与 WiFi 信号的转换，对控制器上与该模块连接的串口进行配置后，即可实现数据的网络传输。ESP8266 支持 AP/STA/AP+STA 三种工作模式：在 AP 模式下，模块作为热点，允许其他终端设备连接到该模块，实现近距离的无线控制；在 STA 模式下，即 STM32 控制器通过 WiFi 模块连接本地路由器后接入广域网。在 AP+STA

图 7-27　WiFi 模块 ESP8266 的实物图

模式下，前面两种模式共存。这里选择 STA 模式，使温室内的控制器作为客户端，监控端的 PC 机作为服务器，依靠 TCP/IP 通信协议，实现数据的远程传输。

TCP/IP 协议是进行网络通信要用到的所有协议的统称，是一个协议群。该协议群依据功能不同分成四层，即应用层、传输层、网络层、数据链路层。根据 TCP 协议要求，在进行任何数据传输之前，通信双方都必须先建立一个网络连接。

图 7-28 表示 TCP/IP 协议下数据传输流程。首先，传输层接收到应用层传递来的数据后，会在数据的前面加上一个 TCP 首部，其内容包括源端口号和目的端口号，实现数据准确发送到接收方应用程序的端口；在网络层，由附加的 IP 首部的源 IP 地址和目的 IP 地址组成，这样才能在整张网络中找到目标主机的地址；链路层在上一层传递来的数据基础上加入 MAC 地址后将整个数据包通过以太网电缆传送给接收方，接收方对这些数据包层层解析，去掉各层加入的首部，得到原始数据，整个传输过程完成。

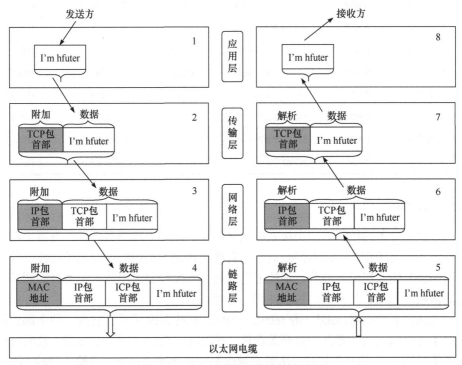

图 7-28　TCP/IP 协议下数据传输流程

控制器向监控端发送的环境状态数据和监控端向控制器下发的指令都可以当作数据来处理，为了让接收方知道收到数据的具体含义，还需要设计传输层数据的格式，其格式如表 7-3 所示。

表 7-3　传输层数据的格式

帧头	MAC 地址	功能字	数据段	帧尾

表 7-4 中，帧头、帧尾是固定字符，各占 4 个字节，MAC 地址段有 12 个字节，用来存储温室内控制器的物理地址，因为这个物理地址是唯一的，不同的控制器 MAC 地址不同，所以能够确定是哪个温室发来的数据或者发给哪个温室的指令，功能字用来区分数据的含义和类型，大小是 4 个字节，数据段的大小也为 4 个字节。整个数据包共占 28 个字节，以字符的形式发送，整个数据包的格式内容如表 7-4 所示。

表 7-4　应用层数据包格式

含义	帧头	MAC 地址	功能字	数据	帧尾
环境状态值	WSDP	8COD-76FF-0700	YALU	环境状态编号	HFUT
设置命令	WSDP	8COD-76FF-0704	SETT	环境状态编号	HFUT
开始命令	WSDP	8COD-76FF-0708	STAR	32bit	HFUT
停止命令	WSDP	8COD-76FF-070C	QUIT	32bit	HFUT
自动模式	WSDP	8COD-76FF-0710	AUTO	32bit	HFUT
手动模式	WSDP	8COD-76FF-0714	HAND	32bit	HFUT
开启设备	WSDP	8COD-76FF-0718	OPEN	设备编号+24bit	HFUT
关闭设备	WSDP	8COD-76FF-071C	CLOS	设备编号+24bit	HFUT

7.2.7　控制输出模块

在调控设备的控制回路中接入电磁继电器，STM32 控制器通过继电器实现对调控设备的自动控制。继电器是应用于自动化控制电路中的一种电子器件，分为输出回路和输入回路两部分，本质上是通过小电流控制大电流，起着自动调节、电路转换的作用，具有响应快、体积小等优点。

选用固态继电器(solid state relay，SSR)，如图 7-29 所示，它是一种全部由固态电子元件组成的新型无触点开关器件，利用电子元件(如开关三极管、双向可控硅等半导体器件)的开关特性，达到无触点无火花地接通和断开电路的目的，因此又被称为无触点开关。固态继电器是一种四端有源器件，其中两端为输入控制端，另外两端为输出受控端。它既有放大驱动作用，又有隔离作用，很适合驱动大功率开关式执行机构，较之电磁继电器可靠性更高，且无触点、寿命长、速度快，对外界的干扰也小，已得到广泛应用。

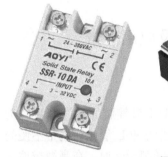

图 7-29　典型固态继电器实物图

在供氧控制终端中，采用由微电子电路、分立电子器件、电力电子功率器件组成的固态继电器，实现了控制端与负载端的隔离，具有如下显著优点。

(1) 高寿命，高可靠。固态继电器没有机械零部件，由固体器件完成触点功能，由于没有运动的零部件，因此能在高冲击，振动的环境下工作。组成固态继电器的元器件的固有特性使固态继电器具有寿命长、可靠性高等优点。

(2) 灵敏度高，控制功率小，电磁兼容性好。固态继电器的输入电压范围较宽，驱动功率低，可与大多数逻辑集成电路兼容不需加缓冲器或驱动器。

(3) 快速转换。固态继电器采用固体器件，切换速度可从几毫秒至几微秒。

(4) 电磁干扰小。固态继电器没有输入线圈，没有触点燃弧和回跳，因而减少了电磁干扰。大多数交流输出固态继电器是一个零电压开关，在零电压处导通，零电流处关断，减少了电流波形的突然中断，从而减少了开关瞬态效应。

固态继电器内部包含线性光耦，用于隔离负载的执行设备电路和前端电路，使两者相互之间不发生影响，减少电路之间的干扰，增强了系统的可靠性。图 7-30 给出了固态继电器的典型接口电路，它的吸合电压为 5V，由铁芯、衔铁、线圈和簧片四部分组成，固态继电器的输入端用微小的控制信号，直接驱动大电流负载，其工作原理是：通过在线圈两端加上吸合电压产生电流进而产生电磁力，吸引衔铁动作，控制开关。

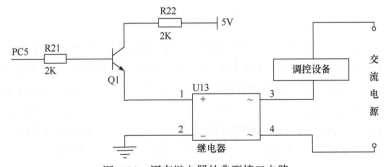

图 7-30　固态继电器的典型接口电路

7.3　高原供氧终端发展现状及应用前景

7.3.1　高原供氧措施研究

钢制氧气瓶以及氧气枕(袋)为传统供氧装置。钢质氧气瓶的氧气容量约为6000L，2~4L 等便携式小型氧气瓶的使用弥补了常用的 40L 氧气瓶携带不便的缺点。然而氧气瓶在平原地区充满氧气后运往高原会受制于交通，在高海拔地区的野外运输存在非常大的困难，充足的氧气供应难以保障。氧气枕(袋)虽然携带轻便，但可储存的氧气量一般只够维持 20min 左右供氧。针对高原作业，为了满足人们的需求，近年来国内外进行了一系列高原富氧问题的研究。

1. 液态氧

1L 液态氧净重为 1.14kg，气化后可以产生高达 800L 的气态氧。但是高原部队车载供氧装备和单兵供氧装备要求轻便、供氧时间长并且供氧量充足。基于三种类型(50m³ 储氧罐、15m³ 车载液氧罐及 1.5m³ 单兵液氧罐)的液氧罐进行高原自行车功量递增负荷运动实验，结果显示吸氧组运动后血乳酸和血氧较对照组降低明显。张西洲[16]采用三种规格(50L、15L、5L)的液氧罐进行高原现场实验发现如下问题。50L 液氧罐在海拔 1400m 地区充满液氧后，运至海拔 3700m 地区(距离365km，环境温度 10~25℃)，24h 后质量减轻 4kg。室温 12℃存放损耗速度为 4kg/d时，储存液氧时间总计 14d。单兵液氧罐充满液氧后重达 49kg，在海拔 3700m、室温 12℃环境下可存放 27d。当吸氧每分钟 2L 时，充满液氧的单兵罐在 3700m和 5400m 只能维持 8~10h，难以保障执行更长时间的野外任务。史连胜等研究高氧液在高原地区严重创伤后低氧血症的早期救治时发现，补充高氧液可以使血氧分压(PaO_2)血氧饱和度(SaO_2)在短时间内提升，但是目前只能作为氧疗措施的补充手段。

2. 高压氧

高压氧通过增加氧的弥散半径来改善机体的氧储备，改善缺氧情况，提高心、脑等组织器官的能量供应。当肺泡氧分压迅速提高时，血氧分压以及血氧饱和度会明显提升。使用高压氧的早期报道可以追溯到 1966 年 Brummelkamp 的研究。目前国内外对高压氧的研究与使用多以高压氧舱为载体。但是高压氧治疗只是模拟低海拔环境，因此其只能为辅助或者应急治疗的方法，目前尚无研究表明可长期使用。2010 年青海玉树地震后，解放军总后勤部曾经调集便携式软体高压氧舱，为发生急性高原病的患者提供便捷有效的治疗。国外学者在使用新型高原高压氧舱对抗高海拔缺氧时发现，在海拔 350m、海拔 2880m 和海拔 4532m 进行 60min 干预后受试者平均动脉氧分压升高明显；在 2880m 和 4532m 受试者的动脉血二氧化碳分压升高而 pH 值下降。肖长娇等[17]研究发现，高压氧预处理后，对进入西藏高原地区人员出现急性高原反应具有一定的预防作用。王宏运等[18]在对从海拔 3800m 地区进驻海拔 5380m 地区的青年战士进行高压氧预治疗时发现，高压氧预治疗提高了机体在低氧环境下的生理功能，使人体自由基的生成得到了抑制，有效降低了急性高原反应的发病率。张青对慢性高原病之一的高原红细胞增多症患者使用高压氧治疗，发现患者的临床症状减轻、血液黏稠度降低。阳盛洪等[19]在对由海拔 5000m 以上哨卡返回平原接受疗养的男性官兵进行高压氧治疗时发现，高压氧治疗有助于高海拔地区官兵快速恢复。

3. 化学制氧

化学制氧的方法很多，但较适宜高原使用的措施为"氧烛"富氧。氧烛是一种既容易储存又方便使用的固体氧源，因其使用时需要燃烧放出纯氧，现象与蜡烛燃烧相似而得名。目前氧烛的制作原料需要氯化物，而氯化物发生水解作用会生成氯化氢，在燃烧时氯化氢会生成氯气、氯氧化物以及次氯酸等对人体有害的物质，因此需要在氧烛中加入氯气抑制剂。韩卫敏等[20]采用西安 521 所生产的某型氧烛供氧装置对海拔 4500m 的高原低氧地区人员进行供气(氧)时发现，吸氧时的血氧饱和度明显高于不吸氧时，心率降低明显，供氧效果显著，利于维持人员的外场作业能力。马广全等利用氧烛建立富氧室，观察缺氧性肺动脉高压的移居青年，发现富氧较常氧下的血氧饱和度增高、心率降低，富氧环境可以显著改善低氧环境下的肺氧合效率，进而改善人体缺氧状态。

4. 空气压缩增氧

崔建华等[21]研制的单兵高原增氧呼吸器，在高原就地取空气为气源，通过加压使人体吸入的空气密度增加，增大氧供。该装备体积比香烟盒略大，重量小于 400g，噪声低于 55dB，采用可反复充电的锂电池续航。在海拔 3800m 以上的高原实地实验中，使用该装备 30min 后可提高受试者血氧饱和度 12%，提高作业效能，促进适应高原习服。基于增压压缩空气原理，研制了一种高原便携式增压头盔，通过大型低压舱模拟 3000m 和 5000m 海拔高原环境，以及 3650m 海拔高原实地进行对照实验发现，该增压头盔可显著提高实验组血氧饱和度、降低心率，通过《急性高原反应的诊断和处理原则》(GJB 1098—91)进行诊断和量化评分，可知该头盔适用于对高原缺氧的改善。

5. 制氧机

近年来，国内对于制氧机的研制越来越广泛，对于膜分离空分技术应用于制氧已有多年的研究。颜泽栋等[22]使用车载型膜分离制氧机进行海拔3866m的高原实地实验的结果显示，受试者血氧饱和度明显升高、心率明显降低，抗缺氧效果显著。除膜分离技术外，目前制氧机应用最广泛的技术为分子筛制氧。臧斌等[23]选用MB-1OF/A型分子筛制氧机进行弥散富氧效果检测，在制氧机开机2h后，受试房间内的氧浓度相当于海拔2200m以下高度，受试房间内人员的睡眠血氧饱和度高于对照组房间人员，睡眠心率低于对照组房间人员。但是目前市售分子筛制氧机多缺乏干冷环节，分子筛使用寿命减短；并且在高原沙尘风暴污染情况下，气缸活塞易磨损。

7.3.2 高原弥散供氧展望

青藏高原独特的自然地理和人文环境对国内外旅游市场产生了巨大的吸引力，但是高海拔、低气压的特殊环境使众多游客望而却步，高原弥散供氧是打开青藏高原旅游经济大门的钥匙。针对我国28个高原民用运输机场(海拔1500m以上)的运行，采用弥散式富氧和分布式富氧相结合的方式进行供氧，利于保障人员的用氧需求。在目前众多的抗缺氧手段中，无论是车载弥散富氧，还是弥散富氧室，都克服了佩戴鼻导管和呼吸面罩等配件供氧而产生的异物不适感，且对供氧效果无任何影响，甚至优于某些呼吸面罩。更适于进驻高原人员使用的弥散富氧技术将改革旧有的供氧方法。弥散富氧形成"半椭圆"型富氧区域，增大富氧面积。使用分子筛和膜法空气分离的高原弥散富氧技术既可以用于酒店、银行、商场、机场等营业场所，又可以用于办公室、会议室、写字楼和宿舍等工作与生活场所，相较于传统的氧气罐，富氧方式具有很高的性价比，就地取空气为原材料可以长期降低使用成本，避免了氧气罐处置不当易爆炸的危险。膜分离设备具有结构简单、维护成本低的特点，非常适合作为高原富氧工程的气源设备。

针对慢性高原病，氧疗和氧保健观点的提出意味着人类的氧需求由完全依赖自然向自觉获取的转变，弥散富氧技术加快了这一转变的步伐。高原弥散富氧在高原地区的应用具有重要的研究意义和广阔的市场前景[24]。

参 考 文 献

[1] 崔延红. 高原低气压环境对矿井安全生产的影响与对策研究[D]. 青岛: 山东科技大学, 2010.
[2] 罗干, 黄成嵩, 陈昊. 基于单片机控制的家用智能制氧机系统研究[J]. 科技创新导报, 2020, 17(2): 69-71.
[3] 刘春伟, 邢海龙, 李宗斌, 等. 急性高原病发病机制的研究进展[J]. 中华老年多器官疾病杂志, 2017, 16(11):4.
[4] 刘新星. 救护车制供氧控制系统研究[D]. 天津: 天津理工大学, 2013.
[5] 余万祥, 李维波, 徐聪, 等. 基于STM32+W5500的双环网磁场数据采集技术[J]. 中国舰船研究, 2019, 14(6): 58-66.

[6] 何凯彦, 李维波, 许智豪, 等. 基于双 CPU 的双以太网与双 RS-422 交互通信技术[J]. 中国舰船研究, 2020, 15(3): 177-184.

[7] 张高明, 李维波, 华逸飞, 等. 基于 W5200 的双冗余以太网通信系统应用研究[J]. 中国舰船研究, 2018, 13(1): 127-132.

[8] 李维波, 徐聪, 许智豪, 等. 基于自适应虚拟阻抗的舰用逆变器并联策略[J]. 高电压技术, 2019, 45(8): 2538-2544.

[9] 于慧彬, 李小峰, 齐鹏. 基于双冗余以太网通信的气象实时观测数据采集网络传输系统的设计与实现[J]. 海洋技术, 2012, 31(1): 31-35.

[10] 邹传智. 基于多串口转以太网的数据采集及分析系统设计[D]. 上海: 东华大学, 2017.

[11] 翟瑞, 周静雷. 基于 STM32 的 USB 转串口通信端口设计[J]. 国外电子测量技术, 2021, 40(1): 92-95.

[12] 林楚婷, 王建. 基于 STM32 与串/网口转换器的数据采集系统设计[J]. 电子技术与软件工程, 2019, (15): 76-77.

[13] 刘忠诚. 基于 STM32 的嵌入式多串口服务器的研究与设计[D]. 大连: 大连交通大学, 2018.

[14] 艾明祥. 关于单片机在温湿测控技术中的应用研究[J]. 电子世界, 2021, (5): 61-62.

[15] 任克强, 王传强. 基于STM32F4的多通道串口驱动TFT液晶屏显示系统设计[J]. 液晶与显示, 2020, 35(5): 449-455.

[16] 张西洲. 部队高原病防治系列讲座(2)我国高原病防治研究概况[J]. 人民军医, 2008, (8): 499-500.

[17] 肖长娇, 胡建军. 高压氧预处理对进入高原地区人员高原反应的干预效果[J]. 长江大学学报(自科版), 2017, (16): 56-57.

[18] 王宏运, 金湘华, 刘宁, 等. 高压氧预治疗预防急性高原反应的现场观察[J]. 高原医学杂志, 2008, (1): 21-22.

[19] 阳盛洪, 王引虎, 王福领, 等. 高压氧治疗对高海拔地区脱习服官兵脑体工效影响的观察[J]. 人民军医, 2013, (10): 1137-1138.

[20] 韩卫敏, 闫金海, 孔庆平, 等. 某型氧烛供氧装置高原供氧应用效果分析[J]. 职业与健康, 2014, (11): 1510-1512.

[21] 崔建华, 罗二平, 李彬, 等. 单兵增氧呼吸器对高原人体运动自由基代谢的影响[J]. 临床军医杂志, 2005, 33(6): 681-682.

[22] 颜泽栋, 单帅, 申广浩, 等. 车载型膜分离制氧机高原实地应用效果评价[J]. 医疗卫生装备, 2016, (10): 13-15.

[23] 臧斌, 肖华军, 王桂友, 等. 分子筛制氧机对拉萨地区房间弥散式供氧效果检测[J]. 医疗卫生装备, 2014, (5): 60-62.

[24] 李理, 漆家学, 翟明明, 等. 高原富氧研究进展[J]. 医用气体工程, 2018, 3(1): 36-38.

第8章 西藏制供氧产业政策和供氧工程规划

中国是世界上高原面积最大的国家，青藏高原就占国土面积约 1/4，平均海拔超过 4500m。高原具有低气压、低氧、寒冷、昼夜温差大、干燥、强辐射和强紫外线等特点，随着海拔高度升高，大气氧分压下降，高寒缺氧对人体的神经、呼吸等系统和各脏器的危害较大，有些损害在脱离缺氧环境后仍然不可逆。西藏自治区地面气温远比同纬度平原地区低，年均温度在 −2.8～12.0℃ 之间，呈现出东南向西北递减分布规律，且气候条件恶劣[1]。每立方米空气中氧气含量只有150～170 克，其空气含氧量只有平原地区的约 50%～70%。

近一个世纪以来，高原成为对人类最具挑战性的环境之一，高原环境对人类的影响涉及大气物理、地球化学和生态系统等多种因素，其中低大气压、低氧、低温、太阳辐射强和气候多变等因素往往综合作用于人体，但最关键的起始发生性影响就是高原低氧[2]。缺氧对机体主要的影响如下。①对呼吸系统的影响及常见病变：呼吸频次加快，在疲劳或感冒情况下，极易出现肺水肿，一旦处理不善就会危及生命。②对血液循环系统的影响及常见病变：血氧饱和度降低，心跳加快，出现心脏变大、心肌缺血和血红蛋白含量超标。③对消化系统的影响及常见的病变：消化能力下降，营养吸收不充分，经常腹泻，人明显消瘦。缺氧后果的严重程度同缺氧的持续时间有很大关系，若能及时纠正缺氧，则可以避免或减少组织器官的损伤[3]。在高寒、缺氧的状况下，全区供热、供氧仍是西藏社会经济发展的一块短板，供氧工程和供氧产业政策的推进将极大地促进全区社会经济的发展，提高全区人民的生活水平，对于西藏自治区的稳定与发展具有重要的现实意义。

本章主要分为 4 节，对西藏制供氧产业政策和供氧工程规划进行分析和阐述。其中，8.1 节主要阐述西藏供氧工程的技术、标准支撑及相关政策与实施情况，并对高原部队供氧保障体系相关方面进行梳理阐述；8.2 节主要分析目前西藏制供氧的产业政策、供氧工程规划现状及存在的问题；8.3 节主要分析西藏制供氧对促进西藏经济社会发展的必要性以及对于合理制定西藏制供氧产业政策提出了一些建议和思考；8.4 节主要从西藏供氧工程的现状和核心要求出发，基于以上章节的概括和分析，合理制定并总结西藏供氧工程的科学规划，为西藏供氧工程的推进指明方向。

8.1　西藏供氧工程及高原部队供氧保障体系

高寒干燥、严重缺氧的自然环境使西藏供氧工程具有重要意义。然而，高原供氧工程的推进面临巨大挑战。首先，要确定适合高原的制供氧技术及相关标准；其次，西藏供氧工程的实施和部队供氧保障体系的建立还需大量资金及相关政策支持。本节主要从西藏制供氧工程的技术、标准支撑与政策以及部队高原供氧保障体系两方面来阐述。

8.1.1　西藏供氧工程的技术、标准支撑及实施情况

对于一项工程而言，技术支撑是否充分以及相关的技术标准是否完善对其能否成功实施具有举足轻重的作用，西藏供氧工程也不例外。本部分将从相关技术以及技术标准两方面对西藏供氧工程展开讨论，并对西藏供氧工程的实施情况进行概述。

1. 相关技术

2008 年 5 月，首个西藏供氧工程项目"高原分体式弥散供氧系统"被确立为自治区重点科研项目，并于 2009 年正式通过区科技厅、财政厅、民航总局、空军部队等有关部门专家的验收。该项目的顺利完成可改善西藏自治区人体所需的氧环境，并在很大程度上促进区内患者身体康复，同时也为高原航空安全运行提供有利条件。随后，周山清发明的"高原建筑室内加湿供氧系统"于 2013 年获得了由国家知识产权局授予的实用新型专利权，这项发明同时结合了供氧与加湿两项功能，一定程度上可以缓解高原缺氧与气候干燥所带来的问题，具备在西藏广泛应用推广的条件，可较好地改善西藏干部职工，特别是高海拔地区干部职工的生活条件和质量；同时，也可为拓展西藏冬季旅游市场提供更好的服务。2016 年 6 月，江苏鱼跃科技集团与拉萨市经开区签署投资框架协议，进行鱼跃高原制氧产业园项目的开发，此项目是鱼跃科技集团在西藏投资的首个实体项目。鱼跃高原制氧产业园集高端工业制造、装配、仓储为一体，并搭配有国内顶尖的高原空分研究实验室。高原制供氧技术的不断更新，将会极大地促进西藏自治区供氧工程的推进和普及。

2. 相关技术标准

2015 年 4 月 30 日，肖华军在拉萨高原地区室内空间弥散供氧国家标准研讨会上首次提出"青藏氧调"的概念与设想(所谓"氧调"，就是运用制氧设备，去

调节氧气含量。让生活在室内的人，感到更加舒适)。同时，由肖华军团队牵头制定的《高原地区室内空间弥散供氧(氧调)要求》(GB/T 35414—2017)于 2017 年 12 月 29 日正式颁布实施。肖华军团队的研究结果为供氧标准与规范的实施，为规范西藏自治区高原供氧工程市场和秩序提供了法律依据和技术支撑。肖华军带领团队先后数次到达拉萨、山南等地区，多次开展这一标准的普及工作，组织制定高原地区室内空间弥散供氧配套标准，积极介入并全力推动标准落地。肖华军还联合中国科技大学的刘应书、中国国家标准研究院的赵朝义等共同推出了西藏自治区民用供氧工程的设计、安装与验收标准。此外，由西藏自治区住房和城乡建设厅委托中国城市建设研究院有限公司兰州分院主编的两项标准也于 2018 年 9 月 17 日评审获得通过，为西藏民用供氧工程的设计、实施提供了技术依据。

此外，制供氧相关科技企业的入驻在一定程度上促进了西藏"氧进家"民生工程的实施进度，为工程的顺利实施奠定了技术标准、实施经验以及设备运用等基础。

3. 供氧工程相关政策与实施状况

技术研发的推进依赖于社会发展的需要，同时，好的技术也要用于满足社会需求，并且要经得起实践的检验。西藏供氧工程是顺应全区人民生活需求和社会经济发展需要的。对于供氧工程的实施情况和进展，本部分将从医疗卫生系统、民航系统、相关政策以及各地市实施状况等角度分别进行相关工作与进展的梳理。

1) 在医疗卫生系统中的实施

西藏高寒、缺氧的自然条件，对于西藏医疗卫生事业的发展是一个极大的制约因素，不仅不利于病人治疗后的恢复，也不利于医疗系统的人才引进。基于此，西藏全区高压氧舱配建工作于 2015 年全面启动，在 2015 年 3 月 9 日组织召开的全区医用高压氧舱配建工作视频会议中，自治区卫生计生委普布卓玛主任指出，务必在 6 月份完成 9 个地(市)级以上医院及 32 个海拔超过 4000 米的高海拔县医院配备医用高压氧舱、便携式舱、常压饱和吸氧设备和供氧装置等工作；到 2020 年前，总结临床试用经验，实现所有县全覆盖。这些举措为推动西藏自治区全区高原医疗健康事业的发展带来了积极的作用，极大地改善了全区医疗设施条件和医疗环境。

2) 在民航系统中的实施

随着西藏民航运输生产的快速发展，高寒、缺氧的环境使得民航系统安全保障压力不断增大，区局干部职工的身体健康情况也不容乐观。要支持逐步建立和完善区内机场供氧设施设备，保障干部职工的身体健康，助力飞行安全和空防安全。为切实落实民航局对西藏区局全体干部职工的深切关心和关怀，民航局西藏区局在 2016 年召开专题研究区内机场供氧系统建设事项的党委会，拟定建设实施方案，一是昌都、阿里机场采用全面供氧方式建设；二是拉萨机场供氧方式在征集拉萨机场干部职工的供氧意见后再行确定；三是日喀则机场投入使用时已配套建设供氧系统，目前可以正常使用，暂不实施供氧改造；四是林芝机场海拔 3000 米以下，暂不实施供氧改造；同时，会议要求相关部门尽快委托编制供氧系统建设可行性报告，力争 2016 年年底达到具备上报项目条件，2017 年底全面开展实施建设工作。

3) 在那曲市的实施情况

那曲市地处唐古拉山南坡和念青唐古拉山北麓，位于羌塘高原的东端，高寒缺氧，气候干燥，属于高原山地气候，平均海拔达到 4500 米，平均海拔较拉萨市高出约 1000 米。2016 年，那曲地区班戈县的供氧项目采取公私合作 (public-private-partnership, PPP)模式，这也是西藏首家 PPP 供氧项目， 2016 年 6 月中旬完工并投入使用。县城幸福小区 167 户、康桑小区 110 户、新吉乡 50 户、尼玛乡 49 户，全县共计 376 户居民可以共享供氧资源。在全市层面，那曲市从 2017 年 8 月起，正式启动高海拔集中供氧工程，该工程一共分为三期进行实施：一期供氧工程主要在聂荣县、尼玛县和那曲市的学校、医院、养老场所等 23 家单位实施，现已建成并投入使用；二期供氧工程主要是针对市直机关和申扎、班戈、安多等县进行集中供氧；三期供氧工程则于 2021 年全面启动，最终实现那曲市各县(区)、各单位及职工周转房集中供氧全覆盖。集中供氧是改善藏北人居环境、保障生命健康安全的重大民生工程，也是继城市给排水、污水处理、集中供暖等项目投入使用后的又一重大"暖心"工程，体现了党中央对西藏各族人民的深切关怀，回应了那曲市各族干部群众多年来的热切期盼，继告别"在家穿棉袄"后，"氧气吃不饱"也将成为历史，极大地改善了那曲市的人居环境和生活质量。

4) 在日喀则市的实施情况

日喀则市位于我国西南边陲，青藏高原西南部，南北地势较高，其间为藏南高原和雅鲁藏布江流域，属于高原山地气候，平均海拔达到 4000 米。日喀则市成立领导小组，切实加强对"八有"(即高海拔乡镇实施有水、有暖气、有氧气、有食堂、有阳光棚、有温室、有澡堂、有水厕)工程实施的组织领导，全力推进"八有"工程建设，切实改善高海拔乡镇干部职工工作条件和生活条件，在 2017 年年底会议上再一次强调加快推进海拔 4000 米以上乡镇"八有"工程建设。

5) 在山南市的实施情况

山南市位于冈底斯山至念青唐古拉山以南，雅鲁藏布江干流中下游地区，属于高原气候，平均海拔 3700 米，平均海拔与拉萨市平均海拔差距不大。山南市在 2017 年召开了高原供氧工程项目座谈会，会议指出高原供氧工程是一项民生工程，"氧"对于雪域高原来说，是民生的基础，是民生的民生，西藏社会经济的快速发展使得供氧工程成为当地老百姓的迫切需要。中船重工 701 所在山南市实施的供氧工程项目，是极具特殊意义的项目援藏和企业援藏，符合创新、绿色、共享的发展理念，符合湖北省第八批援藏工作队"精准援藏助力精准扶贫"的理念，符合西藏各族人民最基本的健康和平安需要。701 所表示，将拿出最科学、最实用的计划，解决好山南供氧项目相关问题，降低供氧系统整体运营成本，以军工品质和优质服务，做出成熟的市场化供氧产品，可以供给包括部队、医院、学校、机关单位在内的更多的适用人群，为山南各族人民的健康和幸福带来福音。山南市错那县平均海拔 4400 米，年平均气温−0.6℃，极端最低气温零下 37℃，全年无霜期仅 42 天，是西藏典型的边境高寒县，为了打造宜居错那，当地政府先后实施了县城供暖一期和二期工程。同时，为了解决高原缺氧带来的健康问题，提高人们的工作效率，该县 2017 年开展了试点供氧项目，共建了 24 个供氧基站，极大改善了学校、医院、企事业单位和特困老人的工作和生活环境。截至 2020 年上半年，山南市建成了错那县县城集中供氧建设项目。同时，浪卡子县城供氧工程建设项目正在建设中。

6) 在阿里地区的实施情况

阿里地区位于中国西南边陲、西藏自治区西部、青藏高原北部(羌塘高原)，属高原山地气候，平均海拔达到 4500 米。在 2016 年阿里地区实施的"十三件民生实事"工程中提到了集中供暖供氧，古姆、多玛两乡集中供暖供氧工程在 2016 年全面复工，达热、亚热两乡集中供暖供氧试点扩面工程完成招投标工作。阿里地区日土县，按照特事特办的原则，主动采取超常规举措，加班加点实施工程项目建设，经过 150 个日夜连续奋战，最终在 2017 年年底顺利实现供氧，标志着该县在阿里地区七县中率先实现了"集中式"供氧。日土县供氧中心的建成，有效地缓解了全县群众、干部职工因缺氧带来的身体不适及病变，满足了人民的吸氧需求，保障了身体健康，该项工程的顺利完工对于推动日土县长足发展和长治久安具有重大的现实意义。

综上所述，在原有技术条件下，西藏供氧工程不仅得到了政府的技术支持和政策支持，同时也得到了全国各地以及全区相关部门的技术支撑，这些支持工作为西藏"氧进家"民生工程的顺利推进奠定了坚实的基础；另一方面，在中央及地方各级政府的大力支持下，西藏"氧进家"民生工程在全区环境恶劣的重点地区得到了强有力的推广和实施，这提高了全区人民的生活质量，对于推动西藏自治区经济发展以及社会稳定具有重大的现实意义。

8.1.2 高原部队供氧保障体系相关政策、标准及发展历程

西藏高原部队官兵生命健康的"头号杀手"莫过于高寒、缺氧的大气环境，同时，高原高寒部队战时持续保持战斗力，平时执勤、巡逻、训练和生活，都离不开适时、适地、适量的氧气保障。本节着重梳理回顾我军高原部队供氧保障体

系的相关政策标准以及发展历程。

1. 相关政策、标准

我国从 1968 年开始着手解决边防高原缺氧问题，1989 年开始加大了投入力度，并进行了试点；2011 年，以驻藏高原部队为主的全军制供氧建设正式纳入"十二五"基层部队后勤综合配套建设计划，同年，提出了平时保障常驻海拔 3000 米以上地区官兵每人每天吸氧 1 小时、海拔 4000 米以上 1.5 小时，战时满足部队急进高原和伤病员救治氧气供应需要的目标，确定了以中心供氧系统为主、氧气瓶供氧为辅、便携式制氧机作补充的多种保障模式。2019 年，中央出台了针对不同类型官兵的用氧标准，这表明高原部队用氧标准更加细化，也变得更加科学。不同类型官兵的用氧标准如表 8-1 所示。

表 8-1　不同类型官兵的用氧标准

用氧标准	急进高原官兵(1~3 天内进驻到高原的官兵)	久居高原官兵 (移居高原 1 年以上的官兵)
无需吸氧	一般急性轻型高原反应，不必急于吸氧，需消除高原恐惧心理，充分休息，多饮水，注意保暖，避免感冒受凉、剧烈活动及重体力劳动，让机体逐渐习服高原。严重高原反应，如口唇紫绀，可通过无创血氧检测仪予以检测	
酌情予以吸氧	若血氧饱和度低于 85%，经深呼吸后也不能提高到 90% 以上	原红细胞增多症每天给予低流量(1~2L/min)吸氧，吸氧时间大约 1 小时
立即予以吸氧	若血氧饱和度低于 80%，经深呼吸后也不能提高到 85% 以上，并积极就医	
积极予以吸氧	急性早期高原肺水肿，要积极给氧，早期给予持续高流量(4~6L/min)吸氧，一般 24 小时后给予持续中流量(2~4L/min)吸氧，72 小时后给予持续低流量(1~2L/min)吸氧，同时积极就医，防止发生生命危险	高原性血压异常，主要是高原性高血压，根据血压程度决定是否口服降压药物治疗；若是合并高原性心脏病，根据严重程度决定给氧流量大小及给氧时间

2. 发展历程

我国从 1968 年开始着手解决边防高原缺氧问题，1989 年开始加大了投入力度并进行了试点，2003 年高原官兵开始拥有了新式供氧装备——液态氧气瓶，其 1L 液态氧气化后可以产生 850L 气态氧，1.5L 的单兵液态氧瓶，灌满液态氧后重 5kg，气化后可产生 1000 多升气态氧，可供一人连续吸 10 小时，且体积小、储氧量大、性能稳定、安全卫生、便于携带。同时，新疆军区高山病研究所研制成功了 50L 和 15L 的大容量液态氧储备罐，专门用于坦克、装甲车、汽车高原运输途中的氧气供应，标志着边防部队制供氧能力、战斗力迈进了一大步。2007 年起开始进行大面积的推广和施工建设，卫生装备所与新疆军区、南疆军区和兰州军区等密切合作，共在青海、西藏、新疆、甘肃等地的边防站、军分区、兵站和医院等建成了覆盖广泛的 49 座制氧站，将团到连全部覆盖。2009 年，中国军事医学科学院卫生装备研究所称中国已经在海拔 3000 米以上的边防站全面建立了制氧供氧网络，但现阶段我国普遍采用的是二塔和四塔制氧技术，稍落后于国际上比较先进的制备方法，随后卫生装备研究所攻克了六塔空分技术，先后研制出普通型高原制氧机和智能型高原高效制氧机，不仅完善制氧供氧网络体系，而且极大提升了制氧设备，基本解决了高原边防军队长期缺氧的难题，为减少士兵高原病的发病频率、保护士兵健康发挥重要作用。

2011 年以驻藏高原部队为主的全军制供氧建设正式纳入"十二五"基层部队后勤综合配套建设计划，先后三次大规模组织高原部队制供氧设施设备建设，累计投入经费 2 亿多元，相继为兰州军区、空军、青藏兵站部和武警部队数万名高原官兵建设了大型制氧站、连队集中吸氧室，为个人配备了便携式制氧机，逐步解决了高原医疗救治、生活保健的用氧难题。同年，提出了平时保障常驻海拔 3000 米以上地区官兵每人每天吸氧 1 小时、海拔 4000 米以上 1.5 小时，战时满足部队急进高原和伤病员救治氧气供应需要的目标，确定了以中心供氧系统为主、氧气瓶供氧为辅、便携式制氧机作补充的多种保障模式。三年内将建成一个医疗用氧与保健吸氧相结合，定点供氧与伴随给氧相结合，各型制氧设施与医疗设备相结合，覆盖全军高原部队的制供氧联勤保障体系。

随着制供氧基础设施建设的不断完善，怎样充分发挥制供氧设备保障效能，怎样使高原官兵用氧更加科学化和标准化是军委决策部署的大事。解放军总医院等七个单位近百名专家，在不同海拔梯次高度设立六个研究基地和实验室，构建"现场-实验室-临床"三结合模式，制定《高原部队官兵吸氧标准》(GJB 8555—2016)于 2016 年 6 月 1 日颁布实施，标志着高原官兵用氧有了科学准则。2017 年，新一轮的制供氧建设工程为 800 余个基层单位建设安装制氧站 165 套、高压氧舱 8 套，研制配发高原制氧车 12 辆，补充配备小型制氧机 4807 台、氧气瓶 6830 个，惠及高原部队官兵，构建形成了医疗用氧与保健用氧相结合、定点供氧与机动供氧相衔接的新型制供氧保障体系，提升了高原部队氧气供应能力。此次制供氧建设工程不仅使设备设施得到大幅度提升，而且使保障、维护模式更加完善。为确保新一轮高原制供氧工程"建、管、用、修、训"有效衔接和设备持续平稳运行，军委后勤保障部出台设备维修保障方案，规划构建军民融合维修保障网络和零配件供应渠道。军队卫勤系统注重将高原制供氧工程一体化保障模式融入联合作战体系，平时供氧直通单兵床头，训练供氧机动和基地保障一体衔接，战时供氧探

索按全程伴随、立体成链模式组织实施。维修保障方案明确，对于军地设立的 12
个联合维修点，实行技术人员分管共用、配件耗材合储通用、维修保障一体联动。
制定《军队高原制供氧设备管理规定》和《高原部队制氧站油料补助标准》，解决
高原哨所制氧机油料、业务补助经费、维修保障等问题，确保哨所"用得起、用
得好、用得久"。同年 10 月，军委后勤保障部卫生局称，海拔 3000 米以上哨所全
部可以吸上自制氧。平时供氧，海拔 4000 米以上部队直通单兵床头，海拔 3000
米至 4000 米部队成建制集中保障；训练和非战争军事行动供氧，机动和基地保障
一体衔接，部队急进高原预置储氧和应急保障综合配套；战时供氧，按照全程
伴随、立体成链模式组织实施，推动救命氧快速向打仗氧转变。这标志着我军
高原官兵吸氧实现由原来靠山下送氧到高原哨所自制氧的历史性变化，迈入了
全新时代。

　　从以上分析可知，我国高原部队供氧体系发生了翻天覆地的变化，由过去靠
山下制氧上送哨所、集中制氧上送哨所到哨所自制氧的变化，保障模式由局部定
点转变为全域覆盖，制氧方式由零星间歇转变为足量持续，供氧对象由部分一线
官兵转变为全体高原部队，用氧性质由医疗救治为主转变为日常生活保健，官兵
身体状况由缺氧被动性代偿转变为吸氧主动性恢复，建立了一套较为完善的高原
部队供氧保障体系，较好解决了长期以来困扰高原部队的缺氧难题。

8.2　西藏制供氧产业政策、供氧工程规划现状及问题

　　供氧工程的完善和供氧产业政策的落实是西藏全区得以发展的必然要求。
目前来看，全区供氧设施建设处于初步阶段，供氧建设体系并不完善，主要由
几个研究机构承担供氧工程的相关主要工作，这就使得高原制供氧相关技术的
推进不够高效、全面，进而导致全区缺乏长期稳定运行、成本低廉的供氧技术。
因此，西藏制供氧的推进离不开国家产业政策的扶持和倾斜。为了加快解决供
氧问题，国家层面积极出台西藏供氧设施建设扶持政策，加快推进西藏城镇供
氧设施建设。

8.2.1　西藏制供氧产业政策

　　国家对于西藏地区发展高度重视，中央第七次西藏工作座谈会于 2020 年 8
月 28 日至 29 日在京召开，会议强调，面对新形势新任务，必须全面贯彻新时代
党的治藏方略，坚持统筹推进"五位一体"总体布局、协调推进"四个全面"战
略布局，坚持稳中求进工作总基调，铸牢中华民族共同体的意识，提升发展质量，
保障和改善民生，推进生态文明建设，加强党的组织和政权建设，确保国家安全

和长治久安，确保人民生活水平不断提高，确保生态环境良好，确保边防巩固和边境安全，努力建设团结富裕文明和谐美丽的社会主义现代化新西藏。"十三五"时期是西藏自治区与全国一道全面建成小康社会的决胜阶段，也是西藏自治区发挥资源和区位相对优势，加快提升产业发展质量和效益的关键时期，必须把握好发展的总体环境，正确处理好"十三对关系"，进一步理清产业发展总体思路，全力推进经济持续健康发展。根据西藏自治区"十三五"时期产业发展总体规划，推动西藏自治区产业加快发展要坚持两条原则。一是坚持市场作用和政府作用协同发力。正确处理好市场和政府的关系，处理好国家投资和社会投资的关系；充分发挥市场在资源配置中的决定性作用，通过完善市场服务体系，优化生产要素配置，促进人力、商品、资金和服务合理流动；充分发挥政府在科学制定经济发展规划、引导市场预期、规范市场行为、加快经济结构转变等方面的推动。二是坚持以产业发展与生态保护和谐共生为前提。正确处理好保护生态和富民利民的关系，坚持在保护中开发、在开发中保护的方针，执行最严格的环境保护制度，坚持任何产业发展不能以牺牲生态环境为代价，推动形成绿色发展方式。

随着时代的进步和戍边条件的改善，高原边关制供氧条件和政策也在不断完善。从最初的"战备氧""救命氧"，到"医疗氧""保健氧"，再到"床头氧""日常氧"，氧气越来越足，戍边人的眉头舒展开来，干劲越来越高。当然，氧气得到保证的过程并不是一蹴而就的，为了解决氧气的供应问题，部队各部门从"各自为战"转变为"联合作战"，坚持统一领导、分工负责、系统建设、长期管用的原则，在高标准做好制供氧设备集中采购供应的同时，同步做好安装调试、质量验收、操作培训、配套标准等后续工作，将"一次性投入"变为"全过程保障"，努力形成集"采、建、用、管、保"于一体的长效机制。军委后勤保障部研究制定"一个规定"(《高原制供氧设备管理规定》)、"两项标准"(《高原制供氧设备油料补助标准》《高原制氧站业务经费补助标准》)，建立"建、管、用、修、训"长效运行机制，制定了大、中修和维持运行经费、用电标准、油料补助等政策标准和管理办法，形成了定期保养、回访、巡修机制。依据《高原部队人员用氧标准》(GJB 8555—2016)，经反复论证测算，安排经费为驻高原部队配备制氧站设备。同时，着手研究建立维护保养经费、实物油料供应标准，从根本上解决部队后顾之忧，确保设备长效运转、常用常新，充分发挥保障效能。

8.2.2　供氧工程规划现状和问题

在供氧工程规划现状方面。对于驻西藏、新疆等高原高寒地区部队，官兵战时持续保持战斗力以及平时执勤、巡逻、训练和生活都离不开适时、适地、适量的氧气保障。军委后勤保障部自 2013 年至 2016 年，组织为驻海拔 3000 米以上部队开展制供氧建设，工程建设涵盖 200 余万平方公里地域，共为 800 余个基层单位建设安装制氧站 165 套、高压氧舱 8 套，研制配发高原制氧车 12 辆，补充配备小型制氧机 4807 台、氧气瓶 6830 个、惠及高原部队官兵，构建形成医疗用氧与保健用氧相结合、定点供氧与机动供氧相衔接的新型制供氧保障体系，提高了高原部队氧气供应能力。对于民航系统，西藏区局于 2016 年召开党委会，专题研究区内机场供氧系统建设事项，拟定建设实施方案。

西藏大学供氧院自 2020 年 4 月以来，先后对拉萨市、那曲市、日喀则市、山南市、阿里地区的制供氧企业及供氧工程进行了调研。下面以拉萨市和那曲市为例简要介绍两市的供氧现状。

拉萨市主要厅局级单位基本上已通过供氧工程项目，在办公楼里安装了集中式弥散供氧系统，主要通过大型 PSA 立方机制氧、管道弥散供氧，少量单位采用大型液氧罐储备液氧、气化后管道弥散供氧。拉萨市居民吸氧方式主要有瓶装氧气钢瓶鼻吸氧，购买小型制氧机鼻吸氧，购买家用 PSA 制氧机室内弥散供氧等。主要供氧方式简介如下。

(1) 瓶装压缩氧气供氧，一般规格为 40L，价格几十到一百元每瓶，主要用于个人在办公室或家里短期鼻吸式吸氧。

(2) 小型鼻吸式制氧机供氧(氧气流量<5L/min)，主要用于个人在办公室或家里时，采用鼻吸方式吸氧。其中，鱼跃医疗公司的小型制氧机占据了大部分市场。

(3) 家用分子筛吸附弥散供氧系统(氧气流量 10~60L/min)，用于办公室或家里卧室等房间弥散供氧。一般而言，10 L/min PSA 制氧机可为 10~15 m^2 房间提供弥散供氧。

(4) PSA 集中供氧：拉萨市国家机关单位、企业、宾馆、居民小区、火车站及机场宿舍区等集中供氧场所一般采用中大型 PSA 制氧机(氧气流量 10~200 立方米/小时)进行集中供氧。

(5) 大型液氧储罐液氧气化后集中供氧：拉萨市部分国家机关单位使用 5~20 吨储罐储存液氧，将液氧气化后集中供氧。

那曲市针对机关、学校和居民小区，已规划了三期供氧试点工程。那曲供氧工程基本上规划为液氧储罐集中供氧，供氧体验效果良好，广受干部、职工欢迎，但是液氧集中供氧成本偏高(氧气成本 5 元/立方米)，机关单位有一定资金预算尚可维持，但学校的学生宿舍因无相应经费预算基本停止供氧，普通职工家庭也难以负担弥散供氧成本，一些家庭为了节省成本采用鼻吸方式吸氧。若后期政府无法长期提供大量资金支持，很多已建好的液氧储罐供氧设施，可能难以发挥应有的作用。此外，那曲少量单位如那曲国税局及部分银行，也采用 PSA 集中供氧。

中、大规模集中供氧，还需寻找或研发能长期稳定运行、综合成本更低廉的制供氧技术。国内制氧用压缩机方面，还需要整合企业和科研院所的力量进行技术攻关，甚至技术创新。西藏大学供氧院调研发现，PSA 制氧系统的改进型 VPSA

系统，通过微压吸附真空脱附分离空气制取氧气，由于其吸附压力低，整个系统能耗、运行稳定性、关键材料和零部件的使用寿命均得以延长；与 PSA 制氧相比，VPSA 制氧系统因其综合成本低(大约 PSA 的 1/3)、使用寿命长(5～10 年)、运行更稳定。VPSA 的缺点是初期投资成本较 PSA 更高，分子筛材料要求更高，但其更低能耗、更长运行寿命，展现了其今后可望成为西藏中大规模制氧的一个新的发展方向。北京北大先锋在工业用大型 VPSA 制氧系统及分子筛材料方面，开发了成本相对低廉、有较强国际竞争力的自主知识产权产品。目前，VPSA 制氧技术主要用于工业用氧，民用或医用供氧还需解决国家或行业或地方标准及医用供氧许可证等问题，这可能需要政府、企业和研究院所等单位一起来解决。

8.3　合理制定西藏制供氧产业政策对西藏经济社会发展的作用

8.3.1　西藏制供氧对促进西藏经济社会发展的必要性

西藏制供氧技术的研发和推广对西藏经济社会发展具有重大意义，目前较为成熟的技术有深度冷冻法、变压吸附法、膜分离法以及多方法耦合空分技术。空分制氧技术及大型制氧设备的设计制造水平综合反映了一个国家的科技及工业实力。我国空分技术方面还比较落后，一是未掌握核心技术，设备不能自主成套；二是新材料的研发明显落后，目前还处于跟踪模仿阶段。未来国内外空分领域的发展，谁掌握了核心技术，谁就能掌控空分市场[4]。

在医疗领域，引入富氧医疗设备能够有效缓解和治愈高原地区缺氧患者的各类疾病；在居民日常生活中，建设更多的富氧环境，能显著提高高原地区人民的愉悦感受和生活质量，促进高原地区旅游业的发展；在工程建设中，建立更为舒适的富氧室，能够帮助高原地区劳动者解除疲劳，改善和增强人体和人脑的工作能力，投身高原地区的工程施工中去；富氧燃烧技术是目前工业炉窑节能减排的重要技术手段，此项技术在以燃烧为依托的行业进行推广应用，对推进中国高原地区当代工业有着重大的现实意义。

弥散供氧通过提高相对封闭空间(比如卧室、办公室等)的氧含量(氧浓度)来改善人体所在的外环境，使人体沐浴在一个富氧的环境中，从而改善人体呼吸内环境，促进代谢过程的良性循环，以达到缓解缺氧症状、促进康复和预防病变、增进健康的目的。同传统吸氧方式相比，弥散氧是直接提高人体所处环境的氧含量，不需要佩戴各种呼吸面罩或者喷嘴，解除了传统吸氧方式的各种束缚，使人体能在一个舒服、自由甚至毫无察觉的条件下进行氧保健，甚至可以连续 24 小时不间断使用，使工作、休息都能保持在一个富氧环境中。弥散氧保健无需专门指导，相对于传统吸氧方式，能有效地避免因吸取纯氧和高压氧所引起的氧中毒的风险。因此弥散氧设备逐渐在高原地区普及，以提高人们所处的外环境的氧含量(氧浓度)，达到缓解缺氧症状、预防病变、增进健康的目的，对促进西藏经济社会发展有重要意义。

2020 年 4 月，西藏大学供氧研究院对拉萨和那曲制供氧相关公司及供氧项目进行调研发现，广泛使用的钢瓶装压缩氧气价格偏高，而且氧气储量有限，移动不方便；家用弥散供氧 PSA 制氧机价格偏高，运行寿命偏低；液氧储罐运输成本高，在高原地区生产成本偏高，而且伴随生态污染，不符合绿色和可持续发展的生态要求。

因此，西藏自治区的大规模集中供氧，还需寻找或研发能长期稳定运行、综合成本更低廉的制供氧技术和设备。随着科学技术的发展，从世界范围来看，全世界对氧气产品的需求量在不断增长，变压吸附法技术不断取得新的进展，被列入了高新技术产业[5]。在西藏高海拔的特殊地区推进供氧技术和设备意义重大，需要科技人员的艰辛的科研探究和创新成果，同时离不开政府出台相关的支持和鼓励的优惠政策。

8.3.2 合理制定西藏供制氧产业政策

高原低氧环境是阻碍西藏经济社会发展的重要因素之一，政府在推进西藏经济社会发展过程中，需抓住问题关键，从实质上解决高原低氧问题。西藏的社会经济快速发展离不开中央对西藏的特殊政策和一切从实际出发的原则，今后要推动西藏经济快速、协调、可持续发展，就必须深刻理解"政策和策略是党的生命线"的深层次内涵，并将这一论断创造性地运用在西藏全区[6]。

基于此，政府应积极推广富氧技术在高原地区的应用，以此来改善当地人民生活的舒适度，加速推动高原地区的经济发展；在高原地区相对密闭的办公室、会议室等场所不断加大引进弥散供氧设备，改善工作人员的环境条件，使之可以高效率地工作。

(1) 政府部门要加大对供氧企业和科研机构技术研发的产权保护和补贴政策，最大限度地为供氧事业提供保障。

(2) 进一步加强对高原药物的研制与生产，降低高原药物的成本，高原药物是预防突发情况的必备措施，只有逐步解决高原药物价格贵的难题才能让高原药物发挥更大的作用。

(3) 加大供氧相关方向人才的培养，并鼓励高校师生对供氧产业的学习和研究，为供氧事业不断注入新鲜的血液。

(4) 要学习国外先进供氧技术，如变压吸附空分技术等，未来供氧产业前景远大，不仅可以更好地服务于民生工程，而且能控制整个市场。

8.4 西藏供氧工程的科学规划

为了解决高原低氧问题，国务院结合西藏特点采取了多种扶持政策，统筹制定供氧产业政策，扶持供氧技术、标准的推进，从而不断推进西藏自治区的供氧工程。在国务院的支持下，结合西藏自治区的区域特色，并在分析西藏供氧工程面临的现状环境的条件下，结合西藏供氧工程的核心要求，对西藏供氧工程进行合理的科学规划将是接下来工作中的重中之重。

8.4.1 西藏供氧工程面临的现状

设备使用率偏低、专业技术力量紧缺、年检年审落实困难、维护保养不够及时是现阶段我国高原供氧面临的主要问题。设备使用率偏低主要体现在供氧设备未能长期固定专人专用，使用耗材得不到及时补充，从而导致设备闲置，未能发挥应有的效用。此外，每个设备使用单位无专业操作和维护保养人员，供氧设备只能由卫生员来兼任使用和管理，这显然无益于高效供氧和安全供氧。依据《特征设备安全监察条例》和《压力容器安全技术检查规则》等相关规定，供氧系统设备必须经当地特种设备监察机构登记注册，统一联网编号后方可投入使用，且每年必须由符合资质的质检机构检验两次。但由于高原部队高度分散，部分仪表配件需要集中回收后带到省会城市统一校正，审验周期长，间隔期间官兵吸氧难以保证。对于偏远地方而言，技术人员走遍每个使用单位单线巡查一次需要近 3 个月的时间，人工差旅开支成本高，致使部分单位设备一两年才能维修保养一次，这不但影响了设备的使用寿命，还给使用者带来了一定的安全隐患。王泽军等[7]认为，现阶段供氧设备主要包括定点集中供氧保障装备、机动型供氧保障装备、便携式制氧装备、单兵制氧装备，它们均存在一定的缺陷。最本质的一项缺陷是供氧设备缺乏统一的评价标准，这导致部分不达标准的供氧设备依然被运抵"缺氧前线"。同时，对于不同缺氧程度的地区未进行标准划分，这导致供氧资源分配的低效率，部分极度缺氧的地方和部分一般缺氧的地方使用的设备应该严格按照不同标准进行指定。叶朝良等[8]指出不同海拔高原反应危险程度显著不同，即在不同海拔下，人体的几个重要生理、病理指标，如动脉血氧饱和度、肺泡氧分压、呼吸次数和心率都有相应的不同标准。表 8-2 展示了不同海拔下官兵的用氧标准情况。

表 8-2　不同海拔下官兵的用氧标准

海拔/m	动脉血氧饱和度/%	肺泡氧分压/kPa	心率/(次/min)	呼吸频率/(次/min)
0	100.2	13.9	61.68	12.46
1200	96.3	11.6	67.68	14.63
2400	93.8	9.68	74.26	17.01
3600	89.8	8.00	84.41	19.60
4800	82.9	6.60	89.14	22.39
6000	73.1	5.5	97.44	25.40
7200	61.9	4.68	106.32	28.61

由表 8-2 可见，在不同海拔下，氧气浓度的不同，将导致人体的几个重要生理、病理指标的标准发生限制变化，根据缺氧的严重程度指定不同供氧设备统一的评价标准刻不容缓。

8.4.2　西藏供氧工程的核心要求

为制定西藏高原供氧标准，明确西藏高原供氧具体要求，肖华军在 2017 年，带领团队围绕高原氧调标准知识普及与标准宣传夜以继日地开展工作。此外，西藏自治区住房和城乡建设厅编制的《西藏自治区民用供氧工程设计标准》(DBJ 540004—2018)和《西藏自治区民用供氧工程施工及验收规范》(DBJ 540005—2018)相继颁布与生效。这一系列的标准出炉，初步标志着西藏高原地区供氧工程有了相关依据。

在肖华军的工作成果上，根据高原供氧面临的现状，结合高原作战呈现出的时间紧迫性、方式机动性、保障装备先进性等特点，还可以对高原供氧提出如下几点针对性的要求。

(1) 高原供氧具有时间紧迫性。在未来高原作战中，装备保障部队要想在战前极短时间内完成对装备人员的收拢集中、装备检修和补充是一项十分复杂而紧迫的工作。所以在平常的供氧作战中，就必要坚持落实《应急机动作战部队实施细则》《新训大纲》"三分四定"等规章制度，这样才能确保供氧保障及时和准确。

(2) 高原供氧需要强机动性。高原往往存在交通不便、道路状况差、距离远、海拔高等特点，实施快速保障就显得尤为重要。因此，必须确保供氧作战具有强机动性，这样一来，面临险恶的自然环境和危险的突发情况，才有能力和手段去处置。

(3) 高原供氧要求设备的先进性。在不同海拔下，供氧设备的特性可能出现一些差异，特别是在高海拔地区，保证一系列供氧设备能够精确的运作是一项不小的挑战。所以，应该鼓励推进供氧设备的不断改善和研究活动，以此保障在各气候情况、各紧急状态都能够使用到优良的供氧设备。

8.4.3 西藏供氧工程的科学规划

为确保今后能为西藏人民提供及时、充足和稳定的供氧需求，西藏供氧工程的科学规划总结为五大方略。

(1) 精确制定并不间断完善供氧工程的各项规范、标准和制度。彭红宇等[9]指出目前供氧行业一个突出的问题在于，行业暂缺少配套完善、先进的标准和规范。为了确保使用高原氧气供给系统的安全可靠，国家颁布的各项规范、标准和制度是最有效的管理方法和措施，同时也可作为专业验收的检测依据。因此，制定统一的高原供氧系统标准和规范并加以完善显得日益迫切。后续需继续大力广泛宣传贯彻现有的有关标准和规范，并在贯彻执行标准和规范的同时不断完善和补充原有的标准和规范。

目前而言，相对完善的供氧工程标准和规范有肖华军主持颁布的《西藏自治区民用供氧工程设计标准》(DBJ 540004—2018)和《西藏自治区民用供氧工程施工及验收规范》(DBJ 540005—2018)。此两项标准的通过和实施，为西藏地区民用供氧工程设计、实施提供了一定的技术依据，但是，西藏地缘环境、军事环境等的不确定性因素随时都有潜在的风险，这时刻提醒着我们西藏的供氧工程标准和规范的制定不是一件一劳永逸的项目，它是一项与现实需求紧密结合的，与时俱进的伟大工程。在未来的供氧工程标准和规范制定中需要考虑现有的标准和规范是否存在不合适之处，是否存在与现实情况不相符之处，如果有，那么应该及时地做出调整。为此，建议制定西藏供氧工程标准，规范的组织或机构应该在每三年或每五年内结合这期间整个地区的供氧实际情况，对行业标准进行反思和改进，以此确保西藏供氧工程能够及时而准确地跟上民用及我军的供氧需求。

(2) 以保障民生，关爱驻藏官兵为本质目的。2020 年 8 月 29 日，习近平总书记在中央第七次西藏工作座谈会上强调，广大干部特别是西藏干部要发扬"老西藏精神"，缺氧不缺精神、艰苦不怕吃苦、海拔高境界更高，在工作中不断增强责任感、使命感，增强能力、锤炼作风。要关心爱护西藏干部职工，完善好、落实好工资收入、住房、就医、子女入学、退休安置等各方面支持政策，解决好他们的后顾之忧。要重视健康保障工作，研发并推广适用高海拔地区的医疗保健新设备新技术，不断提高他们的健康水平。可见，保障民生，关爱驻藏官兵永远是供氧科学规划的重中之重。

根据西藏自治区全国政协委员卓嘎介绍，气候恶劣、氧含量低是西藏的基本区情。加快解决供热、供氧问题一直是广大干部群众的期盼，是一项迫切的民生工程。"十二五"期间，藏区各市地结合新建工程，试点建设了一些供氧设施，包括新建的宾馆酒店、体育场馆、行政办公、援藏干部公寓等。卓嘎认为，相对于其他城镇基础设施建设的发展，全区供氧基础建设尚处于起步阶段，供氧设施建设水平较其他城镇基础设施滞后较多。着眼于到 2020 年与全国一道全面建成小康社会的宏伟目标，自治区现已编制了《西藏自治区城镇供氧设施建设"十三五"规划》，围绕实现西藏自治区供氧区域基本覆盖为总体目标，完善高海拔地区供氧设施建设，提高供氧设施技术水平，实现西藏居住环境全面改善，以职工周转房、公共服务设施、重要旅游景点和口岸为主要对象，因地制宜，逐步提高城镇供氧覆盖率。

同时，西藏供氧工程的有效推进，还需依赖国家加大政策倾斜力度，加大投资支持力度，出台西藏供氧设施建设扶持政策等。此外，结合西藏高原气候特点研发成熟专用设备，加大研发力度，针对性地开展研究，降低制氧成本，全面推广全区城镇供氧建设，为藏区人民群众和驻藏官兵提供全面又有力的保障永远将是供氧工程科学规划的最本质的目的。

(3) 加强供氧系统使用管理的对策。坚持教监并举，着力在筑牢思想根基上用实劲。供氧系统使用管理中实际困难多，产生的费用高，容易出现"置而不用"等问题，必须采取"以教促管，以管提效"的管理模式，夯实把供氧系统不仅建好更要用好的科学管理思想根基。具体而言，加强供氧系统使用管理对策可以细化为如下几点。

① 要消除"怕产生依赖而不用"的模糊认识。有的人对缺氧给身体造成的伤害认识不清，总认为年轻身体壮，一切都能抗，不愿吸；有的认为吸氧会给人带来依赖，明知吸而有利，但怕吸后依赖，不敢吸。对此，必须深入开展高原病知识宣传教育，组织专家进行专题讲座，帮助大家认清缺氧的危害和吸氧的好处，不断提升自我保健意识。

② 应摒弃"怕经费超支而不用"的错误做法。基层单位反映供氧系统能够解决官兵吸氧问题，是上级关爱官兵健康的务实举措，但设备运行所产生的电费、维修保养经费实在难以承受，所以有怕经费超支的畏难思想。为此，应当要求各级牢固树立"以人为本"理念的同时，认真督导吸氧制度落实，逢下部队都要抽查相关情况，多方协调筹措资金进行补助。

③ 必克服"怕检修麻烦而不用"的懒惰思想。建设供氧系统的单位大多是在驻地偏僻、经济滞后的地域，有的单位担心使用频率高易出故障，对吸氧做出了一些"土规定"，造成设备闲置成"摆设"。因此，大单位要每年分批、分组、平行组织生产厂家与地方专家对设备进行检修保养，并适时电话跟踪指导，做到小毛病电话会诊，大故障一线抢修。

(4) 坚持内外并行，着力在拓宽保障渠道上出实招。供氧设备安装调试、检修保养专业性强、危险性大[10]，部队缺少相应的服务和监管部门，只能依托地方专业机构完成，因此必须坚持按照军民融合"两条腿"走路，不断拓展供氧系统保障平台。供氧设备的保障和维护是贯穿于整个供氧体系中的核心步骤，在具体的保障维护中，需要注意以下几点。

① 要在借势而为中谋发展。在日常供氧设备的检修和护卫过程中，应积极借鉴地方单位供氧系统使用管理经验，组织军地专家制订本级《供氧系统使用管理暂行办法》，为设备规范使用提供依据。要督导供氧系统生产厂家负责全套设备的安装调试，提供设备安全附件和主要仪表产品合格证，对涉及安全的项目，及时协调省质量技术监督机构进行安全质量监督检验，设备安装完成后，组织军地专家、生产厂家和使用单位共同对供氧系统进行验收并出具验收报告。

② 要在顺时而动中建立保障机制。要积极与驻地特种设备检验机构协调供氧设备检修事宜，在赢得地方大力支持的基础上，军地双方协商建立供氧系统年检长效机制[11]，使之既能保证各单位供氧系统年检及时、使用安全，又能节约经费，还能有力促进军民共建发展。要积极与设备厂家建立协作关系，每年协调技术人员到各供氧系统使用单位进行巡检，对设备机油、日常故障和老化管路等问题进行现地维修保养，从而达到既节约时间、经费，又保证官兵按时吸氧的目的。

③ 要在乘势而上中求深化。在保障机制建立之后，还应严格落实联席会议和联络员等:工作制度，全面统筹、指导和推进供氧系统检修工作，确保设备使用管理安全可靠。要按照协作要求，协调驻地特种设备检验机构优先为部队登记注册，每年分批分组选派质检人员赴各供氧系统使用单位对各类储气罐进行现场检验，并对各单位设备操作人员进行现场培训。各使用单位要指定具有阀门、仪表拆卸、安装经验的人员将供氧系统安全阀、压力表等送至特种设备检验和计量机构优先检验。

(5) 坚持建管并重，着力在提升质量效益上下实功。高原部队建设供氧系统是解决高海拔地区官兵吸氧问题的有效举措，只有不断规范和加强管理才能使设备发挥好效益。因此，要着力强化教育引导，让官兵对设备使用有正确的认识；着力细化完善措施，让军民融合保障发挥效能；着力落实制度精细管理，全面提高设备使用质量效益。

供氧系统使用管理是一项系统工程，缺人才、少经费、差规范都难以使之有效运行，唯有牢牢扭住"建、支、管"三个环节，才能有效提升质量效益。其中，"建"的要义是建设一支懂理论、精操作的供氧工程队伍；"支"的要义是为供氧系统年检保养和运行安全提供强有力的支持；"管"的要义是建立健全设备档案，严格落实专人操作管理。如每日记录设备压力、温度、流量等基本情况，经常性检查设备管路和管件气密性，确保切实做到设备管理使用有章可循、有法可依、责任明确。

① 要以建队伍为基。要高度重视供氧系统人才队伍建设，采取"派出学、系统教、内部带"的方法持续做好人员培训和衔接工作。选派有潜力、新接任的人

员到国家指定的供氧系统使用操作和维护保养培训机构进修学习，切实培养多批
懂基础、会操作的业务骨干。要在老兵复退前及时安排人员调配，做好专业技术
传帮带，保留技术骨干，确保工作衔接紧密。

　　② 要以谋支持为源。为保证供氧系统年检保养及时和运行安全，解决好供氧
系统设备检验和维修保养所需经费问题，相关部门要全面调研论证供氧系统后续
维护保养经费需求，及时形成可行性报告，赢得上级支持并列入公用经费预算，
每年按标准下拨部队使用。要积极争取地方政府和目标单位支持，申请部分年检
和维修保养专项经费，协调地方特种设备检验部门，采取军民共建形式，降低部
队特种设备检验费用，有效弥补和缓解部队经费不足问题。

　　③ 要以强管理为本。在落实国家《特种设备安全监察条例》等规范的基础上，
还需进一步细化供氧系统管理各项制度，建立健全设备档案，严格落实专人操作
管理，每日记录设备压力、温度、流量等基本情况，经常性检查设备管路和管件
气密性，切实做到设备管理使用有章可循、有法可依、责任明确[12]。为防范安全
事故，要及时对所有机房进行规范设置，制订下发制氧机、汇流排、氧吧管理规
定和设备操作流程，按照机房安锁、配备灭火器、排查安全隐患、张贴警示标识
等办法，持续做好供氧系统安全管理工作。同时要规范供氧系统日常使用管理，
分类制定制氧、供氧和吸氧时间，建立日常管理、安全操作和岗位责任等制度，
健全紧急情况下的处理措施和应急方案并每月组织模拟演练。

参 考 文 献

[1] 王雪梅, 李新, 马明国, 等. 青藏高原科研文献地理信息空间分析研究[J]. 地球科学进展,
    2012, 27(11): 1288-1294.
[2] 刘春伟, 邢海龙, 李宗斌, 等. 急性高原病发病机制的研究进展[J]. 中华老年多器官疾病杂
    志, 2017, 16(11):4.
[3] 彭双宗. 弥散供氧走进高原[J]. 医用气体工程, 2018, 3(4): 36.
[4] 罗二平, 翟明明, 单帅, 等. 空分制氧技术的研究现状及进展[J]. 医用气体工程, 2016, 1(1):
    11-13.
[5] 耿云峰, 张文效. 变压吸附(PSA)空分制氧技术进展[J]. 化工催化剂及甲醇技术, 2002, (2):
    34-38.
[6] 狄方耀, 杨本锋. 试论中央的特殊政策对西藏经济发展的特殊促进作用[C]. 西藏及其他藏
    区经济发展与社会变迁学术研讨会, 成都, 2006.
[7] 王泽军, 黄庆愿, 杨天, 等. 高原联合作战供(制)氧设备现状与对策探讨[J]. 华南国防医学
    杂志, 2019, 33(8): 561-564.
[8] 叶朝良, 朱永全, 梁凯芳, 等. 高原反应危险性分区及施工供氧应对措施研究[J]. 铁道工程
    学报, 2019, 36(5): 47-51.
[9] 彭红宇, 戚俊松, 左可新, 等. 对制定高原供氧系统标准重要性的探讨[J]. 医用气体工程,
    2018, 3(1): 26-27.

[10] 李长青. 浅谈现代医疗设备的管理[J]. 医疗装备, 2012, 25(1): 49-50.

[11] 谢汶殊, 贾丽, 胡亮, 等. 军地融合保障模式的探索研究[J]. 军民两用技术与产品, 2016, (13): 45-48.

[12] 刘建涛. 组织基层部队骨干医疗设备招标采购的做法及体会[J]. 武警医学, 2016, 27(6): 643-644.

附录　制供氧技术及应用相关标准、规范

部分与制供氧技术及应用相关的国际、国家、地方和行业标准、规范如下所示，可到西藏大学供氧研究院官网（http://xzdxgyyjy.d21.3eok.com/）查阅。

1. *Gas and Vacuum Systems*（NFPA 99C-1999）
2. *Medical-gas-pipeline-systems*（HTM 2022）
3. 《氧气与相关气体安全技术规范》（GB 16912—1997）
4. 《压缩空气 第1部分：污染物净化等级》（GB/T 13277.1—2008）
5. 《富氧空气（93%氧）》（XGB 2012-051）
6. 《环境空气质量标准》（GB 3095—2012）
7. 《医用及航空呼吸用氧》（GB 8982—2009）
8. 《医用气体工程技术规范》（GB 50751—2012）
9. 《气瓶颜色标志》（GB/T 7144—2016）
10. 《氧气站设计规范》（GB 50030—2013）
11. 《压缩空气站设计规范》（GB 50029—2014）
12. 《医用空气加压氧舱》（GB/T 12130—2005）
13. 《高原地区室内空间弥散供氧（氧调）要求》（GB/T 35414—2017）
14. 《西藏自治区民用供氧工程设计标准》（DBJ 540004—2018）
15. 《医用分子筛制氧设备通用技术规范》（YYT 0298—1998）
16. 《医用气体和真空用无缝铜管》（YST 650—2007）
17. 《医用吸引设备 第3部分：以负压或压力源为动力的吸引设备》（YY 0636.3—2008）
18. 《医用气体管道系统终端 第1部分：用于压缩医用气体和真空的终端》（YY 0801.1—2010）
19. 《医用气体管道系统终端 第2部分：用于麻醉气体净化系统的终端》（YY 0801.2—2010）
20. 《医用中心吸引系统通用技术条件》（YY/T 0186-94）
21. 《医用中心供氧系统通用技术条件》（YYT 0187-94）
22. 《用于医用气体管道系统的氧气浓缩器供气系统》（YY 1468—2016）

23.《医院医用气体系统运行管理》（WS 435—2013）

24.《医用真空系统排气消毒装置通用技术规范》（T/CAME 13—2020）

25.《气体站工程设计与施工》（08R 301—2008）

26.《氧舱安全技术监察规程》（TSG 24—2015）

27.《高原机场供氧系统建设和使用医学规范》（AC-158-FS-2013-01）